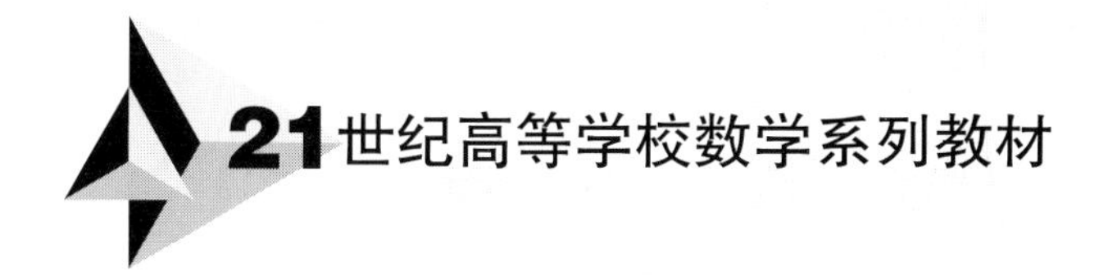

概率论教程

■ 主 编 赵喜林 余 东
■ 副主编 张 强 李春丽 丁咏梅 何晓霞

图书在版编目(CIP)数据

概率论教程/赵喜林,余东主编 . —武汉:武汉大学出版社,2018.5
21 世纪高等学校数学系列教材
ISBN 978-7-307-20089-0

Ⅰ. 概… Ⅱ. ①赵… ②余… Ⅲ. 概率论—高等学校—教材
Ⅳ. O211

中国版本图书馆 CIP 数据核字(2018)第 055086 号

责任编辑:胡 艳　　责任校对:汪欣怡　　版式设计:马 佳

出版发行:**武汉大学出版社** (430072 武昌 珞珈山)
(电子邮件:cbs22@whu.edu.cn 网址:www.wdp.com.cn)
印刷:武汉中科兴业印务有限公司
开本:787×1092 1/16 印张:12.75 字数:307 千字 插页:1
版次:2018 年 5 月第 1 版 2018 年 5 月第 1 次印刷
ISBN 978-7-307-20089-0 定价:35.00 元

前　言

概率论是一门研究随机现象的基础课程。本书的编写初衷是为高等院校信息与计算科学和统计类等专业提供一本内容难度稍高于一般工科专业的概率论教材,希望使用该教材时老师好教、学生易学。根据编者多年的教授经验,精心选择和组织本书内容,力求深入浅出,简明易懂地阐述概率论的基本概念、基本方法和基本理论。

全书共分为六章,分别是随机事件与概率,随机变量及其分布,多维随机变量及其分布,随机变量的数字特征,大数定律与中心极限定理,随机模拟。书中配备了丰富的例题和习题,习题分节设立,所选题目难易适中,具有启发性、趣味性和应用性。随着计算机技术的迅猛发展,随机模拟的应用也越来越广泛,本书在传统概率论内容基础上增加了"随机模拟"这一章,介绍了随机模拟的一些初步内容。本书可作为对概率论要求稍高于一般工科专业的其他专业的概率论教材,或类似课程的参考书。

本书由余东、赵喜林策划并担任主编,具体分工如下:第一章张强编写,第二章李春丽编写,第三章丁咏梅编写,第四章何晓霞编写,第五、六章赵喜林编写,全书由赵喜林、余东统稿。

限于编者水平,书中不当之处在所难免,恳请读者提出宝贵意见,我们将进一步改进。

编者

2018 年 3 月

目　录

第1章 随机事件与概率

1.1 随机事件及其运算

1.1.1 随机事件

1. 随机现象

自然界中存在的现象可以分为两类:一类是在一定条件下必然发生的现象,称为**确定性现象**或**必然现象**;另一类是在一定条件下可能出现也可能不出现的现象,称为**偶然性现象**或**随机现象**.

比如:在一个标准大气压下,100℃ 的纯水必然沸腾;带异性电荷的小球必然相互吸引等,都是必然现象. 向上抛掷一枚硬币,落地结果可能是正面朝上,也有可能是反面朝上,因此"正面朝上"是随机现象;向某一目标射击一次,目标被击中可能发生,也可能不发生,故目标被击中是随机现象.

我们把对某种自然现象作一次观察或进行一次科学实验,统称为一个**试验**.如果这个实验"在相同条件下可以重复进行",而且每次试验的结果事前不可预知,就称它为一个**随机试验**,记作试验 E.

随机试验具有以下三个特点:

(1) 可以在相同条件下重复进行;

(2) 每次试验的可能结果不止一个,并且能事先明确实验的所有可能结果;

(3) 进行一次试验之前不能确定哪一个结果会出现.

比如:

E_1:抛一枚硬币,观察出现正反面的情况;

E_2:掷一颗骰子,观察出现的点数;

E_3:某种型号的电视机的寿命.

以上都是随机试验.

2. 样本空间

对于随机试验 E,尽管在每次试验之前不能预知试验的结果,但试验的所有可能结果组成的集合是已知的. 我们把随机试验 E 的所有可能结果组成的集合,称为随机试验 E 的**样本空间**,记作 Ω.

样本空间里面的每个元素,即随机试验 E 的每个结果,称为**样本点**.

例 1.1.1 写出随机试验 E_1,E_2,E_3 的样本空间.

(1) E_1 的样本空间 $\Omega_1=\{H,T\}$，H 表示出现正面，T 表示出现反面；

(2) E_2 的样本空间 $\Omega_2=\{1,2,3,4,5,6\}$；

(3) E_3 的样本空间 $\Omega_3=\{t \mid t\geqslant 0\}$；

注意，随机试验的样本空间并不是唯一的，可以根据观察需要而确定. 比如，例 1.1.1 中随机试验 E_2，如果我们感兴趣的是骰子出现奇数点还是偶数点，则可设样本空间为 $\Omega=\{$奇数点，偶数点$\}$.

3.随机事件

一般地，随机试验 E 的样本空间 Ω 的某些子集称为**随机事件**，简称为**事件**，可以用字母 $A,B,C,\cdots$ 表示. 比如实验 E_2 中，Ω_2 的子集 $A=\{1,3,5\}$ 表示出现奇数点，$B=\{1,2\}$ 表示出现的点数为 1 或 2，都是随机事件.

在一次试验中，如果事件 A 中所含的一个样本点 ω 发生，就称**事件 A 发生**.

由一个样本点构成的单点集合，称为**基本事件**.

4.必然事件与不可能事件

样本空间 Ω 是 Ω 自身的子集，在每次试验中它总是发生的，称 Ω 为**必然事件**. 空集 $\varnothing$ 不包含任何一个样本点，它作为样本空间的子集，在每次试验中都不发生，故事件 $\varnothing$ 称为**不可能事件**.

在实验 E_1 中，$\Omega_1=\{H,T\}$ 是必然事件，表示"抛出的硬币出现正面或反面"；$\varnothing$ 不含样本点，表示"既不出现正面，也不出现反面"，是不可能事件.

1.1.2 随机事件的关系与运算

事件是一个集合，因而事件间的关系和运算可按照集合间的关系和运算来处理. 下面给出事件间关系和运算在概率论中的描述.

1.事件的关系

事件的关系主要有以下三种：

1) 包含关系

如果事件 A 和 B 这两个集合有 $A\subset B$，则称**事件 B 包含事件 A**，或者称**事件 A 含于事件 B**，表示事件 A 发生必然导致事件 B 发生. 如图 1.1.1 所示.

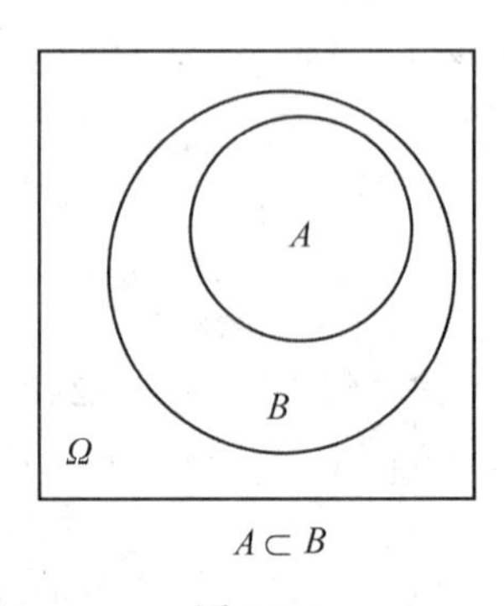

$A\subset B$

图 1.1.1

$A \subset B$ 的一个等价说法是，如果事件 B 不发生，则事件 A 必然不发生.

2）相等关系

如果 $A \subset B$ 且 $B \subset A$，即 $A = B$，则称事件 A 与事件 B **相等**（或等价）.

3）互不相容性

如果 $A \cap B = \varnothing$，则称事件 A 与事件 B 是**互不相容的**，或**互斥的**，如图 1.1.2. 如果 A，B 互斥，指事件 A 与 B 不能同时发生. 比如，从一个班级任抽一名学生，A 表示抽中的是男生，B 表示抽中的是女生，则 A，B 互不相容. 基本事件是两两互不相容的.

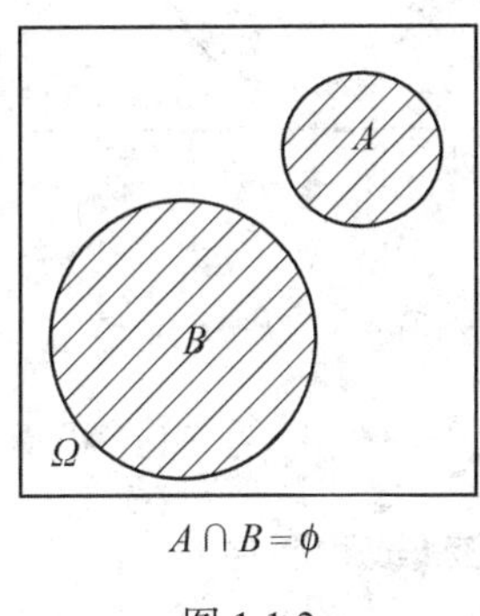

$A \cap B = \phi$

图 1.1.2

2.事件的运算

事件的基本运算有四种：并、交、逆和差，它们对应集合的并、交、余和差.

1）事件 A 与 B 的并

集合 $A \cup B = \{x \mid x \in A \text{ 或 } x \in B\}$ 称为事件 A 与 B 的**并**或**和事件**，也记作 $A + B$，如图 1.1.3 所示. $A \cup B$ 表示 A、B 中至少有一个发生.

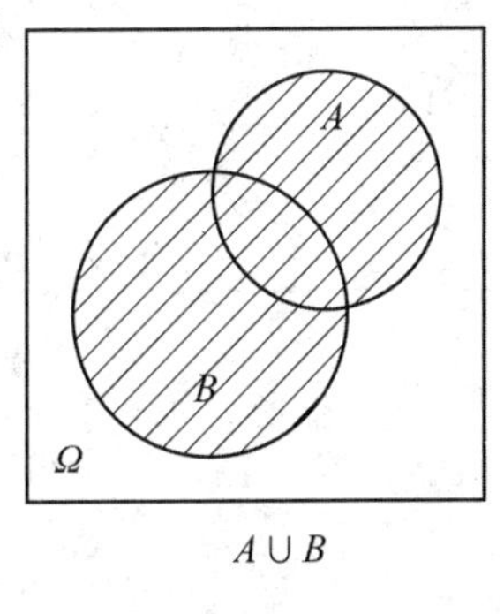

$A \cup B$

图 1.1.3

类似地，称 $\bigcup_{k=1}^{n} A_k$ 为 n 个事件 $A_1, A_2, \cdots, A_n$ 的**并（或和事件）**，表示 $A_1, A_2, \cdots, A_n$ 中至少有一个发生；称 $\bigcup_{k=1}^{\infty} A_k$ 为可列个事件 $A_1, A_2, \cdots$ 的**并（或和事件）**.

2）事件 A 与 B 的交

集合 $A\cap B=\{x\mid x\in A 且 x\in B\}$ 称为事件 A 与 B 的**交或积事件**,也记作 AB,表示 A、B 同时发生,如图 1.1.4.所示.

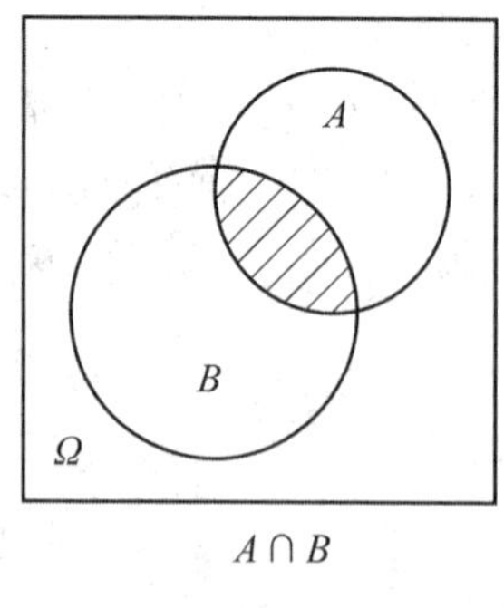

图 1.1.4

类似地,称 $\bigcap_{k=1}^{n}A_k$ 为 n 个事件 $A_1,A_2,\cdots,A_n$ 的**交(或积事件)**,表示 $A_1,A_2,\cdots,A_n$ 同时发生;称 $\bigcap_{k=1}^{\infty}A_k$ 为可列个事件 $A_1,A_2,\cdots$ 的**交(或积事件)**.

3) 对立事件

如果 $A\cup B=\Omega$ 且 $A\cap B=\varnothing$,则称事件 A 与事件 B 互为**逆事件**,或**对立事件**. 对每次试验而言,若 A,B 互为对立事件,则事件 A、B 有且仅有一个发生. A 的对立事件记作 $\overline{A}$. 如图 1.1.5 所示,$A,\overline{A}$ 互为对立事件,阴影部分表示 $\overline{A}$.

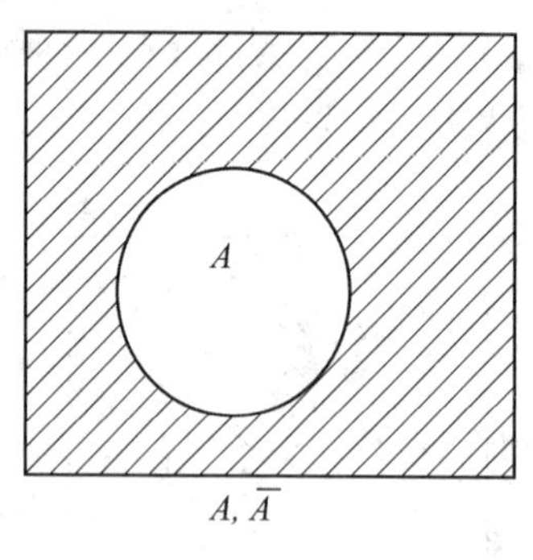

图 1.1.5

4) 事件 A 与 B 的差

集合 $A-B=\{x\mid x\in A 且 x\notin B\}$ 称为事件 A 与事件 B 的**差事件**,表示 A 发生而 B 不发生,如图 1.1.6 所示.

对于对立事件,有 $\overline{A}=\Omega-A$.

比如:在掷一颗骰子试验中,事件 $A=$"出现奇数点"$=\{1,3,5\}$,事件 $B=$"出现点数不超过 3"$=\{1,2,3\}$,则事件 A 与事件 B 的差为 $A-B=\{5\}$,而事件 B 与事件 A 的差为 $B-A=\{2\}$,这是两个不同的差事件.

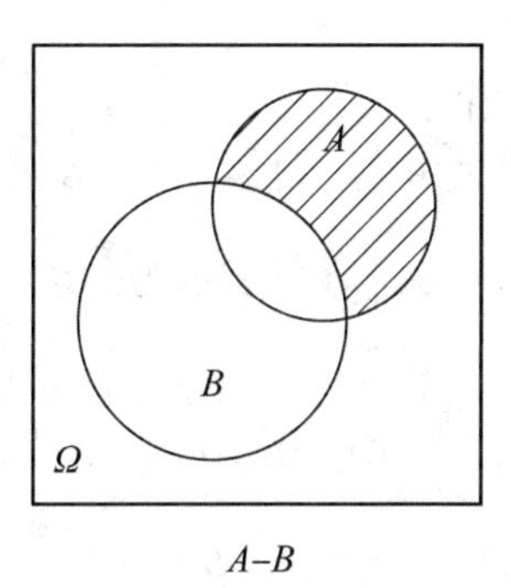

$A-B$

图 1.1.6

根据差事件和对立事件的定义,显然有

$$A - B = A\overline{B} \tag{1.1.1}$$

3.事件的运算规律

设 A,B,C 为事件,则它们的运算规律有:

交换律:

$$\begin{aligned} A \cup B &= B \cup A \\ A \cap B &= B \cap A \end{aligned} \tag{1.1.2}$$

结合律:

$$\begin{aligned} A \cup (B \cup C) &= (A \cup B) \cup C \\ A \cap (B \cap C) &= (A \cap B) \cap C \end{aligned} \tag{1.1.3}$$

分配律:

$$\begin{aligned} A \cup (B \cap C) &= (A \cup B) \cap (A \cup C) \\ A \cap (B \cup C) &= (A \cap B) \cup (A \cap C) \end{aligned} \tag{1.1.4}$$

注:分配律可推广到有限个或可列无穷个事件情形:

$$A \cap (\bigcup_{i=1}^{n} B_i) = \bigcup_{i=1}^{n} (A \cap B_i), A \cup (\bigcap_{i=1}^{n} B_i) = \bigcap_{i=1}^{n} (A \cup B_i)$$

$$A \cap (\bigcup_{i=1}^{\infty} B_i) = \bigcup_{i=1}^{\infty} (A \cap B_i), A \cup (\bigcap_{i=1}^{\infty} B_i) = \bigcap_{i=1}^{\infty} (A \cup B_i)$$

德摩根律:

$$\begin{aligned} \overline{A \cup B} &= \overline{A} \cap \overline{B} \\ \overline{A \cap B} &= \overline{A} \cup \overline{B} \end{aligned} \tag{1.1.5}$$

注:德摩根律可推广到有限个或可列无穷个事件:

$$\overline{\bigcup_{i=1}^{n} A_i} = \bigcap_{i=1}^{n} \overline{A}_i, \quad \overline{\bigcap_{i=1}^{n} A_i} = \bigcup_{i=1}^{n} \overline{A}_i$$

$$\overline{\bigcup_{i=1}^{\infty} A_i} = \bigcap_{i=1}^{\infty} \overline{A}_i, \quad \overline{\bigcap_{i=1}^{\infty} A_i} = \bigcup_{i=1}^{\infty} \overline{A}_i$$

例 1.1.2 设 A,B,C 是某个试验中的三个事件,则

(1) 事件“A 与 B 发生,C 不发生”可表示为 $AB\overline{C}$;

(2) 事件“A,B,C 中至少有一个发生”可表示为 $A\cup B\cup C$;

(3) 事件“A,B,C 中至少有两个发生”可表示为 $AB\cup BC\cup AC$;

(4) 事件“A,B,C 中恰好有两个发生”可表示为 $\overline{A}BC\cup A\overline{B}C\cup AB\overline{C}$;

(5) 事件“A,B,C 中有不多于一个事件发生”可表示为 $\overline{A}\,\overline{B}\,\overline{C}\cup A\overline{B}\,\overline{C}\cup\overline{A}B\overline{C}\cup\overline{A}\,\overline{B}C$.

例 1.1.3 若 A,B 为两事件,证明 $A\cup B=A\cup(B-A)$.

证明 $A\cup(B-A)=A\cup(B\overline{A})=(A\cup B)\cap(A\cup\overline{A})=A\cup B$.

1.1.3 事件域

事件作为集合是样本空间 Ω 的子集,但有时候我们不需要把样本空间的所有子集都作为事件. 把作为事件的样本空间子集组成的集合类称为**事件域**,记为 $\mathscr{F}$.

$\mathscr{F}$中应该包含哪些子集呢?一般应该包含我们感兴趣的子集,以及由这些子集相互运算得到的集合(即事件域内对前面所定义的运算并、交、差、对立封闭).

根据德摩根律,有

$$AB=\overline{\overline{A}\cup\overline{B}} \tag{1.1.6}$$

由式(1.1.1)和式(1.1.6)知,差和交的运算可通过并与对立来实现.

因此,并与对立是最基本运算,只要对这两种运算封闭,就能对并、交、差、对立封闭,于是有:

定义 1.1.1 设 Ω 为一样本空间,$\mathscr{F}$为 Ω 的某些子集所组成的集合类,如果 $\mathscr{F}$满足:

(1) $\Omega\in\mathscr{F}$;

(2) 若 $A\in\mathscr{F}$,则对立事件 $\overline{A}\in\mathscr{F}$;

(3) 若 $A_n\in\mathscr{F}$,$n=1,2,\cdots$,则可列并 $\bigcup\limits_{n=1}^{\infty}A_n\in\mathscr{F}$.

则称 $\mathscr{F}$为一个事件域,又称为 **σ 域**或者 **σ 代数**.

例 1.1.4 常见的事件域:

(1) $\mathscr{F}=\{\varnothing,\Omega\}$ 是最简单的事件域;

(2) 设事件 $A\subset\Omega$,则 $\mathscr{F}=\{\varnothing,A,\overline{A},\Omega\}$ 是事件域;

(3) 若样本空间含有 n 个样本点 $\Omega=\{\omega_1,\omega_2,\cdots,\omega_n\}$,则由样本空间 Ω 的所有子集构成的集合类是事件域 $\mathscr{F}$,$\mathscr{F}$由空集 $\varnothing$,n 个单元素集,$\binom{n}{2}$ 个双元素集,$\binom{n}{3}$ 个三元素集,$\cdots$,以及 Ω 组成,共有 $\binom{n}{0}+\binom{n}{1}+\binom{n}{2}+\cdots+\binom{n}{n}=2^n$ 个事件.

习题 1.1

1. 写出下列随机试验的样本空间 Ω:

(1) 一个正方体各面分别涂以红、黄、蓝、白、黑、绿六种颜色,任意抛掷一次,观察其朝上一面的颜色;

(2) 讨论某电话交换台在单位时间内收到的呼叫次数,并设 $i=\{$收到的呼叫次数$\}$;

(3) 测量某地区河水温度,并设 $t=\{$测量水的温度$\}$;

(4) 同时掷 3 枚均匀的硬币,观察其正反面向上的情况.

2.写出下列随机试验的样本空间 Ω:

(1) 记录一个班一次数学考试的平均分数(设以百分制记分);

(2) 生产产品直到有 10 件正品为止,记录生产产品的总件数;

(3) 对某工厂出厂的产品进行检查,合格的记上"正品",不合格的记上"次品",如连续查出了 2 件次品就停止检查,或检查了 4 件产品就停止检查,记录检查的结果;

(4) 在单位圆内任意取一点,记录它的坐标.

3.向指定目标射击三枪,分别用 A_1,A_2,A_3 表示第一、第二、第三枪击中目标,试用 A_1,A_2,A_3 表示以下事件:

(1) 只有第一枪击中;

(2) 至少有一枪击中;

(3) 至少有两枪击中;

(4) 三枪都未击中.

4.请叙述下列事件的对立事件:

(1)$A=$"掷两枚硬币,皆为正面";

(2)$B=$"射击三次,皆命中目标";

(3)$C=$"加工四个零件,至少有一个合格品".

5.已知 A,B 是样本空间 Ω 中的两个事件,且 $\Omega=\{a,b,c,d,e,f,g,h\}$, $A=\{b,d,f,h\}$, $B=\{b,c,d,e,f,g\}$,试求:

(1) $\overline{AB}$; (2)$\bar{A}\cup B$; (3)$A-B$; (4) $\bar{A}\bar{B}$.

6.指出下列事件等式成立的条件:(1)$A\cup B=A$;(2)$A\cap B=A$.

7.已知 A,B 是样本空间 Ω 中的两个事件,且 $S=\{x\mid 1<x<9\}$, $A=\{x\mid 4\leqslant x<6\}$, $B=\{x\mid 3<x\leqslant 7\}$,试求:

(1) $\overline{AB}$; (2)$\bar{A}\cup B$; (3)$A-B$; (4) $\bar{A}\bar{B}$.

8.证明:事件的运算公式:(1)$A=AB\cup A\bar{B}$;(2)$A\cup B=A\cup\bar{A}B$.

1.2 随机事件的概率

对于随机事件(除去必然事件和不可能事件),在一次试验中可能发生,也可能不发生.但是,不同的事件发生的可能性通常不同. 比如,我们去买彩票,中大奖的可能性比不中奖的可能性小. 我们希望知道事件在一次试验中发生的可能性的大小,用一个合适的数来表示这种大小,这个数就是概率.

1.2.1 事件的概率

定义1.2.1 设$\mathscr{F}$为样本空间Ω上的某些子集组成的事件域. 对任一事件$A \in \mathscr{F}$,定义在$\mathscr{F}$上的一个实值函数$P(A)$如果满足:

(1) 非负性:若$A \in \mathscr{F}$,则必有$P(A) \geqslant 0$;

(2) 正则性:$P(\Omega) = 1$;

(3) 可列可加性:若$A_1, A_2, \cdots, A_n, \cdots$互不相容,即$A_iA_j = \varnothing(i \neq j, i, j = 1,2,\cdots)$,则有

$$P\left(\bigcup_{i=1}^{+\infty} A_i\right) = \sum_{i=1}^{+\infty} P(A_i) \tag{1.2.1}$$

则称$P(A)$为事件A的概率.

以上即是著名的**概率公理化定义**,是苏联数学家柯尔莫哥洛夫于1933年首次提出的. 在该定义出现之前,曾有过概率的古典定义、概率的统计定义、概率的主观定义. 这些定义各自适合特殊的随机现象. 概率的公理化定义,避免了之前概率定义的局限性和不完备性,揭示了概率的本质,即:概率是定义在事件域上的满足非负性、正则性和可列可加性的集合函数.该公理化定义的出现是概率论发展史上的一个里程碑,为现代概率论的发展奠定了基础.

在随机现象中,给定了样本空间Ω,选定Ω的子集构造了事件域$\mathscr{F}$,在$\mathscr{F}$上定义了概率P,由此确定的三元素$(\Omega, \mathscr{F}, P)$称为概率空间. 有了概率空间,就可以在概率空间的框架下研究随机现象.

1.2.2 古典概率

1.排列组合

首先介绍两个基本原理.

(1) 乘法原理:如果某件事情需要经过k个步骤才能完成,第一步有m_1种方法,第二步有m_2种方法……第k步有m_k种方法,则完成这件事情共有$m_1m_2\cdots m_k$种方法.

(2) 加法原理:如果某件事情有k类方法完成,第一类方法又有m_1种方法,第二类方法又有m_2种方法……第k类方法又有m_k种方法,则完成这件事情共有$m_1 + m_2 + \cdots + m_k$种方法.

下面介绍排列组合基本计算公式.

(1) 排列:从n个不同元素中任取$r(r \leqslant n)$个元素排成一列(考虑元素的先后次序)共有

$$P_n^r = \frac{n!}{(n-r)!}$$

种排列方法.

(2) 重复排列:从n个不同元素中每次取出一个,放回后再取下一个,如此连续取r次所得的排列共有n^r种.

(3) 组合:从n个不同元素中任取$r(r \leqslant n)$个元素形成一组(不考虑元素的先后次序),这样的组合共有

$$\binom{n}{r}=\frac{P_n^r}{r!}=\frac{n(n-1)\cdots(n-r+1)}{r!}=\frac{n!}{r!\ (n-r)!}$$

种组合方法. $\binom{n}{r}$ 也记为 C_n^r.

(4) 重复组合:从 n 个不同元素中每次取出一个,放回后再取下一个,如此连续取 r 次所得的组合共有 $\binom{n+r-1}{r}$ 种组合方法.这里的 r 可以大于 n.

(5) 分组:n 个不同元素分成 $r(r\leqslant n)$ 组,第一组有 k_1 个元素,第二组有 k_2 个元素……第 r 组有 k_r 个元素,$k_1+k_2+\cdots+k_r=n$,共有

$$\frac{n!}{k_1!\ k_2!\ \cdots\ k_r!}$$

种分组方法.

2.古典概率

古典概率模型的基本特征如下:

(1) 样本空间 Ω 只含有限个样本点. 不妨设样本空间为 $\Omega=\{\omega_1,\omega_2,\cdots,\omega_n\}$,其中,$n$ 为其样本点的个数.

(2) 每一个基本事件 $A_i=\{\omega_i\}$ 出现的可能性是相同的(简称为等可能性), 即为

$$P(A_i)=\frac{1}{n}\quad(i=1,2,\cdots,n)\tag{1.2.2}$$

一个样本空间的每个基本事件是否为等可能性的,通常凭借经验或进行逻辑分析确定.比如,抛掷一枚均匀硬币,没有理由认为其中一面出现机会比另一面更多一些,故认为出现正面和反面是等可能的;又如, 从一个班级里随机抽取一名学生,则抽到每一名学生也可认为是等可能的.

定义 1.2.2 对古典概率模型,若随机事件 A 含有 k 个样本点,则事件 A 的概率为

$$P(A)=\frac{n(A)}{n(\Omega)}=\frac{k}{n}=\frac{A\text{ 中所含样本点的个数}}{\Omega\text{ 中所含样本点的总数}}\tag{1.2.3}$$

用这种方法定义的概率称为**古典概率**,是概率论发展初期主要使用的方法.

性质 1.2.1 对于古典概率有:

(1) 设 A 为任一事件,则 $0\leqslant P(A)\leqslant 1$;

(2) 对必然事件 Ω,有 $P(\Omega)=1$;

(3) 设事件 $A_1,A_2,\cdots,A_m$ 互不相容,则 $P(\bigcup\limits_{i=1}^{m}A_i)=\sum\limits_{i=1}^{m}P(A_i)$.

证明:(1) 因为任一事件 A 所含的基本事件数 k 总满足:

$$0\leqslant k\leqslant n$$

故有

$$0\leqslant\frac{k}{n}\leqslant 1$$

(2) 由于必然事件由全部 n 个基本事件所组成,即必然事件 Ω 所包含的基本事件数 $k=$

n,根据式(1.2.3) 可得

$$P(\Omega)=\frac{n}{n}=1$$

(3) 设 A_i 含有 $k_i(k_i \leqslant n)$ 个基本事件,$i=1,2,\cdots,m$,由式(1.2.3) 可得

$$P(A_i)=\frac{k_i}{n} \quad (i=1,2,\cdots,m)$$

由于 A_i 互不相容,则 $\bigcup\limits_{i=1}^{m} A_i$ 含有 $\sum\limits_{i=1}^{m} k_i$ 个不相同的基本事件,由此可得

$$P(\bigcup_{i=1}^{m} A_i)=\frac{1}{n}\sum_{i=1}^{m} k_i=\sum_{i=1}^{m}\frac{k_i}{n}=\sum_{i=1}^{m} P(A_i)$$

在古典概率计算过程中,“基本事件是等可能的”是个基本假设. 下面,举例说明古典概率在现实中的应用.

例 1.2.1　硬币问题:抛掷两枚均匀硬币,求出现正面反面各一个的概率.

解:设样本空间为 $\Omega=\{(H,H),(H,T),(T,H),(T,T)\}$. 由硬币的均匀性可知,4 个样本点是等可能出现的,所以是古典概率问题,事件 $A=\{$正面反面各一个$\}=\{(H,T),(T,H)\}$,含有两个样本点,故由式(1.2.3) 可知所求概率为 $P(A)=\frac{1}{2}$.

历史上,曾有人认为此题的解是$\frac{1}{3}$,理由是:设样本空间 $\Omega'=\{\omega_1,\omega_2,\omega_3\}$,其中 $\omega_1=$“两个正面”,$\omega_2=$“正反面各一个”,$\omega_3=$“两个反面”. 而事件 A 只含其中 ω_2 这一个样本点,故 $P(A)=\frac{1}{3}$. 此解法的错误在于,这样取样本空间 $\Omega'=\{\omega_1,\omega_2,\omega_3\}$,3 个样本点不是等可能的.

例 1.2.2　生日问题:求任意 r 个人生日各不相同的概率.

解:设事件 $A=\{$任意 r 个人生日各不相同$\}$.

r 个人都以等可能的机会在 365 天中的任一天出生,故此题中的基本事件总数为 365^r,依题意,所求事件所含的基本事件数为

$$365\times 364\times\cdots\times(365-r+1)$$

它恰是 365 个数中任取 r 个数的排列 $P_{365}^{r}=\frac{365!}{(365-r)!}$.

则其概率为

$$P(A)=\frac{\binom{365}{r}\cdot r!}{365^r}=\frac{365\cdot 364\cdot\cdots\cdot(365-r+1)}{365^r}$$

特别,当 $r=30$ 时,$P(A)=0.294$,而当 $r=55$ 时,$P(A)=0.01$,于是,$P(\bar{A})=0.99$. 也就是说,任意 55 个人,至少有两个人生日相同的概率大到 99%,几乎等于必然事件的概率了. 我们知道,任意 366 个人至少 2 人生日相同是必然事件,而 55 离 366 相差甚远,却得到了几乎一样的结论,这是我们利用直接经验想象不到的.

例 1.2.3　抽样问题:设口袋中有 N 个外形相同的球,其中有 M 个红球,其余为黑球. 现

从中任取 n 个.

(1) 每次取出的球不再放回袋中,下一次从袋中余下的球中取球,这种抽取方式称为**不放回抽样**;

(2) 每次取出的球观察结果后又放回袋中,再接着从袋中取球,这种抽取方式称为**放回抽样**.

试在这两种抽样方式下求事件 $A=\{n$ 个中恰含 k 个红球$\}$ 的概率.

解:(1) 不放回抽样:

样本点的总数是 $n(\Omega)=\binom{N}{n}$,由乘法原理可得 $n(A)=\binom{M}{k}\binom{N-M}{n-k}$,故

$$P(A)=\frac{\binom{M}{k}\binom{N-M}{n-k}}{\binom{N}{n}}\quad(k=0,1,2,\cdots,\min\{n,M\})\tag{1.2.4}$$

有人认为 $n(A)=\binom{M}{k}$,可能是因为只从字面上注意到"恰含 k 个红球"的缘故."恰含 k 个红球"当然意味着"其余 $n-k$ 个均为黑球",这是绝不可遗漏的.

(2) 放回抽样:

样本点是可重复的排列,样本点的总数是 $n(\Omega)=N^n$. 为数清 A 中所含样本点数,我们分解为三个串行的过程:先确定这 n 个球中哪 k 个位置上是红球,共有 $\binom{n}{k}$ 种方式;再从 M 个红球中有重复地选取 k 个,有 M^k 种取法;最后,从 $N-M$ 个黑球中有重复地取 $n-k$ 个,有 $(N-M)^{n-k}$ 种取法. 用乘法原理知 $n(A)=\binom{n}{k}M^k(N-M)^{n-k}$,故有

$$P(A)=\binom{n}{k}\frac{M^k(N-M)^{n-k}}{N^n}\quad(k=0,1,2,\cdots,n)\tag{1.2.5}$$

这个例子可用于产品的抽样检验,以红球代表正品,黑球代表次品,则 $P(A)$ 就是任取 n 个样品中恰含 k 个正品的概率.

1.2.3 几何概率

在概率论发展的早期,人们就已经注意到,只考虑随机现象的可能结果为有限个是不够的,还必须考虑有无限个基本事件的情形.

例如,向平面区域 Ω 内随机投点,如图 1.2.1 所示,求点落在区域 A 内的概率 $P(A)$. 位于 Ω 中的落点显然有无限种可能,不能用前面的古典概率模型解决.

考虑到 $P(A)$ 与区域 A 的面积 S_A 成正比,与样本空间 Ω 的面积成反比,故定义

$$P(A)=\frac{S_A}{S_\Omega}\tag{1.2.6}$$

这种用几何方法定义的概率,称为几何概率,它也满足概率公理化的定义.

性质 1.2.2 对于几何概率有:

(1) 非负性:$P(A)\geqslant 0$;

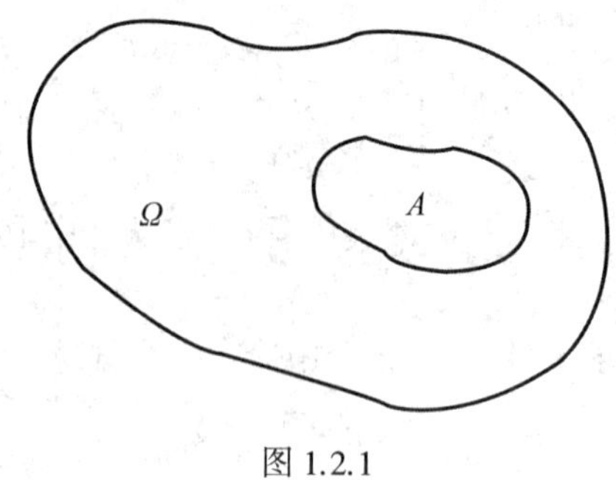

图 1.2.1

(2) 规范性:$P(\Omega)=1$;

(3) 可列可加性:对任何两两互不相容的事件列$\{A_n\}$,有

$$P(\bigcup_{n=1}^{\infty}A_n)=\sum_{n=1}^{\infty}P(A_n)$$

例 1.2.4 试求在区间(0,2)内任意取的两个数之和不大于 3 的概率 p.

解:以 X 和 Y 表示任意取的两个数,记:

$$A=\{(X,Y)\mid X+Y\leqslant 3\};\Omega=\{(X,Y)\mid 0\leqslant x,y\leqslant 2\}$$

如图 1.2.2 所示,Ω 为正方形区域, A 为阴影部分区域,可以看成向 Ω 内随机投点,求落点位于 A 内的概率,用几何概率模型, Ω 和 G 的面积分别为

$$S_\Omega=4,\quad S_G=\frac{7}{2}$$

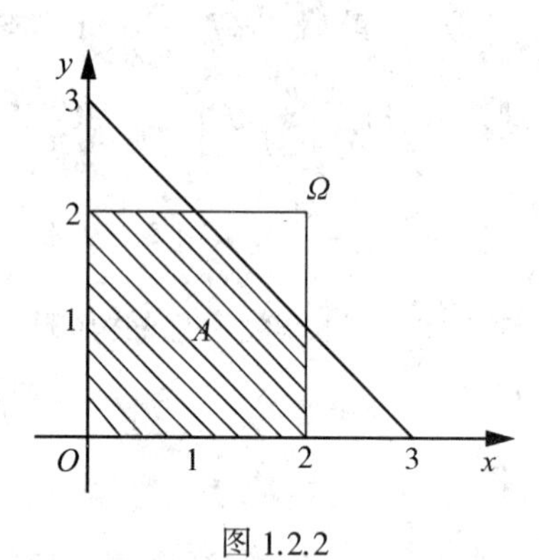

图 1.2.2

由几何概率的计算公式(1.2.6)可得

$$p=P(A)=\frac{S_A}{S_\Omega}=\frac{\frac{7}{2}}{4}=\frac{7}{8}$$

例 1.2.5 假设一种信号在时间段$[0,T]$随机出现,并且延续时间 $t(t\leqslant T)$ 消逝;接收机在$[0,T]$内随机打开,并且经过时间 t 关闭,试求接收机能接收到信号的概率 p.

解:如图 1.2.3 所示,分别以 X 和 Y 表示信号出现和接收机打开的时刻,则(X,Y)可以视为向正方形

$$\Omega=\{(x,y)\mid 0\leqslant x\leqslant T,0\leqslant y\leqslant T\}$$

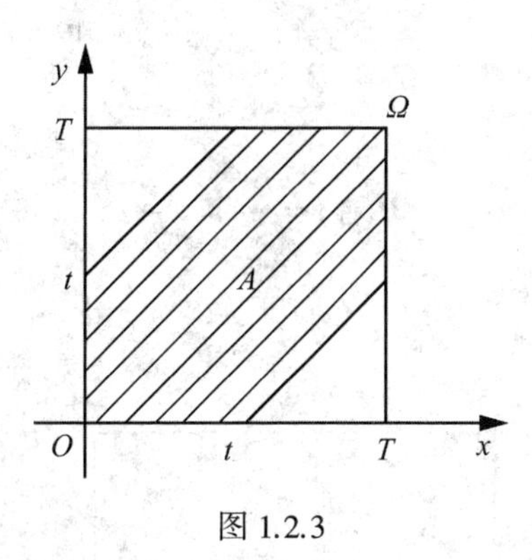

图 1.2.3

上投掷的随机点的坐标，Ω的面积$S_{\Omega}=T^2$，事件$A=\{(X,Y)\mid |X-Y|<t\}$表示接收机能捕捉到信号，对应于(X,Y)落入区域$A=\{(x,y)\mid |x-y|<t\}$. 区域A的面积为

$$S_A=T^2-(T-t)^2$$

于是，所求的概率为

$$p=\frac{S_A}{S_{\Omega}}=1-\left(1-\frac{t}{T}\right)^2$$

例 1.2.6(浦丰投针问题) 桌面上画满间隔均为a的平行直线，现向桌面任意投放一长为$l(l<a)$的针，求事件$A=\{$针与某直线相交$\}$的概率.

解：如图1.2.4所示，针的位置由针的中点到最近直线的距离ρ及针与直线所夹锐角θ所决定. 样本空间为

$$\Omega=\{(\rho,\theta)\mid 0\leqslant\rho\leqslant\frac{a}{2},\ 0\leqslant\theta\leqslant\frac{\pi}{2}\}$$

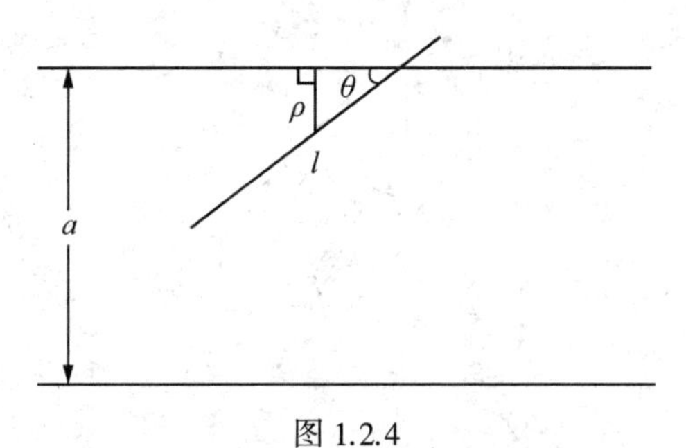

图 1.2.4

它是坐标平面中一个矩形. 由投针的任意性，样本点(ρ,θ)可看成向Ω随机投点. 而针与某直线相交，当且仅当$\rho\leqslant\frac{l}{2}\sin\theta$，即是事件

$$A=\left\{(\rho,\theta)\in\Omega\mid\rho\leqslant\frac{l}{2}\sin\theta\right\}$$

如图 1.2.5 所示,A 发生,相当于落点位于阴影部分内.

$$S_\Omega = \frac{\pi a}{4}, \quad S_A = \int_0^{\frac{\pi}{2}} \frac{l}{2}\sin\theta \cdot \mathrm{d}\theta = \frac{l}{2}$$

故由式(1.2.6) 可得

$$P(A) = \frac{S_A}{S_\Omega} = \frac{2l}{\pi a}$$

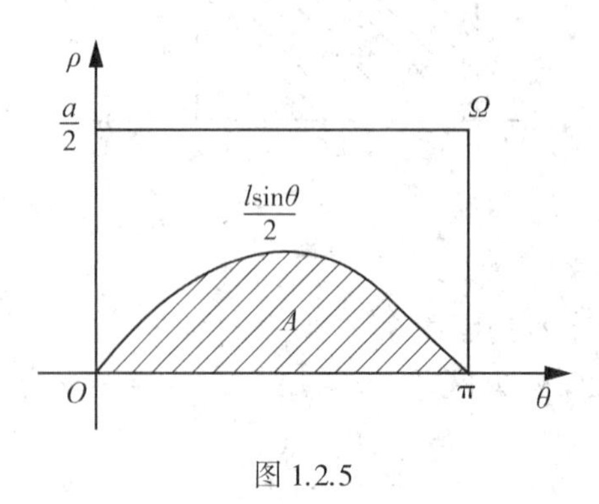

图 1.2.5

例 1.2.7 在圆周上任取三点 A,B,C,求事件 $D = \{\triangle ABC$ 为锐角三角形$\}$ 的概率.

解:不妨假定点 A,B,C 在圆周上顺时针排列,分别以 x,y,z 表示$\overset{\frown}{AB},\overset{\frown}{BC},\overset{\frown}{CA}$ 的弧度,于是,样本点是三维空间中的点(x,y,z),而样本空间为

$$\Omega = \{(x,y,z) \mid x,y,z \geqslant 0 \text{且} \ x + y + z = 2\pi\}$$

如图 1.2.6 所示,Ω是空间坐标系下的 $\triangle FGH$. 由任意性知样本点在Ω中均匀分布,即属于几何概率.

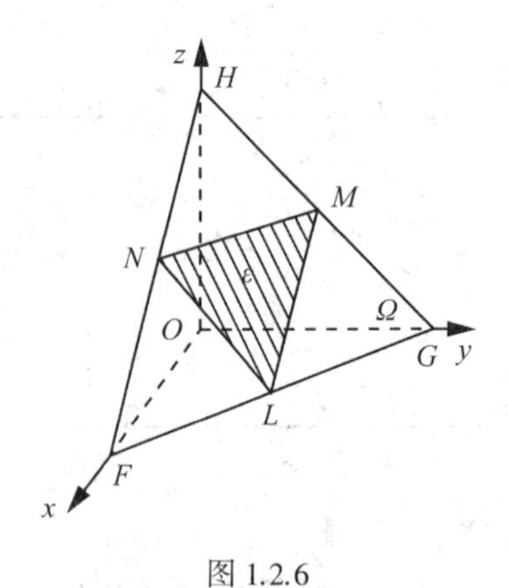

图 1.2.6

我们所关心的事件是

$$D = \{\triangle ABC \text{为锐角三角形}\} = \{(x,y,z) \in \Omega \mid x,y,z \leqslant \pi\}$$

即图中 $\triangle LMN$(阴影部分). 由式(1.2.6) 可得

$$P(D)=\frac{S_D}{S_\Omega}=\frac{1}{4}$$

1.2.4 统计概率

定义 1.2.3 设在同一条件下进行了 n 次重复试验,事件 A 发生了 m 次,则称

$$f_n(A)=\frac{m}{n} \tag{1.2.7}$$

为事件 A 出现的频率.

同一事件的频率虽然在不同的统计实验中可能不同,但随着实验次数的增加,我们发现频率具有一定的稳定性.

例 1.2.8 英语字母的频率.

有人对各类典型的英语书刊中字母出现的频率进行统计,发现各个字母的使用频率相当稳定(见表 1.2.1).这项研究对计算机键盘的设计、信息的编码等方面都是十分有用的.

表 1.2.1 **英语字母使用频率**

字母	使用频率	字母	使用频率	字母	使用频率
E	0.1268	L	0.0394	P	0.0186
T	0.0978	D	0.0389	B	0.0156
A	0.0788	U	0.0280	V	0.0102
O	0.0776	C	0.0268	K	0.0060
I	0.0707	F	0.0256	X	0.0016
N	0.0706	M	0.0244	J	0.0010
S	0.0634	W	0.0214	Q	0.0009
R	0.0594	Y	0.0202	Z	0.0006
H	0.0573	G	0.0187		

例 1.2.9 女婴出生的频率.

历史上较早研究这个问题的有拉普拉斯(1794—1827),他对伦敦、彼得堡、柏林和全法国的大量人口资料进行研究,发现女婴出生频率在$\frac{21}{43}$左右波动.

统计学家克拉梅(1893—1985) 用瑞典 1935 年的官方统计资料(表 1.2.2) 研究,发现女婴出生频率在 0.482 左右波动.

表 1.2.2 **瑞典 1935 年各月出生女婴的频率**

月份	1	2	3	4	5	6	
婴儿数	7280	6957	7883	7884	7892	7609	
女婴数	3537	3407	3866	3711	3775	3665	
频率	0.486	0.489	0.490	0.471	0.478	0.482	

续表

月份	7	8	9	10	11	12	全年
婴儿数	7585	7393	7203	6903	6552	7132	88273
女婴数	3621	3596	3491	3391	3160	3371	42591
频率	0.462	0.484	0.485	0.491	0.482	0.473	0.4825

用频率 $f_n(A)$ 作为事件 A 的概率,称为**统计概率**.

例 1.2.10 一个射手射击500次,中靶200次,我们就说他中靶的概率是 $\frac{2}{5}$;新生的婴儿10000人中死亡4人就说婴儿死亡率(死亡的概率)是 $\frac{4}{10000}$.

性质 1.2.3 设 A 表示任一事件,$f(A)$ 表示事件 A 发生的频率. 则

(1) $0 \leqslant f(A) \leqslant 1$;

(2) $f(\Omega) = 1, f(\varnothing) = 0$;

(3) 若事件 $A_1, A_2, \cdots, A_k$ 互不相容,则

$$f\left(\bigcup_{i=1}^{k} A_i\right) = \sum_{i=1}^{k} f(A_i)$$

证明:(1)和(2)是显然的,现证(3).

只证 $k = 2$ 时的情形.

设在 n 次试验中,A_1 发生 m_1 次,A_2 发生了 m_2 次,因此

$$f(A_1) = \frac{m_1}{n}, f(A_2) = \frac{m_2}{n}$$

由于 A_1 与 A_2 互不相容,因此事件 $A_1 \cup A_2$ 发生的频率为

$$f(A_1 \cup A_2) = \frac{m_1 + m_2}{n} = \frac{m_1}{n} + \frac{m_2}{n} = f(A_1) + f(A_2)$$

性质 1.2.3 说明,频率也满足概率的公理化定义,因此频率也是一种概率.

统计概率具有理论上和应用上的缺点,因为频率有波动性. 没有理由认为,取试验次数为 $n+1$ 次来计算频率,总会比取试验次数为 n 来计算频率将会更准确、更逼近所求的概率. 在实际应用上,我们不知道 n 要多大,也不一定能保证每次试验的条件都完全一样.

习题 1.2

1. 一个碗里面一共有6个白球、5个黑球,随机地从里面取出3个球,问:恰好有1个白球、2个黑球的概率是多少?

2. 52张牌扣在桌子上一张一张翻开,一直到出现一张"A"为止. 接下来再翻一张牌,问:出现黑桃"A"和出现梅花2的概率哪个大?

3. 10对夫妇坐成一圈,计算没有一对夫妻坐在一起的概率.

4. 将 n 个完全相同的球(这时也称球是不可辨的)随机地放入 N 个盒子中,试求:

(1) 某个指定的盒子中恰好有 k 个球的概率;

(2) 恰好有 m 个空盒的概率;

(3) 某指定的 m 个盒子中恰好有 j 个球的概率.

5. 甲、乙两艘轮船驶向一个不能同时停泊两艘轮船的码头,它们在一昼夜内到达的时间是等可能的. 如果甲船的停泊时间是 1 小时,乙船的停泊时间是 2 小时,求它们中任何一艘都不需要等候码头空出的概率.

6. 在平面上画有间隔为 d 的等距平行线,向平面任意投掷一个边长为 a,b,c(均小于 d)的三角形,求三角形与平行线相交的概率.

7. 在半径为 R 的圆内画平行弦,如果这些弦与垂直于弦的直径的交点在该直径上的位置是等可能的,即交点在直径上一个区间内的可能性与这区间的长度成比例,求任意画弦的长度大于 R 的概率.

8. 设 $a > 0$,有任意两数 x,y,且 $0 < x < a,\ 0 < y < a$,试求 $xy < \frac{a^2}{4}$ 的概率.

1.3 概率的性质

由概率定义中的非负性、规范性、可列可加性三条基本性质,可以推出概率的一些其他性质.

性质 1.3.1 $P(\varnothing) = 0$.

证明: 令 $A_n = \varnothing\ (n = 1,2,\cdots)$,则

$$\bigcup_{i=1}^{\infty} A_i = \varnothing \text{ 且 } A_iA_j = \varnothing \quad (i \neq j; i,j = 1,2,\cdots)$$

由概率的可列可加性,可得

$$P(\varnothing) = P(\bigcup_{i=1}^{\infty} A_i) = \sum_{i=1}^{\infty} P(A_i) = \sum_{i=1}^{\infty} P(\varnothing)$$

由概率定义的非负性,可知

$$P(\varnothing) = 0$$

性质 1.3.2(有限可加性) 若 $A_1, A_2, \cdots, A_n$ 是两两互不相容的事件,即 $A_iA_j = \varnothing (i \neq j, i,j = 1,2,\cdots)$,则有

$$P(A_1 \cup A_2 \cup \cdots \cup A_n) = P(A_1) + P(A_2) + \cdots + P(A_n)$$

证明: 令 $A_{n+1} = A_{n+2} = \cdots = \varnothing$,则有

$$A_iA_j = \varnothing \quad (i \neq j; i,j = 1,2,\cdots)$$

由性质 1.3.1 可得

$$\begin{aligned} P(A_1 \cup A_2 \cup \cdots \cup A_n) &= P(A_1 \cup A_2 \cup \cdots \cup A_n \cup A_{n+1} \cup \cdots) \\ &= \sum_{i=1}^{\infty} P(A_i) = \sum_{i=1}^{n} P(A_i) + P(\varnothing) + \cdots \\ &= \sum_{i=1}^{n} P(A_i) \end{aligned}$$

如果一个复杂事件可以转化为一些简单的互不相容事件的和,则可以用概率的可加性求这个复杂事件的概率.

例 1.3.1 一批产品共 100 件,其中有 5 件不合格品,现从中随机抽出 10 件,其中最多有

2件不合格品的概率是多少?

解:设 A_i 表示事件“抽出10件中恰有 i 件不合格品”. 于是所求事件 A =“最多有2件不合格品”可表示为

$$A = A_0 \cup A_1 \cup A_2$$

并且 A_0, A_1, A_2 为三个互不相容事件,由性质1.3.2可知,若能获得事件 A_0, A_1, A_2 的概率,即可得事件 A 的概率.

$$P(A_i) = \frac{\binom{5}{i}\binom{95}{10-i}}{\binom{100}{10}} \quad (i = 0,1,2)$$

其中,

$$P(A_0) = \frac{\binom{95}{10}}{\binom{100}{10}} = \frac{95!}{10!\ 85!} \cdot \frac{10!\ 90!}{100!}$$

$$= \frac{90 \cdot 89 \cdot 88 \cdot 87 \cdot 86}{100 \cdot 99 \cdot 98 \cdot 97 \cdot 96} = 0.5837$$

类似可算得

$$P(A_1) = 0.3394, \quad P(A_2) = 0.0702$$

于是,所求的概率为

$$P(A) = P(A_0) + P(A_1) + P(A_2)$$
$$= 0.5837 + 0.3394 + 0.0702 = 0.9933$$

性质1.3.3(减法公式) 对于任意两个事件 A 和 B,有

$$P(A - B) = P(A\bar{B}) = P(A) - P(AB)$$

特别地:(1) 当满足 $B \subset A$ 时,就有

$$P(A - B) = P(A) - P(B)$$

(2) 当满足 $B \subset A$ 时,就有

$$P(B) \leqslant P(A)$$

证明:因为 $A - B = A\bar{B} = A(\Omega - B) = A\Omega - AB = A - AB$

所以 $A = (A - B) + AB$ 且 $(A - B) \cap (AB) = \varnothing$

由概率的有限可加性可得

$$P(A) = P(A - B) + P(AB)$$

因此,有

$$P(A - B) = P(A) - P(AB)$$

特别地,若 $B \subset A$,则

$$P(A - B) = P(A) - P(B)$$

进一步,若 $B \subset A$,则

$$P(A) - P(B) \geqslant 0, \text{即 } P(B) \leqslant P(A)$$

例 1.3.2 口袋中有编号为 $1,2,\cdots,n$ 的 n 个球,从中有放回地任取 m 次,求取出的 m 个球的最大号码为 k 的概率.

解:记事件 A_k 为“取出的 m 个球的最大号码为 k”. 如果直接考虑事件 A_k,则比较复杂,因为“最大号码为 k” 可以包括取到 1 次 k,取到 2 次 k,…,取到 m 次 k.

为此,我们记事件 B_i 为“取出的 m 个球的最大号码小于或等于 i”,$i=1,2,\cdots,n$,则 B_i 发生只需每次从 $1,2,\cdots,i$ 号球中取球即可,所以由古典概率可知

$$P(B_i)=\frac{i^m}{n^m}\quad(i=1,2,\cdots,n)$$

又因为 $A_k=B_k-B_{k-1}$,且 $B_{k-1}\subset B_k$,又性质 1.3.3 可得

$$\begin{aligned}P(A_k)&=P(B_k-B_{k-1})=P(B_k)-P(B_{k-1})\\&=\frac{k^m-(k-1)^m}{n^m}\quad(k=1,2,\cdots,n)\end{aligned}$$

性质 1.3.4 对于任一事件 A,有

$$P(A)\leqslant 1$$

证明:因为对于任一事件 A,均有

$$A\subset\Omega$$

因此,依据性质 1.3.3 可得

$$P(A)\leqslant P(\Omega)=1$$

即

$$P(A)\leqslant 1$$

性质 1.3.5(逆事件的概率) 对于任一事件 A,有

$$P(\bar{A})=1-P(A)$$

证明:因为 $A\cap\bar{A}=\varnothing$,$A\cup\bar{A}=\Omega$,由概率的规范性和有限可加性可得

$$P(A\cup\bar{A})=P(A)+P(\bar{A})=P(\Omega)=1$$

因此,有

$$P(\bar{A})=1-P(A)$$

实际问题中,如果要求事件 A 的概率 $P(A)$,利用性质 1.3.5 可以转化为求 $P(\bar{A})$.

例 1.3.3 36 只灯泡中 4 只是 60W,其余都是 40W 的,现从中任取 3 只,求至少取到 1 只 60W 灯泡的概率.

解:记事件 $A=\{$取出的 3 只中至少有 1 只 60W$\}$,则事件 A 包括以下三种情况:

(1) 取到一只 60W 两只 40W;

(2) 取到两只 60W 一只 40W;

(3) 取到三只 60W.

而事件 A 的对立事件 $\bar{A}$ 只包括一种情况,即

$$\bar{A}=\{\text{取出的 3 只全部是 40W}\}$$

于是,有

$$P(\bar{A})=\frac{\binom{32}{3}}{\binom{36}{3}}=\frac{248}{357}=0.695$$

因此有

$$P(A)=1-P(\bar{A})=\frac{109}{357}=0.305$$

例 1.3.4 抛一枚硬币5次,求既出现正面又出现反面的概率.

解:记事件$A=\{$抛5次硬币中既出现正面又出现反面$\}$,则A的情况较复杂,因为出现正面的次数可以是1次至4次. 而A的对立事件$\bar{A}$则相对简单:5次全部是正面,记为B,或5次全部是反面,记为C,即

$$\bar{A}=B\cup C \text{ 且 } B\cap C=\varnothing$$

因此,由性质1.3.5和性质1.3.2可得

$$\begin{aligned}P(A)&=1-P(\bar{A})=1-P(B\cup C)=1-P(B)-P(C)\\&=1-\frac{1}{2^5}-\frac{1}{2^5}=\frac{15}{16}\end{aligned}$$

性质 1.3.6(加法公式) 对于任意两事件A,B,有

$$P(A\cup B)=P(A)+P(B)-P(AB)$$

证明:对于任意两个事件A和B,显然有

$$A\cup B=A\cup(B-AB)$$

并且$A(B-AB)=\varnothing$,由有限可加性和减法公式

$$P(A\cup B)=P(A)+P(B-AB)=P(A)+P(B)-P(AB)$$

注:(1) 由于$A\cup B$可分解为如下形式,每种分解后的部分互不相容:

$$A\cup B=A\cup(B-A)=(A-B)\cup B=(A-B)\cup(AB)\cup(B-A)$$

故有

$$P(A\cup B)=P(A)+P(B-AB)$$
$$P(A\cup B)=P(A-AB)+P(B)$$
$$P(A\cup B)=P(A-B)+P(B-AB)+P(AB)$$

(2) 加法公式可以推广到任意$n(n\geqslant 3)$个事件情形:

$$P\left(\bigcup_{i=1}^{n}A_i\right)=\sum_{i=1}^{n}P(A_i)-\sum_{1\leqslant i<j\leqslant n}P(A_iA_j)+\sum_{1\leqslant i<j<k\leqslant n}P(A_iA_jA_k)+\cdots+(-1)^{n-1}P(A_1A_2\cdots A_n)$$

以上公式用数学归纳法容易证明.

(3) 特别地,对于三个事件A,B,C的情形有比较常用的加法公式:

$$P(A\cup B\cup C)=P(A)+P(B)+P(C)-P(AB)-P(AC)-P(BC)+P(ABC)$$

(4)$P(A\cup B)\leqslant P(A)+P(B)$

推广到有限个事件的情形:

$$P\left(\bigcup_{i=1}^{n}A_i\right)\leqslant\sum_{i=1}^{n}P(A_i)$$

例 1.3.5 掷两颗骰子,至少有一颗骰子的点数大于 3 的概率是多少?

解:设事件 $A_i=\{$第 i 颗骰子的点数大于 3$\}$,$i=1,2$,则有

$$A_1\cup A_2=\{\text{掷两颗骰子,至少有一颗骰子的点数大于 3}\}$$

从而可求出

$$P(A_1)=P(A_2)=\frac{1}{2},\ P(A_1A_2)=\frac{1}{4}$$

由性质 1.3.6 可知,所求的概率为

$$P(A_1\cup A_2)=P(A_1)+P(A_2)-P(A_1A_2)=\frac{1}{2}+\frac{1}{2}-\frac{1}{4}=\frac{3}{4}$$

另外,如果掷三颗骰子,我们来求事件 $A_1\cup A_2\cup A_3$ 的概率,其中,事件 $A_i=\{$第 i 颗骰子的点数大于 3$\}$,$i=1,2,3$. 用古典方法可求得

$$P(A_i)=\frac{1}{2}\quad(i=1,2,3)$$

$$P(A_iA_j)=\frac{1}{4}\quad(i\neq j;\ i,j=1,2,3)$$

$$P(A_1A_2A_3)=\frac{1}{8}$$

由性质 1.3.6 中的注(3) 可得

$$\begin{aligned}&P(A_1\cup A_2\cup A_3)\\&=P(A_1)+P(A_2)+P(A_3)-P(A_1A_2)-P(A_1A_3)-P(A_2A_3)+P(A_1A_2A_3)\\&=\frac{3}{2}-\frac{3}{4}+\frac{1}{8}=\frac{7}{8}\end{aligned}$$

例 1.3.6(配对问题) 在一个有 n 个人参加的晚会上,每个人带了一件礼物,且假定各人带的礼物都不相同,晚会期间各人从放在一起的 n 件礼物中随机抽取一件,问:至少有一个人自己抽到自己礼物的概率是多少?

解:记事件:$A_i=\{$第 i 个人自己抽到自己的礼物$\}$,$i=1,2,\cdots,n$,所求的概率即为

$$P(A_1\cup A_2\cup\cdots\cup A_n)$$

因为

$$P(A_1)=P(A_2)=\cdots=P(A_n)=\frac{1}{n}$$

$$P(A_1A_2)=P(A_1A_3)=\cdots=P(A_{n-1}A_n)=\frac{1}{n(n-1)}$$

$$P(A_1A_2A_3)=P(A_1A_2A_4)=\cdots=P(A_{n-2}A_{n-1}A_n)=\frac{1}{n(n-1)(n-2)}$$

$$\cdots$$

$$P(A_1A_2\cdots A_n)=\frac{1}{n!}$$

所以由概率的性质(1.3.6) 加法公式可得

$$P(A_1\cup A_2\cup\cdots\cup A_n)=1-\frac{1}{2!}+\frac{1}{3!}-\frac{1}{4!}+\cdots+(-1)^{n-1}\frac{1}{n!}$$

特别地,当 $n=5$ 时,此概率为 0.6333;

当 $n\to\infty$ 时,此概率的极限为 $1-e^{-1}=0.6321$.

这表明:即使参加晚会的人很多(比如 100 人以上),事件{至少有 1 个人自己抽到自己礼物}也不是必然事件.

性质 1.3.7(半可加性) 设 $A_1,A_2,\cdots,A_n$ 是任意 $n(n\geqslant 2)$ 个事件,则有

$$P(A_1\cup A_2\cup\cdots\cup A_n)\leqslant P(A_1)+P(A_2)+\cdots+P(A_n)$$

证明:当 $n=2$ 时,由加法公式和概率的非负性,可得

$$P(A_1\cup A_2)=P(A_1)+P(A_2)-P(A_1A_2)\leqslant P(A_1)+P(A_2)$$

当 $n\geqslant 3$ 时,用数学归纳法容易证明

$$P(A_1\cup A_2\cup\cdots\cup A_n)\leqslant P(A_1)+P(A_2)+\cdots+P(A_n)$$

注:半可加性对可列个事件也是成立的.

习题 1.3

1. 某工厂一个班组共有男工 9 人、女工 5 人,现要选出 3 个代表,问:选的 3 个代表中至少有 1 个女工的概率是多少?

2. 一赌徒认为掷一颗骰子 4 次至少出现一次 6 点为事件 A 与掷两颗骰子 24 次至少出现一次双 6 点为事件 B 的机会是相等的,你认为如何?

3. 从数字 $1,2,\cdots,9$ 中可重复地任取 n 次,求 n 次所取数字的乘积能被 10 整除的概率.

4. 若 $P(A)=1$,证明:对任一事件 B,有 $P(AB)=P(B)$.

5. 某班 n 个战士各有 1 支归个人保管使用的枪,这些枪的外形完全一样,在一次夜间紧急集合中,每人随机地取了 1 支枪,求至少有 1 人拿到自己的枪的概率.

6. 设 A,B 是两个事件,且 $P(A)=0.6$, $P(B)=0.8$,问:

(1) 在什么条件下 $P(AB)$ 取得最大值,最大值是多少?

(2) 在什么条件下 $P(AB)$ 取得最小值,最小值是多少?

7. 证明:$|P(AB)-P(A)P(B)|\leqslant\dfrac{1}{4}$.

8. 证明:(1) $P(AB)+P(AC)-P(BC)\leqslant P(A)$;

(2) $P(AB)+P(AC)+P(BC)\geqslant P(A)+P(B)+P(C)-1$.

9. 设 $P(A)=\dfrac{1}{3}$, $P(B)=\dfrac{1}{2}$.

(1) 若事件 A 与 B 互不相容,求 $P(B\bar{A})$;

(2) 若 $A\subset B$,求 $P(B\bar{A})$;

(3) 若 $P(AB)=\dfrac{1}{8}$,求 $P(B\bar{A})$.

10. 假设电话号码为八位数(第 1 位数不为 0),求事件 $A_1=\{$电话号码中不含 0 或 9$\}$ 和 $A_2=\{$电话号码中含 0 不含 9$\}$ 的概率.

11. 某城市中共发行 3 种报纸 A,B,C. 在这城市的居民中有 45% 订阅 A 报、35% 订阅 B

报、30%订阅C报、10%同时订阅A报B报、8%同时订阅A报C报、5%同时订阅B报C报、3%同时订阅A,B,C报. 求以下事件的概率:

(1) 只订阅A报的;

(2) 只订阅一种报纸的;

(3) 至少订阅一种报纸的;

(4) 不订阅任何一种报纸的.

12. 设事件A,B,C的概率都是$\frac{1}{2}$,且$P(ABC)=P(\bar{A}\cap\bar{B}\cap\bar{C})$,证明:

$$2P(ABC)=P(AB)+P(AC)+P(BC)-\frac{1}{2}$$

1.4 条件概率

条件概率是概率论中一个既重要又实用的概念,很多问题都和条件概率有关.

1.4.1 条件概率的定义

在实际问题中,除了要考虑事件B发生的概率,还需要考虑已知事件A发生的条件下,事件B发生的概率. 这两个概率不一定相同, 我们把后者称为条件概率,记为$P(B|A)$.

例1.4.1 抛一颗骰子,观察其出现的点数. 设A="出现偶数点",B="出现的点数小于4". 这里,样本空间$\Omega=\{1,2,3,4,5,6\}$,$A=\{2,4,6\}$,$B=\{1,2,3\}$. $P(B|A)$表示在A发生的条件下B发生的概率,这使得我们将A视为一个新的样本空间,限制在此空间上来考察事件B的发生,B中只有一个样本点2在A中,因此

$$P(B|A)=\frac{1}{3}$$

而$P(B)=\frac{1}{2}\neq P(B|A)$. 另一方面,我们发现

$$P(B|A)=\frac{1}{3}=\frac{\frac{1}{6}}{\frac{3}{6}}=\frac{P(AB)}{P(A)}$$

例1.4.2 向线段$[-1,1]$上随机投掷一点,以X表示落点的坐标. 设事件$A=\{X>0\}$,事件$B=\{-1<X<0.5\}$. 显然,$P(A)=\frac{2}{4}$,$P(B)=\frac{3}{4}$,$P(AB)=\frac{1}{4}$. 由条件概率的直观意义,可得

$$P(B|A)=\frac{1}{2}$$

同时我们发现

$$P(B|A)=\frac{1}{2}=\frac{\frac{1}{4}}{\frac{2}{4}}=\frac{P(AB)}{P(A)}$$

以上两个例子都有以下关系式：

$$P(B|A)=\frac{P(AB)}{P(A)}$$

这并不是偶然，而是反映了条件概率和普通概率的内在关系.

定义 1.4.1 设 A,B 是两个事件，且 $P(A)>0$，称

$$P(B|A)=\frac{P(AB)}{P(A)} \tag{1.4.1}$$

为在事件 A 发生的条件下事件 B 发生的**条件概率**.

以上定义的条件概率 $P(\cdot|A)$ 符合概率公理化定义的三个条件，即有：

性质 1.4.1 设 $P(A)>0$，则条件概率满足：

(1) 非负性：对于每一个事件 B，有 $P(B|A)\geqslant 0$；

(2) 规范性：对于必然事件 Ω，有 $P(\Omega|A)=1$；

(3) 可列可加性：设 $B_1,B_2,\cdots,B_n,\cdots$ 是两两互不相容的事件，则有

$$P(\bigcup_{i=1}^{\infty}B_i|A)=\sum_{i=1}^{\infty}P(B_i|A)$$

证明：用条件概率的定义很容易证明(1)和(2)，下面证明(3).

因为 $B_1,B_2,\cdots,B_n,\cdots$ 是互不相容的，所以 $AB_1,AB_2,\cdots,AB_n,\cdots$ 也互不相容，故

$$P(\bigcup_{i=1}^{\infty}B_i|A)=\frac{P((\bigcup_{i=1}^{\infty}B_i)A)}{P(A)}=\frac{P(\bigcup_{i=1}^{\infty}(B_iA))}{P(A)}$$

$$=\sum_{i=1}^{\infty}\frac{P(B_iA)}{P(A)}=\sum_{i=1}^{\infty}P(B_i|A)$$

性质 1.4.1 说明，条件概率也是一种概率. 由于概率的性质都是由公理化定义的三条推出的，故条件概率也具有一般概率的所有性质，比如

$$P(\bar{B}|A)=1-P(B|A)$$

$$P(A\cup B|C)=P(A|C)+P(B|C)-P(AB|C)$$

$$A\subset B\Rightarrow P(A|C)\leqslant P(B|C)$$

由于 $P(A)=P(A|\Omega)$，因此，普通概率也可看做一种特殊的条件概率.

公式(1.4.1)给出了求条件概率的一种基本计算方法.

例 1.4.3 任意抛掷两次质地均匀的硬币，令 B 表示“第一次出现正面”，A 表示“第二次出现正面”这两个事件，求 $P(A|B)$.

解：抛掷两次硬币的样本空间 $\Omega=\{(H,H),(H,T),(T,H),(T,T)\}$，事件 $A\cap B$ 为样本空间中四个基本事件的第一个，故

$$P(AB)=\frac{1}{4}$$

同理可证 $P(B)=\frac{2}{4}=\frac{1}{2}$，由式(1.4.1)可得

$$P(A|B)=\frac{P(AB)}{P(B)}=\frac{1}{2}$$

又知 $P(A)=\frac{1}{2}$,故本例 $P(A|B)=P(A)$. 什么情况下 $P(A|B)=P(A)$ 呢? 需要事件 A, B 有一种特殊关系,这个问题在本章 1.5 节讨论.

条件概率有很强的实用性, 下面给出与条件概率有关的三大公式:乘法公式、全概率公式和贝叶斯公式.

1.4.2 乘法公式

由条件概率的定义式(1.4.1),立即可得下述定理:

定理 1.4.1 设 $A_i(i=1,2,\cdots,n)$ 为事件,

(1) 若 $P(A_1)>0$,则 $P(A_1A_2)=P(A_1)P(A_2|A_1)$; (1.4.2)

(2) 若 $P(A_1A_2)>0$,则 $P(A_1A_2A_3)=P(A_1)P(A_2|A_1)P(A_3|A_1A_2)$; (1.4.3)

(3) 若 $P(A_1A_2\cdots A_{n-1})>0$,则

$$P(A_1A_2\cdots A_n)=P(A_1)P(A_2|A_1)P(A_3|A_1A_2)\cdots P(A_n|A_1A_2\cdots A_{n-1}) \tag{1.4.4}$$

以上称为乘法公式.

证明:只对式(1.4.4) 进行证明,因为式(1.4.2) 和式(1.4.3) 是其特殊情况.

由于 $P(A_1)\geqslant P(A_1\cap A_2)\geqslant\cdots\geqslant P(A_1\cap A_2\cap\cdots\cap A_{n-1})>0$

故式(1.4.4) 右端有定义,且

$$\begin{aligned}\text{右端}&=P(A_1)P(A_2|A_1)P(A_3|A_1A_2)\cdots P(A_n|A_1A_2\cdots A_{n-1})\\&=P(A_1)\cdot\frac{P(A_1\cap A_2)}{P(A_1)}\cdot\frac{P(A_1\cap A_2\cap A_3)}{P(A_1\cap A_2)}\cdot\cdots\cdot\frac{P(A_1\cap A_2\cap\cdots\cap A_n)}{P(A_1\cap A_2\cap\cdots\cap A_{n-1})}\\&=P(A_1\cap A_2\cap\cdots\cap A_n)=P(A_1A_2\cdots A_n)=\text{左端}\end{aligned}$$

注:乘法公式中的事件 $A_1,A_2,\cdots,A_n$ 之间没有"顺序" 的关系. 比如:

$$\begin{aligned}P(A_1A_2A_3)&=P(A_1)P(A_2|A_1)P(A_3|A_1A_2)\\&=P(A_2)P(A_3|A_2)P(A_1|A_2A_3)\\&=P(A_3)P(A_1|A_3)P(A_2|A_1A_3)\end{aligned}$$

乘法公式的意义在于将若干事件相乘的概率转化成条件概率,很多时候条件概率比较容易确定.

例 1.4.4 设 A,B 为任意两个事件,且已知 $P(A)=0.5,P(B)=0.6,P(B|\bar{A})=0.4$,求 $P(A|\bar{B})$.

解:首先求 $P(AB)$. 由乘法公式(1.4.2),有

$$P(\bar{A}B)=P(\bar{A})P(B|\bar{A})=0.5\times0.4=0.2$$

进一步,

$$P(AB)=P(B)-P(\bar{A}B)=0.4$$

由条件概率的定义,有

$$P(A|\bar{B})=\frac{P(A\bar{B})}{P(\bar{B})}=\frac{P(A)-P(AB)}{P(\bar{B})}=\frac{0.1}{0.4}=0.25$$

例 1.4.5 一批零件共有 100 个,其中有 10 个不合格品,从中一个一个取出,问:第三次才取得不合格品的概率是多少?

解:以 A_i 记事件"第 i 次取出的是不合格品",$i=1,2,3$,则所求概率为 $P(\bar{A}_1\bar{A}_2A_3)$,由乘法公式(1.4.3),可得:

$$P(\bar{A}_1\bar{A}_2A_3)=P(\bar{A}_1)P(\bar{A}_2|\bar{A}_1)P(A_3|\bar{A}_1\bar{A}_2)$$
$$=\frac{90}{100}\cdot\frac{89}{99}\cdot\frac{10}{98}=0.0826$$

例 1.4.6 将 n 根绳的 $2n$ 个头任意两两相接,求事件 $A=\{$恰接成 n 个圈$\}$ 的概率.

解:以 B_i 表示第 i 根绳的头与尾恰好相接($i=1,2,\cdots,n$),则有 $A=B_1B_2\cdots B_n$. 我们约定将这 $2n$ 个头任排为一列,然后第 1 个头与第 2 个头相接,第 3 个头与第 4 个头相接,…,第 $2n-1$ 个头与第 $2n$ 个头相接.

于是,一个样本点相当于 $2n$ 个头的一个全排列,$n(\Omega)=(2n)!$,而 $B_1=\{$第 1 根绳的首尾相接$\}$ 中的样本点数为 $n(B_1)=2n(2n-2)!$,故 $P(B_1)=\frac{1}{2n-1}$.

下面,考虑 $P(B_2|B_1)$,因已知第 1 根绳已经头尾相接,可以将它舍弃. 于是 $P(B_2|B_1)$ 化为 $n-1$ 根绳时第 2 根绳的头尾相接的概率,故

$$P(B_2|B_1)=\frac{1}{2(n-1)-1}=\frac{1}{2n-3}$$

同理,$P(B_3|B_1B_2)=\frac{1}{2n-5}$,循环下去,运用乘法定理(1.4.4),可得

$$P(A)=P(B_1B_2\cdots B_n)$$
$$=P(B_1)P(B_2|B_1)\cdots P(B_n|B_1B_2\cdots B_{n-1})$$
$$=\frac{1}{(2n-1)!!}$$

注:(1)$(2n)!!\ =2\times4\times6\times\cdots\times(2n)$;

(2)$(2n-1)!!\ =1\times3\times5\times\cdots\times(2n-1)$.

1.4.3 全概率公式

全概率公式提供了一种计算复杂事件概率的方法. 介绍全概率公式前,先介绍划分的概念.

定义 1.4.2 设 Ω 为试验 E 的样本空间,$A_1,A_2,\cdots,A_n$ 为试验 E 的一组事件. 若

(1)$A_iA_j=\varnothing,\ i\neq j,\ i,j=1,2,\cdots,n$;

(2)$A_1\cup A_2\cup\cdots\cup A_n=\Omega$.

则称 $A_1,A_2,\cdots,A_n$ 为样本空间 Ω 的一个**划分**,或称为**完备事件组**.

一般地,任一事件 A 与 $\bar{A}$ 就是一个划分.

注:若 $A_1,A_2,\cdots,A_n$ 是样本空间 Ω 的一个划分,则对于每次试验,事件 $A_1,A_2,\cdots,A_n$ 必有一个且仅有一个发生. 比如,一个班级的人分为男生、女生、班干部,从中任选一人,A 表示抽中男生,B 表示抽中女生,C 表示抽中班干部,则 A、B 是一个划分,C 与 $\bar{C}$ 也是一个划分,

A、B、C 不是划分,A、C 也不是划分.

定理 1.4.2 设试验 E 的样本空间为 Ω,B 为 E 的事件,$A_1,A_2,\cdots,A_n$ 为 Ω 的一个划分,且 $P(A_i)>0(i=1,2,\cdots,n)$,则

$$\begin{aligned}P(B)&=P(A_1)P(B|A_1)+P(A_2)P(B|A_2)+\cdots+P(A_n)P(B|A_n)\\&=\sum_{i=1}^{n}P(A_i)P(B|A_i)\end{aligned}\tag{1.4.5}$$

称为**全概率公式**.

证明:因为 $B=B\Omega=B\cap(\bigcup_{i=1}^{n}A_i)=\bigcup_{i=1}^{n}(BA_i)$

又因为

$$A_iA_k=\varnothing\quad(i\neq k)$$

故

$$(BA_i)\cap(BA_k)=\varnothing\quad(i\neq k)$$

应用概率的有限可加性,可得

$$P(B)=\sum_{i=1}^{n}P(BA_i)=\sum_{i=1}^{n}P(A_i)P(B|A_i)$$

对应于 $A,\bar{A}$ 这个划分的全概率公式如下:

$$P(B)=P(A)P(B|A)+P(\bar{A})P(B|\bar{A})\tag{1.4.6}$$

全概率公式的意义在于将事件 B 的概率计算转化为样本空间的一个划分 $A_1,A_2,\cdots,A_n$ 下的条件概率 $P(B|A_i)$ 的计算,然后对 $P(B|A_i)$ 做加权平均,权重取 $P(A_i),i=1,2,\cdots,n$.

例 1.4.7 设 1000 件产品中有 200 件是不合格产品,依次作不放回抽取两件产品,求第二次取到的是不合格产品的概率.

解:令 $A=\{$第一次取到的是不合格品$\}$,$B=\{$第二次取到的是不合格品$\}$.

由全概率公式可得:

$$P(B)=P(A)P(B|A)+P(\bar{A})P(B|\bar{A})$$

又

$$P(A)=\frac{200}{1000}=\frac{1}{5},\quad P(\bar{A})=1-P(A)=\frac{4}{5}$$

$$P(B|A)=\frac{199}{999},\quad P(B|\bar{A})=\frac{200}{999}$$

故有

$$P(B)=\frac{199}{999}\times\frac{1}{5}+\frac{200}{999}\times\frac{4}{5}=\frac{1}{5}$$

第二次取到合格品的概率和第一次是一样的.进一步计算可知,第三次……第 n 次取到合格品的概率都是相同的,也就是说,取到合格品的概率与次序无关.这也说明,现实生活中抽签是一种公平的方式.

例 1.4.8 某工厂的 1、2、3 车间生产同一种产品,产量依次占$\frac{1}{2}$、$\frac{1}{4}$、$\frac{1}{4}$,而次品率分别

为 0.01,0.01,0.02,现从这个厂的产品中任取出一件,求 $B=\{$取到1件次品$\}$ 的概率.

解:问题在于不知道取到的产品是哪个车间生产的. 令:

$$A_i=\{\text{取到 } i \text{ 车间的产品}\}\quad (i=1,2,3)$$

则 A_1,A_2,A_3 为 Ω 的一个划分. 由题意可知

$$P(A_1)=0.5,\quad P(A_2)=0.25,\quad P(A_3)=0.25$$

$$P(B|A_1)=0.01,\quad P(B|A_2)=0.01,\quad P(B|A_3)=0.02$$

利用全概率公式(1.4.5)中 $n=3$ 的情况,可得

$$\begin{aligned}P(B)&=P(A_1)P(B|A_1)+P(A_2)P(B|A_2)+P(A_3)P(B|A_3)\\&=0.5\times 0.01+0.25\times 0.01+0.25\times 0.02=0.0125\end{aligned}$$

例 1.4.9 袋中有 r 个红球与 b 个黑球. 每次从袋中任摸出1球并连同 s 个同色球一起放回. 以 A_n 表示第 n 次摸出红球,试证:

$$P(A_n)=\frac{r}{r+b}$$

证明:我们对摸球次数 n 作数学归纳法:

(1) 当 $k=1$ 时,$P(A_1)=\dfrac{r}{r+b}$,显然成立;

(2) 假设 $k=n-1$ 时结论成立,即 $P(A_{n-1})=\dfrac{r}{r+b}$,则当 $k=n$ 时,为求 $P(A_n)$,我们以第1次取球的可能结果 A_1 与 $\overline{A_1}=\{$第1次取出黑球$\}$ 作为 Ω 的一个划分,由全概率公可得

$$P(A_n)=P(A_1)P(A_n|A_1)+P(\overline{A_1})P(A_n|\overline{A_1})\tag{1.4.7}$$

注意:在 A_1 条件下,袋中有 $r+s$ 个红球与 b 个黑球. 而 $P(A_n|A_1)$ 相当于自 $r+s$ 个红球与 b 个黑球出发,在第 $n-1$ 次摸出红球的概率,由归纳法假设有

$$P(A_n|A_1)=\frac{r+s}{r+s+b}$$

同理,

$$P(A_n|\overline{A_1})=\frac{r}{r+s+b}$$

将以上两式代入全概率公式(1.4.6),可得

$$P(A_n)=\frac{r}{r+b}\cdot\frac{r+s}{r+s+b}+\frac{b}{r+b}\cdot\frac{r}{r+s+b}=\frac{r}{r+b}$$

注:当 $s=0$ 时,相当于放回摸球;而 $s=-1$ 相当于不放回摸球. 以上求解过程又一次说明抽签是公平的.

1.4.4 贝叶斯公式

定理 1.4.3 设试验 E 的样本空间为 Ω,B 为 E 的事件,$A_1,A_2,\cdots,A_n$ 为 Ω 的一个划分,且 $P(B)>0,P(A_i)>0(i=1,2,\cdots,n)$,则

$$P(A_i|B)=\frac{P(A_i)P(B|A_i)}{\sum\limits_{j=1}^{n}P(A_j)P(B|A_j)}\quad (i=1,2,\cdots,n)\tag{1.4.8}$$

称为**贝叶斯公式**,最早是由英国哲学家托马斯-贝叶斯提出的.

证明:由条件概率的定义得

$$P(A_i|B)=\frac{P(A_iB)}{P(B)}$$

又根据乘法公式和全概率公式

$$P(A_iB)=P(A_i)P(B|A_i)$$

$$P(B)=\sum_{j=1}^{n}P(A_j)P(B|A_j)$$

所以

$$P(A_i|B)=\frac{P(A_i)P(B|A_i)}{\sum_{j=1}^{n}P(A_j)P(B|A_j)}\quad(i=1,2,\cdots,n)$$

贝叶斯公式适用的模型为:设 B 为某事件,样本空间的一个划分为 $A_1,A_2,\cdots,A_n$,在每种情况 $A_i(i=1,2,\cdots,n)$ 下 B 都有可能发生.现观察到 B 已经发生,求 B 是在 A_i 这种情况下发生的概率 $P(A_i|B)$.

例 1.4.10 对以往数据分析结果表明,当机器调整得良好时,产品的合格率为 98%,而当机器发生某种故障时,其合格率为 55%,每天早上机器开动时,机器调整良好的概率为 95%. 试求已知某日早上第一件产品是合格品时,机器调整良好的概率.

解:设事件 $A=\{$机器调整良好$\}$,事件 $B=\{$产品合格$\}$. $A,\bar{A}$ 为样本空间的一个划分,依题意可得

$$P(B|A)=0.98,P(B|\bar{A})=0.55,P(A)=0.95,P(\bar{A})=0.05$$

所需要求的概率为 $P(A|B)$,由贝叶斯公式(1.4.8)可得

$$P(A|B)=\frac{P(A)P(B|A)}{P(A)P(B|A)+P(\bar{A})P(B|\bar{A})}$$

$$=\frac{0.95\times0.98}{0.95\times0.98+0.05\times0.55}=0.97$$

因此,当生产出第一件产品是合格品时,此时机器调整良好的概率为 0.97.

这里机器调整良好的概率 0.95 是由以往的数据分析得到的,叫做**先验概率**. 而在得到信息(即生产出的第一件产品是合格品)之后再重新加以修正的概率(即 0.97),叫做**后验概率**. 一般地,贝叶斯公式(1.4.8)中 $P(A_i)$ 称为先验概率,试验中观察到 B 已经发生,就是获得的新的信息,利用该信息修正 A_i 的概率,得到的 $P(A_i|B)$ 称为后验概率.

例 1.4.11 在某刑事调查过程中,调查员有 60% 的把握认为嫌疑人确犯有此罪. 假定现在得到了一份新的证据,表明罪犯有某个身体特征(比如左撇子、光头等),如果有 20% 的人有这种特征,那么在嫌疑人具有这种特征的条件下,检察官认为他确犯此罪的把握有多大?

解:A 表示嫌疑人确犯此罪,B 表示具有某个身体特征,依题意

$$P(A)=0.6,P(B|A)=1,P(B|\bar{A})=0.2$$

根据贝叶斯公式

$$P(A|B)=\frac{P(A)P(B|A)}{P(A)P(B|A)+P(\bar{A})P(B|\bar{A})}$$

$$=\frac{0.6\times 1}{0.6\times 1+0.4\times 0.2}=0.882$$

原来嫌疑人犯此罪的概率为0.6,是先验概率,通过试验获取新的信息(嫌疑人具有罪犯的某个身体特征)嫌疑人犯此罪的概率提高到了0.882,这是后验概率.

习题 1.4

1. 某个学生参加一个时限为1小时的测验. 假定对任意$0\leqslant x\leqslant 1$来说,他在x小时内完成测验的概率为$\frac{x}{2}$,已知0.75小时后他仍在答题,问他最后要用光一小时的条件概率是多少?

2. 抛掷一枚硬币两次,假定样本空间$\Omega=\{(H,H),(H,T),(T,H),(T,T)\}$中的4个样本点发生的可能性是一样的,求给定以下事件后两枚硬币都是正面朝上的条件概率:

(1) 第一枚正面朝上;

(2) 至少有一枚正面朝上.

3. 一个坛子里有r个红球和b个蓝球,随机地从中无放回地依次取出n个球($n\leqslant r+b$),已知其中k个是蓝球,问:第一个球是蓝球的条件概率是多大?

4. 一副52张牌随机地分成4堆,每堆13张,计算每一堆正好有一张“A”的概率.

5. 保险公司认为人可以分为两类:一类为容易出事故者,另一类则为安全者. 他们的统计表明:一个易出事故者在一年内发生事故的概率为0.4;而安全者的这个概率则减小为0.2,若假定第一类人占人口的比例为30%,现有一个新的投保人来投保,问:该人在购买保单后一年内将出事故的概率有多大?

6. 据美国的一份资料报道,在美国总的来说人们患肺癌的概率约为0.1%. 在人群中有20%是吸烟者,他们患肺癌的概率约为0.4%,问:不吸烟者患肺癌的概率是多少?

7. 在回答一道多项选择题时,学生可能知道正确答案,否则就猜一个. 令p表示他知道正确答案的概率,则$1-p$表示猜的概率. 假定学生猜中正确答案的概率为$\frac{1}{m}$,此处m就是多项选择题的可选择答题数. 求在已知他回答正确的条件下,该学生知道正确答案的概率.

8. 一项血液化验有95%的把握将患有某种疾病的患者诊断出来,但是,这项化验用于健康人也会有1%的“伪阳性”结果(即:如果一个健康人接受这项化验,则化验结果误诊此人患该疾病的概率为0.01). 如果该疾病的患者事实上仅占人口的0.5%,若某人化验结果为阳性,问:此人确实患该疾病的概率为多大?

9. 一架飞机失踪了,推测它等可能地坠落在3个区域. 令$1-\beta_i$表示飞机坠落在第i个区域时被发现的概率(β_i称为疏忽概率,它取决于该区域的地理和环境条件). 已知对区域1的搜索没有发现飞机,求在此条件下,飞机坠落在第i个区域($i=1,2,3$)的条件概率.

10. 假设有3张形状完全相同但所涂颜色不同的卡片,第一张两面全是红色,第二张两面全是黑色,而第三张是一面红色一面黑色. 将这3张卡片放在帽子里混合后,随机地取出1张放在地上,如果取出的卡片朝上的一面是红色的,那么另一面为黑色的概率是多大?

1.5 事件的独立性

1.5.1 两个事件的独立性

设A,B是两个事件,一般情况下$P(B|A)\neq P(B)$,这说明事件B的发生对事件A的发生有影响. 但是,有时候$P(B|A)=P(B)$,这说明事件B的发生对事件A的发生没有影响.

例1.5.1 袋中有r个红球与b个黑球,现任意取出两球,令$R_i=\{$第i个是红球$\}$,则无论放回取球或不放回取球都有$P(R_i)=\dfrac{r}{r+b}$, $i=1,2$. 现考虑放回取球和不放回取球两种情形.

放回情形:

$$P(R_1R_2)=\frac{r^2}{(r+b)^2}$$

$$P(R_2|R_1)=\frac{r}{r+b}=P(R_2)$$

不放回情形:

$$P(R_1R_2)=\frac{r(r-1)}{(r+b)(r+b-1)}$$

从而

$$P(R_2|R_1)=\frac{r-1}{r+b-1}\neq P(R_2)$$

得到这样的结果是很自然的,对于不放回情形,第一次取球的结果对第二次取球是有影响的. 而对于放回情形,当然就不存在这种影响.

一个事件的发生不影响另一个事件的发生,两个事件之间的这种特殊关系就是所谓的相互独立. 若$P(A)>0,P(B)>0$, 由于

$$P(A\mid B)=P(A)\Leftrightarrow P(AB)=P(A)P(B)$$

$$P(B\mid A)=P(B)\Leftrightarrow P(AB)=P(A)P(B)$$

因此,给出两个事件独立的定义如下:

定义1.5.1 设A,B是两个事件,如果有

$$P(AB)=P(A)P(B) \tag{1.5.1}$$

则称**事件A与B相互独立**,简称**A与B独立**; 否则称事件A与B不独立.

两个事件独立是相互的,即若事件A与B独立,则B与A也独立. 独立性还有如下常用的性质:

性质1.5.1 若事件A,B相互独立,$P(A)>0,P(B)>0$,则

$$P(A\mid B)=P(A),\quad P(B\mid A)=P(B)$$

性质1.5.2 若事件A与B独立,则事件A与$\bar{B}$独立;$\bar{A}$与B独立;$\bar{A}$与$\bar{B}$独立.

证明:由事件的运算性质可知

$$A\overline{B}=A-AB$$

再由 A 与 B 的独立性可知

$$P(A\overline{B})=P(A)-P(AB)=P(A)-P(A)P(B)$$

$$=P(A)[1-P(B)]=P(A)P(\overline{B})$$

这表明 A 与 $\overline{B}$ 独立,类似可以证明 $\overline{A}$ 与 B 独立,$\overline{A}$ 与 $\overline{B}$ 独立.

例 1.5.2 设甲、乙两射手独立地射击同一目标,他们击中目标的概率分别为0.9和0.8,求在一次射击中目标被击中的概率.

解:令 $A=\{$甲击中目标$\}$,$B=\{$乙击中目标$\}$.

依题意可知:$P(A)=0.9$;$P(B)=0.8$.

方法一:设"击中目标"这一事件为 C,则 $C=A\cup B=\{$甲或乙击中目标$\}$,因为 A 与 B 相互独立,故

$$\begin{aligned}P(C)=P(A\cup B)&=P(A)+P(B)-P(AB)\\&=P(A)+P(B)-P(A)\cdot P(B)\\&=0.9+0.8-0.8\times 0.9=0.98\end{aligned}$$

方法二:

$$\begin{aligned}P(C)&=1-P(\overline{C})=1-P(\overline{A\cup B})\\&=1-P(\overline{A}\cap\overline{B})=1-P(\overline{A})\cdot P(\overline{B})\\&=1-0.1\times 0.2=0.98\end{aligned}$$

1.5.2 多个事件的独立性

1. 三个事件的相互独立

前面给出了两个事件相互独立的定义,如何推广到三个事件相互独立呢?设 A_1,A_2,A_3 是三个事件,它们相互独立,首先要求它们两两相互独立,即

$$\begin{cases}P(A_1A_2)=P(A_1)P(A_2)\\P(A_1A_3)=P(A_1)P(A_3)\\P(A_2A_3)=P(A_2)P(A_3)\end{cases}\tag{1.5.2}$$

但仅有这三个式子还不够,因为三个事件相互独立,应该 A_1A_2 与 A_3 也相互独立,但从式(1.5.2)得不到 $P((A_1A_2)A_3)=P(A_1A_2)P(A_3)=P(A_1)P(A_2)P(A_3)$,所以,三个事件 A_1,A_2,A_3 相互独立的定义如下:

定义 1.5.2 设 A_1,A_2,A_3 是三个事件,如果它们满足

$$\begin{cases}P(A_1A_2)=P(A_1)P(A_2)\\P(A_1A_3)=P(A_1)P(A_3)\\P(A_2A_3)=P(A_2)P(A_3)\\P(A_1A_2A_3)=P(A_1)P(A_2)P(A_3)\end{cases}\tag{1.5.3}$$

则称三个事件 A_1,A_2,A_3 相互独立.

从定义 1.5.2 可知,三个事件相互独立一定两两独立;而两两独立不一定三个事件相互独立.

例 1.5.3 设 A_1,A_2,A_3 是三个相互独立的事件,证明:

(1) A_1A_2 与 A_3 相互独立;

(2) $A_1\cup A_2$ 与 A_3 相互独立.

证明:(1) 因为 A_1,A_2,A_3 相互独立,

$$\begin{aligned}P((A_1A_2)A_3)&=P(A_1A_2A_3)\\&=P(A_1)P(A_2)P(A_3)\\&=P(A_1A_2)P(A_3)\end{aligned}$$

即 A_1A_2 与 A_3 相互独立.

$$\begin{aligned}(2)\ P((A_1\cup A_2)A_3)&=P(A_1A_3\cup A_2A_3)\\&=P(A_1A_3)+P(A_2A_3)-P(A_1A_2A_3)\\&=P(A_1)P(A_3)+P(A_2)P(A_3)-P(A_1)P(A_2)P(A_3)\\&=[P(A_1)+P(A_2)-P(A_1)P(A_2)]P(A_3)\\&=P(A_1\cup A_2)P(A_3)\end{aligned}$$

即 $A_1\cup A_2$ 与 A_3 相互独立.

2. 多个事件的相互独立

定义 1.5.3 设有 n 个事件 $A_1,A_2,\cdots,A_n$,假如对所有可能的 $1\leqslant i<j<k<\cdots\leqslant n$,以下等式均成立:

$$\begin{cases}P(A_iA_j)=P(A_i)P(A_j)\\P(A_iA_jA_k)=P(A_i)P(A_j)P(A_k)\\\quad\cdots\cdots\\P(A_1A_2\cdots A_n)=P(A_1)P(A_2)\cdots P(A_n)\end{cases}\tag{1.5.4}$$

则称此 n **个事件 $A_1,A_2,\cdots,A_n$ 相互独立**.式(1.5.4)中含有 $C_n^2+C_n^3+\cdots+C_n^n=2^n-n-1$ 个式子.

注:若 n 个事件 $A_1,A_2,\cdots,A_n(n\geqslant 2)$ 相互独立,则

(1) 在这 n 个事件中任取 $k(2\leqslant k\leqslant n)$ 个事件也一定是相互独立的;

(2) 将 $A_1,A_2,\cdots,A_n$ 中任意多个事件换成它们各自的对立事件,所得的 n 个事件仍相互独立. 特别地,$\bar{A}_1,\bar{A}_2,\cdots,\bar{A}_n$ 也相互独立;

(3)
$$\begin{aligned}P\left(\bigcup_{i=1}^{n}A_i\right)&=1-P\left(\overline{\bigcup_{i=1}^{n}A_i}\right)\\&=1-P\left(\bigcap_{i=1}^{n}\bar{A}_i\right)\\&=1-\prod_{i=1}^{n}P(\bar{A}_i)\end{aligned}\tag{1.5.5}$$

如果事件是相互独立的,利用式(1.5.4)可以简化事件相乘概率的计算,利用式(1.5.5)可以简化事件和的概率计算.

在实际应用中,事件的独立性通常是根据实际意义去判断的. 例如,A,B 分别表示甲、乙两人患感冒. 如果甲、乙两人的活动范围相距甚远,就认为 A,B 相互独立;若甲、乙两人是同住在一个房间里的,那就不能认为 A,B 相互独立了.

例 1.5.4　设事件 A,B,C 的概率相等且相互独立,$P(A\cup B\cup C)=\frac{7}{8}$,求 $P(A)$.

解:设 $p=P(A)=P(B)=P(C)$. 由加法公式和事件 A,B,C 的相互独立,有

$$\frac{7}{8}=P(A\cup B\cup C)=1-P(\overline{A\cup B\cup C})=1-P(\bar{A}\cap\bar{B}\cap\bar{C})$$

$$=1-P(\bar{A})P(\bar{B})P(\bar{C})=1-(1-p)^3$$

由此可解得 $P(A)=\frac{1}{2}$.

例 1.5.5　假设有4个同样的球,其中3个上面分别写有1、2、3,而另一个上同时写有1、2、3. 现在随意取一球,以 $A_k=\{$球上写有 $k\}$. 证明:事件 A_1,A_2,A_3 两两独立,但三个事件不独立.

证:$P(A_k)=\frac{1}{2}$,$P(A_kA_j)=\frac{1}{4}\ (k,j=1,2,3;k\neq j)$,$P(A_1A_2A_3)=\frac{1}{4}$.

由于对任意 $k,j=1,2,3(k\neq j)$,有

$$P(A_kA_j)=\frac{1}{4}=\frac{1}{2}\times\frac{1}{2}=P(A_k)P(A_j)$$

可见事件 A_1、A_2、A_3 两两独立.

但是,由于

$$P(A_1A_2A_3)=\frac{1}{4}\neq\frac{1}{2}\times\frac{1}{2}\times\frac{1}{2}=P(A_1)P(A_2)P(A_3)$$

可见事件 A_1、A_2、A_3 不相互独立.

例 1.5.6　设每支步枪射击飞机命中的概率为 $P=0.004$,求250支步枪同时独立地进行一次射击时击中飞机的概率.

解:由题设可知,250支步枪全部都没有击中的概率为

$$(1-P)^{250}=(0.996)^{250}\approx 0.37$$

故所求的概率为

$$1-(1-P)^{250}\approx 1-0.37=0.63$$

由上结果看到,虽然每支步枪击中飞机的概率很小,但只要增加步枪的数目,击中飞机的概率可以大到接近1的程度.

例如,仍以上例题设为例,要以0.99的概率击中飞机,则所需的步枪数 n 可由下式求得:

$$(1-P)^n=1-0.99$$

即

$$(0.996)^n=0.01$$

两边取对数得到

$$n\lg(0.996)=\lg 0.01$$

故

$$n=\frac{\lg 0.01}{\lg(0.996)}\approx 1150$$

即约需步枪1150支便能保证以0.99的概率击中飞机.

1.5.3 试验的独立性

利用事件的独立性可以定义两个或若干个试验的独立性.

定义 1.5.4 设有两个随机试验 E_1 和 E_2,假如试验 E_1 的任一个结果(事件)与试验 E_2 的任一个结果(事件)都是相互独立的事件,则称**这两个试验相互独立**.

比如,掷一枚硬币(试验 E_1)和掷一颗骰子(试验 E_2)是相互独立的,因为硬币出现正面、反面与骰子出现 1 至 6 点中任一点都是相互独立的事件.

类似地,可以定义 n 个试验 $E_1,E_2,\cdots,E_n$ 的相互独立性.

假如 E_1 的任一结果,E_2 的任一结果,…,E_n 的任一结果都是相互独立的事件,则称**试验 $\boldsymbol{E_1,E_2,\cdots,E_n}$ 相互独立**. 如果这 n 个试验的条件还是相同的,则称其为 **n 重独立重复试验**.

比如,投掷 n 枚硬币、投掷 n 颗骰子、检查 n 个产品等,都可看做 n 重独立重复试验.

特别地,当每次试验只考虑事件 A 及 $\overline{A}$,$P(A)=p$, $P(\overline{A})=1-p$ 时,这样的 n 重独立重复试验称为 **n 重贝努里试验**.

例 1.5.7 一位射手打靶,命中率为 0.9,6 次打靶就是 6 重贝努里试验,记 $B_{6,k}$ =“6 次打靶中命中 k 次”,显然,k 可以为 0,1,2,3,4,5,6 中的某个值,于是:

$$P(B_{6,0})=P(6\text{ 次打靶,都没命中})=0.1^6=0.0000$$

$$P(B_{6,1})=P(6\text{ 次打靶,仅命中 1 次})=\binom{6}{1}\times 0.9\times 0.1^5=0.0001$$

$$P(B_{6,2})=P(6\text{ 次打靶,命中 2 次})=\binom{6}{2}\times 0.9^2\times 0.1^4=0.0012$$

$$P(B_{6,3})=P(6\text{ 次打靶,命中 3 次})=\binom{6}{3}\times 0.9^3\times 0.1^3=0.0146$$

$$P(B_{6,4})=P(6\text{ 次打靶,命中 4 次})=\binom{6}{4}\times 0.9^4\times 0.1^2=0.0984$$

$$P(B_{6,5})=P(6\text{ 次打靶,命中 5 次})=\binom{6}{5}\times 0.9^5\times 0.1^1=0.3543$$

$$P(B_{6,6})=P(6\text{ 次打靶,命中 6 次})=\binom{6}{6}\times 0.9^6\times 0.1^0=0.5314$$

由上述 7 个概率可计算很多事件的概率,比如:

$$\begin{aligned}P(6\text{ 次打靶,至少命中 4 次})&=P(B_{6,4})+P(B_{6,5})+P(B_{6,6})\\&=0.0984+0.3543+0.5314=0.9841\end{aligned}$$

$$\begin{aligned}P(6\text{ 次打靶,最多命中 2 次})&=P(B_{6,0})+P(B_{6,1})+P(B_{6,2})\\&=0.0000+0.0001+0.0012=0.0013\end{aligned}$$

习题 1.5

1. 加工某一零件需要经过 4 道工序,设第 1 ~ 4 道工序的次品率分别为 0.02,0.03,0.05,0.03,假定各道工序是相互独立的,求加工出来的零件的次品率.

2.证明:若 $P(A|B)=P(A|\bar{B})$,则 A 与 B 相互独立.

3.设每次射击的命中率为0.2,问:至少进行多少次独立射击才能使至少击中一次的概率不小于0.9?

4.一列火车共有 n 节车厢,有 $k(k \geqslant n)$ 个旅客上火车并随意地选择车厢.求每一节车厢内至少有一个旅客的概率.

5.设两两相互独立的三个事件 A,B,C 满足条件:$ABC=\varnothing$,$P(A)=P(B)=P(C)<\frac{1}{2}$ 且 $P(A\cup B\cup C)=\frac{9}{16}$,试求 $P(A)$.

6.设两个相互独立的事件 A 和 B 都不发生的概率为 $\frac{1}{9}$,A 发生 B 不发生的概率与 B 发生 A 不发生的概率相等,求概率 $P(A)$.

7.三人独立地去破译一份密码,已知各人能译出的概率分别为 $\frac{1}{5},\frac{1}{3},\frac{1}{4}$,问:三人至少有一人能将此密码译出的概率是多少?

8.袋中装有 m 枚正品硬币、n 枚次品硬币(次品硬币的两面均印有国徽),在袋中任取一枚,将它投掷 r 次,已知每次都得到国徽,问:这枚硬币是正品的概率是多少?

9.设第一只盒子中装有3只蓝球、2只绿球、2只白球;第二只盒子中装有2只蓝球、3只绿球、4只白球.独立地分别在两只盒子中各取一只球.

(1) 求至少有一只蓝球的概率;

(2) 求有一只蓝球一只白球的概率;

(3) 已知至少有一只蓝球,求有一只蓝球一只白球的概率.

10.将 A,B,C 三个字母之一输入信道,输出为原字母的概率为 α,而输出为其他一字母的概率都是 $\frac{1-\alpha}{2}$,今将字母串 $AAAA,BBBB,CCCC$ 之一输入信道,输入 $AAAA,BBBB,CCCC$ 的概率分别为 $p_1,p_2,p_3(p_1+p_2+p_3=1)$,已知输出为 $ABCA$,问:输入的是 $AAAA$ 的概率是多少?(设信道传输各个字母的工作是独立的)

第2章 随机变量及其分布

2.1 随机变量及其分布函数

2.1.1 随机变量的概念

随机试验的结果有些可以用数表示,例如,某电话总机在时间段$(0,T]$内收到的呼叫次数是0次,1次,….也有一些结果不是数,例如,抛一次硬币,观察正反面出现的情况,结果可能是正面或反面. 为了便于统一处理,更利于使用数学工具,我们希望随机试验的结果都用数来描述. 由此,可以建立一个对应关系,将随机试验的结果即样本空间Ω中的每个元素ω与实数对应起来.下面介绍三个例子来建立这种对应关系.

例 2.1.1 记录某电话总机在时间段$(0,T]$内收到的呼叫次数,则样本空间为$\Omega=\{\omega_k \mid k=0,1,2,\cdots\}$,其中$\omega_k$表示收到$k$次呼叫. 自然地,我们可以将随机试验结果$\omega_k$与数$k$对应起来,若以$X$表示这种对应关系,则有$X(\omega_k)=k,k=1,2,\cdots$.

例 2.1.2 观测某地区一昼夜的最低温度(单位:℃).根据以往数据,此地区最低温度的范围是$[t,T]$,即样本空间$\Omega=[t,T]$.自然地,我们可以将随机试验结果ω℃与数ω对应起来.以X表示这种对应关系,则有$X(\omega)=\omega,\omega\in[t,T]$.

对于非数量结果的随机变量也可以如此处理.

例 2.1.3 抛一枚均匀硬币,观察正反面出现的情况,样本空间$\Omega=\{$正面,反面$\}$. 我们可以指定"正面"与1对应,"反面"与0对应,这样就建立了Ω与数集$\{0,1\}$之间的对应关系. 以X表示这种对应关系,则有$X($反面$)=0,X($正面$)=1$.

在例2.1.1和例2.1.2中,对每一个试验结果,"自然地"地对应着一个实数,而在例2.1.3中,这种对应关系是"人为"建立的. 由此可见,无论如何,对每一个$\omega\in\Omega$,都能找到数$X(\omega)$与之对应.这样,随机试验的结果就可以用变量$X(\omega)$的取值描述.这种用变量$X(\omega)$的取值描述随机试验结果的方法为引进数学工具研究随机现象提供了方便.

定义 2.1.1 定义在样本空间Ω上的实值函数$X=X(\omega)$称为**随机变量**.一般用$X,Y,Z,\cdots$表示随机变量,用$x,y,z,\cdots$表示其取值.

随机变量X的定义域是样本空间Ω,值域是实数集合,Ω中任意的元素ω都有唯一的实数$X=X(\omega)$与之对应. 显然,例2.1.1 ~ 例2.1.3中出现的X就是随机变量.随机变量的特点是:

(1) 它的取值是变化的(退化的随机变量常数除外);

(2) 它的取值是随机的,由试验结果确定.

根据随机变量的取值特点可以对它进行分类.

如果随机变量的可能取值是有限个或可列无限个，则称其为**离散型随机变量**. 比如，观察某门诊部某一天接诊的人数 X；投掷一枚骰子观察出现的点数 Y，则这里的 X, Y 均是离散型随机变量.

如果随机变量的可能取值充满数轴上的区间，则称其为**连续型随机变量**. 比如，测试任取的某一只灯泡寿命 T，测量任意选取的一名儿童的体重 Z，T, Z 都是连续型随机变量.

随机变量与分析中的变量不同，其取值具有随机性，因此随机变量取值要用概率描述. 对随机变量而言，基本工作是弄清楚它取哪些值，以及取这些值的概率分布情况.

2.1.2 随机变量的分布函数

在第1章中，我们知道随机事件是样本空间的子集，引入随机变量之后，随机事件也可以用随机变量来表示. 如例2.1.1中，事件"至少呼叫一次"可表示为$\{X \geqslant 1\}$；"呼叫3次"可以表示为$\{X = 3\}$.

一般地，如果定义了样本空间Ω上的随机变量X，对任意事件$A \subset \Omega$，都可以找到一个实数的子集L，使得$A = \{\omega : X(\omega) \in L\}$，简记为$A = \{X \in L\}$，故有$P(A) = P(X \in L)$. 可见，只要知道了$X$取值的概率分布情况，就可以得到各个事件的概率.

显然，

$$\{a < X \leqslant b\} = \{X \leqslant b\} - \{X \leqslant a\}, \quad \{X > b\} = \Omega - \{X \leqslant b\}$$

一般地，事件$\{X \in L\}$均可以用形如$\{X \leqslant x\}$的事件表示，因此对任意实数x，如果$P(X \leqslant x)$已知，则X取值的概率分布情况就确定了. 而$P(X \leqslant x)$是实数x的函数，由此引入如下定义：

定义 2.1.2 设X是一个随机变量，对任意实数x，称

$$F(x) = P(X \leqslant x)$$

为随机变量X的分布函数. 记为$X \sim F(x)$. 有时也用$F_X(x)$表示随机变量X的分布函数.

例 2.1.4 在$\triangle ABC$内部任取一点P，记此点到边AB的距离为X. 已知点C到对边AB的距离为a，求X的分布函数，进一步求出点P到边AB的距离不大于$\frac{a}{2}$的概率.

解：记X的分布函数为$F(x)$，$x \in \mathbf{R}$. 由题意：当$x < 0$时，$\{X \leqslant x\} = \varnothing$，所以$F(x) = P(X \leqslant x) = 0$；

当$x \geqslant a$时，$\{X \leqslant x\} = \Omega$，所以$F(x) = P(X \leqslant x) = 1$；

当$0 \leqslant x < a$时，$F(x) = P(X \leqslant x) = P(0 \leqslant X \leqslant x) = 1 - \left(1 - \frac{x}{a}\right)^2$.

所以，

$$F(x) = \begin{cases} 0, & x < 0 \\ 1 - \left(1 - \dfrac{x}{a}\right)^2, & 0 \leqslant x < a \\ 1, & x \geqslant a \end{cases}$$

事件"点P到边AB的距离不大于$\frac{a}{2}$"可以表示为$\left\{X \leqslant \frac{a}{2}\right\}$，故所求概率为

$$P\left(X \leqslant \frac{a}{2}\right) = F\left(\frac{a}{2}\right) = \frac{3}{4}$$

下述定理给出了分布函数 $F(x)$ 的三条基本性质.

定理 2.1.1 设 $F(x)$ 为随机变量 X 的分布函数,则其具有如下性质:

(1) 单调性. $F(x)$ 是单调非减函数,即对任意的 $x_1 < x_2$,有 $F(x_1) \leqslant F(x_2)$.

(2) 有界性. 对任意的 x,有 $0 \leqslant F(x) \leqslant 1$,且

$$F(-\infty) = \lim_{x \to -\infty} F(x) = 0,\ F(+\infty) = \lim_{x \to +\infty} F(x) = 1$$

(3) 右连续性.$F(x)$ 是右连续函数,即对任意的 x,有 $F(x+0) = F(x)$.

证明:性质(1) 是显然的,请读者自行验证.

(2) 由分布函数定义,显然有 $0 \leqslant F(x) \leqslant 1$.由 $F(x)$ 的单调性知,

$$\lim_{x \to -\infty} F(x) = \lim_{m \to -\infty} F(m), \quad \lim_{x \to +\infty} F(x) = \lim_{n \to +\infty} F(n)$$

都存在,又由概率的可列可加性得

$$\begin{aligned} 1 = P(-\infty < X < +\infty) &= P\left(\bigcup_{i=-\infty}^{+\infty} \{i-1 < X \leqslant i\}\right) \\ &= \sum_{i=-\infty}^{+\infty} P(i-1 < X \leqslant i) = \lim_{\substack{n \to +\infty \\ m \to -\infty}} \sum_{i=m}^{n} P(i-1 < X \leqslant i) \\ &= \lim_{\substack{n \to +\infty \\ m \to -\infty}} \sum_{i=m}^{n} [F(i) - F(i-1)] \\ &= \lim_{\substack{n \to +\infty \\ m \to -\infty}} [F(n) - F(m)] = \lim_{n \to +\infty} F(n) - \lim_{m \to -\infty} F(m) \end{aligned}$$

由此得 $\lim\limits_{x \to -\infty} F(x) = 0$, $\lim\limits_{x \to +\infty} F(x) = 1$.

(3) 因为 $F(x)$ 是单调有界非降函数,所以任意一点 x 的右极限 $F(x+0)$ 必存在.为证右连续性,只要对单调下降的数列

$$\{x_n, n \geqslant 1\}, \lim_{n \to \infty} x_n = x$$

证明 $\lim\limits_{n \to +\infty} F(x_n) = F(x)$ 成立即可.因为

$$\begin{aligned} F(x_1) - F(x) = P(x < X \leqslant x_1) &= P\left(\bigcup_{i=1}^{\infty} \{x_{i+1} < X \leqslant x_i\}\right) \\ &= \sum_{i=1}^{\infty} P\{x_{i+1} < X \leqslant x_i\} = \sum_{i=1}^{\infty} \{F(x_i) - F(x_{i+1})\} \\ &= \lim_{n \to \infty} [F(x_1) - F(x_n)] = F(x_1) - \lim_{n \to \infty} F(x_n) \end{aligned}$$

由此得 $F(x) = \lim\limits_{n \to +\infty} F(x_n) = F(x+0)$.

反过来还可以证明,任何满足这三个性质的函数,一定可以作为某个随机变量的分布函数.因此上述三条是判断某个函数能否为分布函数的充要条件.

由分布函数,不仅可以计算事件$(X \leqslant x)$ 的概率,也可以计算跟 X 有关的其他事件的概率,如

$$P(a < X \leqslant b) = F(b) - F(a), \quad P(X = a) = F(a) - F(a-0)$$

可见,分布函数 $F_X(x)$ 完整地描述了随机变量 X 的取值规律.

习题 2.1

1. 设随机变量 X 的分布函数为 $F(x)$,$a, b \in \mathbf{R}$,试以 $F(x)$ 表示以下概率:

$P(X=a)$;$P(X\leqslant a)$;$P(X\geqslant a)$; $P(X>a)$; $P(a<X\leqslant b)$; $P(a\leqslant X<b)$.

2.设X为一随机变量,若其取-1的概率为0.2,取0的概率为0.5,取1的概率为0.3,求X的分布函数并作图.

3.判断下列哪些函数是分布函数.

$$F_1(x)=\begin{cases}0, & x<1\\ \dfrac{x}{2}, & 1\leqslant x<2\\ 1, & x\geqslant 2\end{cases};\qquad F_2(x)=\begin{cases}\dfrac{1}{1+x^2}, & x\leqslant 0\\ 1, & x>0\end{cases};$$

$$F_3(x)=\begin{cases}\dfrac{\ln(1+x)}{1+x}, & x\geqslant 0\\ 0, & x<0\end{cases};\qquad F_4(x)=\begin{cases}0, & x\leqslant 1\\ 1, & x>1\end{cases}.$$

4.设随机变量X的分布函数为

$$F(x)=\begin{cases}0, & x<-1\\ \dfrac{x+1}{2}, & -1\leqslant x<0\\ 1, & x\geqslant 0\end{cases}$$

求概率$P(-0.5\leqslant X<0)$.

5.在半径为R、圆心为O的圆面内任取一点P,求$X=OP$的分布函数.

6.设随机变量X的分布函数为

$$F(x)=\begin{cases}0, & x<1\\ 0.2, & 1\leqslant x<6\\ 1, & x\geqslant 6\end{cases}$$

求关于t的方程$t^2+tX+1=0$有实根的概率.

7.设$F(x_1)$,$F(x_1)$是两个分布函数,$a_1>0$,$a_2>0$均为常数,且$a_1+a_2=1$.证明:$a_1F(x_1)+a_2F(x_1)$为分布函数.

8.设随机变量X取值于区间[0,1],且$P(X=0)=0.2$, $P(X=1)=0.1$,已知在事件$(0<X<1)$的条件下,X在(0,1)内的任一子区间取值的概率与该区间的长度成正比,求X的分布函数$F(x)$以及概率$P(X\leqslant 0.5)$.

2.2 离散型随机变量

2.2.1 离散型随机变量的分布列

由于离散型随机变量的可能取值是可数的,因此,只要知道离散型随机变量的可能取值以及取每个值的概率,就知道了其取值规律. 而反映离散型随机变量取值规律的就是下面定义的分布列.

定义 2.2.1 设X是离散型随机变量,如果X的所有可能取值为$x_1,x_2,\cdots,x_n\cdots$,则称X取x_i的概率

$$P(X=x_i)=p(x_i)=p_i\quad(i=1,2,\cdots,n,\cdots)$$

为 X 的**概率分布列**或简称**分布列**,记为 $X \sim \{p_i\}$.分布列也可以表格的形式表示为

X	x_1	x_2	$\cdots$	x_n	$\cdots$
P	p_1	p_1	$\cdots$	p_n	$\cdots$

或者表示为

$$\begin{pmatrix} X & x_1 & x_2 & \cdots & x_n & \cdots \\ P & p_1 & p_2 & \cdots & p_n & \cdots \end{pmatrix}$$

根据概率的基本性质,易知分布列具有:

(1) 非负性:
$$p(x_i) \geqslant 0 \tag{2.2.1}$$

(2) 规范性:
$$\sum_{i=1}^{\infty} p(x_i) = 1 \tag{2.2.2}$$

上面两条性质又称为分布列的基本性质,是判断数列是否为某一离散型随机变量分布列的充要条件.

注:已知离散随机变量的分布列,即可写出其分布函数

$$F(x) = P(X \leqslant x) = \sum_{x_i \leqslant x} p(x_i)$$

由上式知,离散随机变量的分布函数是阶梯函数.

例 2.2.1 设随机变量 X 的分布列为

X	-2	0	1
p	0.2	0.3	0.5

求概率 $P(X \leqslant 1)$,$P(0 < X < 2)$ 以及 X 的分布函数 $F(x)$.

解:由分布列定义

$$P(X \leqslant 1) = P(X = 0) + P(X = 1) = 0.8$$
$$P(0 < X < 2) = P(X = 1) = 0.5$$

而 $F(x) = P(X \leqslant x) = \sum_{x_i \leqslant x} p(x_i)$,故

$$F(x) = \begin{cases} 0, & x < -2 \\ P(X = -2), & -2 \leqslant x < 0 \\ P(X = -2) + P(X = 0), & 0 \leqslant x < 1 \\ 1, & x \geqslant 1 \end{cases} = \begin{cases} 0, & x < -2 \\ 0.2, & -2 \leqslant x < 0 \\ 0.5, & 0 \leqslant x < 1 \\ 1, & x \geqslant 1 \end{cases}$$

$F(x)$ 的图像如图 2.2.1 所示.

由图 2.2.1 可以直观看出,离散型随机变量的分布函数是阶梯形的,在 $x = x_k(x_k = -2, 0, 1)$ 处有跳跃,且在 $x = x_k$ 处的跃度(跳跃值)即为 $P(X = x_k)$.

事实上,分布函数和分布列是相互决定的,已知分布列 $P(X = x_k) = p_k(k = 1, 2, \cdots)$,得分

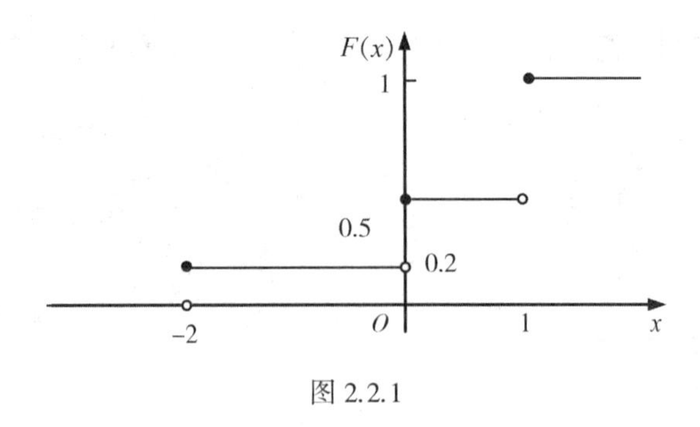

图 2.2.1

布函数 $F(x)=\sum_{x_k\leq x} p_k$；已知分布函数 $F(x)$，则离散型随机变量 X 的可能取值就是分布函数的跳跃间断点 x_k，且

$$P(X=x_k)=F(x_k+0)-F(x_k-0)=F(x_k)-F(x_k-0)$$

因此，描述离散型随机变量取值规律的方式有分布函数和分布列，两种方式是等价的，但分布列显得更简便直观，这种方式也更常用.

2.2.2 常见离散型随机变量

下面介绍几种常见的离散型随机变量.

1. 退化分布或单点分布

若随机变量 X 的分布列为

$$P(X=c)=1$$

即 X 取常值 c 的概率为 1，则称 X 服从**退化分布**或**单点分布**，其分布列也可以表格描述为

X	c
P	1

特别地，常量 c 可看做仅仅取一个值 c 的退化分布，退化分布的分布函数为

$$F(x)=\begin{cases}0, & x<c\\ 1, & x\geq c\end{cases}$$

2.两点分布或 0－1 分布

如果随机变量 X 只可能取 0,1 两个值，其分布列为

$$P(X=k)=p^k(1-p)^{1-k}\quad(k=0,1) \tag{2.2.3}$$

则称 X 服从参数为 $p(0<p<1)$ 的**0－1 分布或两点分布**，其分布列也可以表格描述为

X	0	1
P	$1-p$	p

概率模型：若随机试验E只有ω_1,ω_2两个可能结果，即样本空间为$\Omega=\{\omega_1,\omega_2\}$，则称$E$为**伯努利试验**. 我们总能在$\Omega$上定义服从0－1分布的随机变量$X$来描述这个随机试验的结果，即

$$X=X(\omega)=\begin{cases}1, & \omega=\omega_1\\ 0, & \omega=\omega_2\end{cases}$$

注：若取两个值的某随机变量其取值不是以0,1表示的，如：

Y	y_1	y_2
P	$1-p$	p

通常通过变量替换将其化为0－1分布，即令$X=\dfrac{Y-y_1}{y_2-y_1}$，则X的分布列为

X	0	1
P	$1-p$	p

3.二项分布

设E为伯努利试验，样本空间为$\Omega=\{\omega_1,\omega_2\}$，且$P(\{\omega_1\})=p$. 将试验$E$独立重复进行$n$次，则称这一串重复的独立试验为$n$**重伯努利试验**. 如：将硬币抛$n$次，或向目标独立射击$n$次都是$n$重伯努利试验.

n重伯努利试验中我们感兴趣的是试验结果ω_1出现的次数X，显然X是离散型随机变量，为了弄清楚它的取值规律，需要求其分布列.

易知，X所有可能的取值为$0,1,\cdots,n$. 下面求$P(X=k),k=0,1,\cdots,n$.

事件$\{X=k\}$表示在n重伯努利试验中ω_1出现k次，同时其他$n-k$次试验中ω_1不出现. 其中一种方式是前k次试验中ω_1出现，后$n-k$次试验中ω_1不出现，由独立性，这个事件的概率为

$$p^k(1-p)^{n-k}$$

也可以安排其他k次试验出现ω_1，余下的$n-k$次试验不出现ω_1，共有C_n^k种安排方式，它们是互不相容的，且每种安排方式发生的概率都是$p^k(1-p)^{n-k}$. 故在n重独立伯努利试验中ω_1出现了k次的概率为$\binom{n}{k}p^k(1-p)^{n-k}$，即

$$P(X=k)=\binom{n}{k}p^k(1-p)^{n-k}\qquad(k=0,1,\cdots,n)\tag{2.2.4}$$

显然

$$P(X=k)=\binom{n}{k}p^k(1-p)^{n-k}\geqslant 0\qquad(k=0,1,\cdots,n)$$

$$\sum_{k=0}^{n} P(X=k)=\sum_{k=0}^{n}\binom{n}{k}p^{k}(1-p)^{n-k}=(p+q)^{n}=1$$

即 $P(X=k)=\frac{\lambda^{k}e^{-\lambda}}{k!}(k=0,1,\cdots)$ 具有非负性和规范性,是分布列.注意到 $\binom{n}{k}p^{k}(1-p)^{n-k}$ 正好是 $[p+(1-p)]^{n}$ 的二项展开式中出现 p^{k} 的那一项,因此,称该分布列为二项分布,或称随机变量 X 服从参数为 n,p 的**二项分布**,记为 $X\sim b(n,p)$.

特别地,当 $n=1$ 时,二项分布的分布列为

$$P(X=k)=p^{k}(1-p)^{1-k} \qquad (k=0,1)$$

这就是 0 - 1 分布.

表 2.2.1 是二项分布概率分布数值表.

表 2.2.1 **$p=0.2,\ n=9$、16、25 时的概率数值表**

k	$n=9$	$n=16$	$n=25$
0	0.1342	0.0281	0.0038
1	0.3020	0.1126	0.0236
2	0.3020	0.2111	0.0708
3	0.1762	0.2463	0.1358
4	0.0661	0.2001	0.1867
5	0.0165	0.1201	0.1960
6	0.0028	0.0550	0.1633
7	0.0003	0.0197	0.1108
8	0.0000	0.0055	0.0623
9	0.0000	0.0012	0.0294
10	…	0.0002	0.0118
11	…	0.0000	0.0040
12	…	0.0000	0.0012
13	…	0.0000	0.0003
14	…	0.0000	0.0001
15	…	0.0000	0.0000
⋮		⋮	⋮
25	0.0000	0.0000	0.0000

由图 2.2.2 可以看到,若随机变量 X 服从二项分布 $b(n,p)$,则其具有如下性质:

(1) 对于固定的 n 和 p,概率 $P(X=k)$ 先是随着 k 的增加而增加,直至达到最大值后再减少. 容易验证,当 $(n+1)p$ 不是整数时,在 $k=[(n+1)p]$ 处 $P(X=k)$ 达到最大;当 $(n+1)p$ 是整数时,在 $k_1=(n+1)p,k_2=(n+1)p-1$ 这两点处 $P(X=k)$ 达到最大.

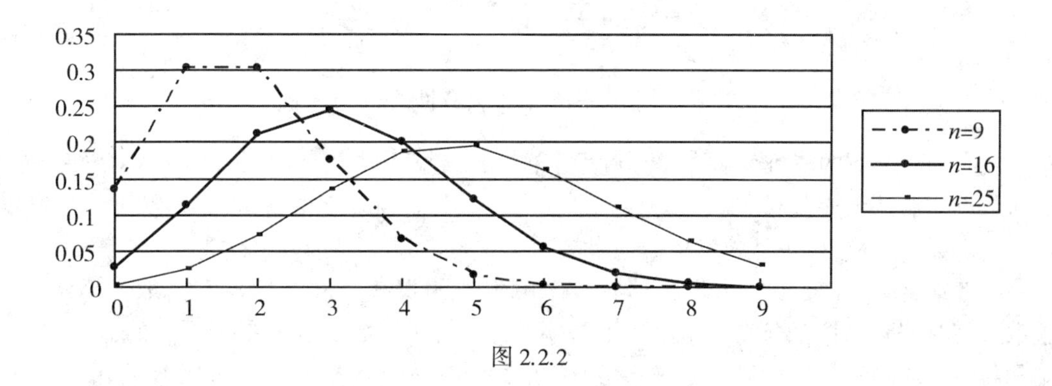

图 2.2.2

(2) 当 p 固定时,随着 n 的增加,X 的概率分布图像趋于对称.

例 2.2.2 某人向一目标射击 4 次.若其命中率为 0.2,问:其恰好命中一次的概率是多少?其至少命中一次的概率是多少?

解:设在 4 次射击中,此人命中次数为 X,则 $X \sim b(4,0.2)$. 因此,其恰好命中一次的概率为

$$P(X=1)=\binom{4}{1}0.2^1(1-0.2)^3=0.4096$$

其至少命中一次的概率为

$$P(X\geqslant 1)=1-P(X=0)=1-\binom{4}{0}0.2^0(1-0.2)^4=0.5904$$

例 2.2.3 设某车间有 200 台同一型号车床.由于种种原因,每台车床时常需要停车.假定各台车床的停车或开动是相互独立的,且每台车床有 60% 的时间开动,开动时需要消耗 1 单位电能.问:至少要供给这个车间多少电能,才能以 99.9% 的概率保证这个车间不致因为供电不足而影响生产?

解:设至少要供给这个车间 n 单位电能才能以 99.9% 的概率保证这个车间不致因为供电不足而影响生产,又设在任意时刻机床开动的台数为 X,则 $X \sim b(200,0.6)$.下面求 n 使得

$$P(X\leqslant n)=\sum_{k=0}^{n}\binom{200}{k}0.6^k\,0.4^{200-k}\geqslant 99.9\%$$

计算得 $n\geqslant 142$,因此至少要供给这个车间 142 单位电能,才能以 99.9% 的概率保证这个车间不致因为供电不足而影响生产.

4. 泊松(Poisson)分布

设随机变量 X 所有可能的取值为 $0,1,\cdots$,而取各个值的概率为

$$P(X=k)=\frac{\lambda^k e^{-\lambda}}{k!}\qquad(k=0,1,\cdots)\tag{2.2.5}$$

其中,$\lambda>0$ 是常数,则称 X 服从参数为 λ 的**泊松分布**,记为 $X\sim\pi(\lambda)$.

显然,

$$P(X=k)=\frac{\lambda^k e^{-\lambda}}{k!}\geqslant 0\qquad(k=0,1,\cdots)$$

$$\sum_{k=0}^{\infty} P(X=k)=\sum_{k=0}^{\infty} \frac{\lambda^{k} e^{-\lambda}}{k!}=e^{-\lambda} \sum_{k=0}^{\infty} \frac{\lambda^{k}}{k!}=1$$

即 $P(X=k)=\frac{\lambda^{k} e^{-\lambda}}{k!}(k=0,1,\cdots)$ 满足非负性和规范性,从而是分布列.

具有泊松分布的随机变量在实际应用中很广泛.通常,某一固定时间段内偶发事件发生的次数近似服从泊松分布. 如:某珠宝商店一年内某种贵重珠宝的售量,某地在十年内发生地震的次数,某一路口一月内发生交通事故的次数等,都近似服从泊松分布.

一般地,泊松分布可作为满足下列特点的随机变量概率分布的数学模型:取值都为非负整数且与时间间隔长度有关;当时间间隔极短时,取值超过 2 及以上是不可能的;取值的概率只与时间间隔有关,而与起点无关;在不相重叠的时间间隔内,取值彼此没有影响.

例 2.2.4 某路口一年内发生交通事故的次数服从参数为4的泊松分布,求:(1) 某年发生 8 次交通事故的概率;(2) 某年发生交通事故的次数大于 3 的概率.

解:设 X 表示某路口一年内发生交通事故的概率,则 $X \sim \pi(4)$,故

(1) 某年发生 8 次交通事故的概率为

$$P(X=8)=\frac{4^{8} e^{-4}}{8!} \approx 0.0298$$

(2) 某年发生交通事故的概率大于 3 的概率为

$$P(X>3)=1-P(X \leqslant 3)=1-\sum_{k=0}^{3} \frac{4^{k} e^{-4}}{k!} \approx 0.5665$$

定理 2.2.1(泊松定理) 设 $\lambda>0$ 是一个常数,n 是任意正整数,$0<p_{n}<1(n=1,2,\cdots)$,若 $\lim\limits_{n \rightarrow \infty} n p_{n}=\lambda$,则对于任一固定的非负整数 k,有

$$\lim _{n \rightarrow \infty}\binom{n}{k} p_{n}^{k}\left(1-p_{n}\right)^{n-k}=\frac{\lambda^{k} e^{-\lambda}}{k!}$$

证明:令 $\lambda_{n}=n p_{n}$,则 $\lim\limits_{n \rightarrow \infty} \lambda_{n}=\lambda$. 当 $k=0$ 时,显然有

$$\lim _{n \rightarrow \infty}\binom{n}{0} p_{n}^{0}\left(1-p_{n}\right)^{n-0}=\lim _{n \rightarrow \infty}\left(1-\frac{\lambda_{n}}{n}\right)^{n} \rightarrow e^{-\lambda}$$

当 $k \geqslant 1$ 时

$$\begin{aligned}\binom{n}{k} p_{n}^{k}\left(1-p_{n}\right)^{n-k} &=\frac{n(n-1) \cdots(n-k+1)}{k!}\left(\frac{\lambda_{n}}{n}\right)^{k}\left(1-\frac{\lambda_{n}}{n}\right)^{n-k} \\ &=\frac{\lambda_{n}^{k}}{k!}\left[1 \cdot\left(1-\frac{1}{n}\right) \cdot \cdots \cdot\left(1-\frac{k-1}{n}\right)\right]\left(1-\frac{\lambda_{n}}{n}\right)^{n-k}\end{aligned}$$

对于任意固定的 k,当 $n \rightarrow \infty$ 时

$$\lambda_{n}^{k} \rightarrow \lambda, \quad 1 \cdot\left(1-\frac{1}{n}\right) \cdot \cdots \cdot\left(1-\frac{k-1}{n}\right) \rightarrow 1, \quad\left(1-\frac{\lambda_{n}}{n}\right)^{n-k} \rightarrow e^{-\lambda}$$

故有

$$\lim _{n \rightarrow \infty}\binom{n}{k} p_{n}^{k}\left(1-p_{n}\right)^{n-k}=\frac{\lambda^{k} e^{-\lambda}}{k!}$$

定理的条件 $\lim\limits_{n \rightarrow \infty} n p_{n}=\lambda$ 意味着,当 n 很大时,p_{n} 必定很小. 因此,上述定理表明当 n 很大,

p 很小时,有以下近似式:

$$\binom{n}{k} p^k (1-p)^{n-k} \approx \frac{\lambda^k e^{-\lambda}}{k!} \qquad (\lambda = np) \tag{2.2.6}$$

这说明,当 n 很大,p 很小时,以 n,p 为参数的二项分布的概率值可以由参数为 $\lambda = np$ 的泊松分布的概率值近似. 经常用式(2.2.6) 作为二项分布概率的近似计算公式.

例 2.2.5 设某电话交换台要为 2500 个电话用户服务,若每个用户平均每小时打电话占线 1.2 分钟,假设各用户打电话是相互独立的.计算每小时恰有 $k(k = 30,40,50,60,70)$ 个用户使用电话的概率.

解:设 X 表示每小时用电话的户数,则有 $X \sim b(2500,0.02)$.所求概率为

$$P(X=k) = \binom{2500}{k} 0.02^k (1-0.02)^{2500-k} \qquad (k = 30,40,50,60,70)$$

下面用泊松定理来作近似计算.令 $\lambda = np = 50$,则有

$$P(X=k) \approx \frac{50^k e^{-50}}{k!} \qquad (k = 30,40,50,60,70)$$

将二者所得概率值列表 2.2.2.

表 2.2.2

k	$X \sim b(2500,0.02)$	$X \sim \pi(50)$
	$P(X=k)$	$P(X=k)$
30	0.0006	0.0007
40	0.0212	0.0215
50	0.0569	0.0563
60	0.0199	0.0201
70	0.0013	0.0014

从表中可以看出,当 n 较大,p 较小时,利用泊松分布来近似二项分布,概率值差异非常小.

5.几何分布

设 E 为伯努利试验,样本空间为 $\Omega = \{\omega_1, \omega_2\}$, 且 $P(\omega_1) = p$. 以 X 表示 ω_1 首次出现时的试验次数,则 X 的分布列为

$$P(X=k) = p(1-p)^{k-1} \qquad (k = 1,2,\cdots)$$

称 X 服从参数为 p 的**几何分布**, 记为 $X \sim \mathrm{Ge}(p)$.

几何分布的分布列也可以表示为

X	1	2	$\cdots$	k	$\cdots$
P	p	$(1-p)^1 p$	$\cdots$	$(1-p)^k p$	$\cdots$

例 2.2.6 某人向一个目标射击，每次击中的概率为0.2，若击中一次则停止射击.求至少需要射击10次的概率.

解：设此人直到击中一次为止需要射击 X 次，则 X 服从参数为0.2的几何分布，其分布列为

$$P(X=k)=0.8^{k-1}\times 0.2 \qquad (k=0,1,2,\cdots)$$

所求概率为

$$P(X\geqslant 10)=\sum_{k=10}^{\infty}0.8^{k-1}\times 0.2\approx 0.134$$

定理 2.2.2(几何分布的无记忆性) 设 $X\sim \mathrm{Ge}(p)$，则对于任意正整数 m 和 n 有

$$P(X>m+n\mid X>m)=P(X>n)$$

证明：因为 $\sum\limits_{k=n+1}^{+\infty}(1-p)^{k-1}=\dfrac{(1-p)^n}{p}$，所以

$$P(X>n)=\sum_{k=n+1}^{+\infty}(1-p)^{k-1}p=\frac{(1-p)^n}{p}p=(1-p)^n$$

故对于任意正整数 m 和 n 有

$$P(X>m+n\mid X>m)=\frac{P(X>m+n)}{P(X>m)}=\frac{(1-p)^{m+n}}{(1-p)^m}=(1-p)^n=P(X>n).$$

6.负二项分布

设 E 为伯努利试验，样本空间为 $\Omega=\{\omega_1,\omega_2\}$，且 $P(\{\omega_1\})=p$. 以 X 表示 ω_1 第 r 次出现时的试验次数，则 X 的分布列为

$$P(X=k)=\binom{k-1}{r-1}p^r(1-p)^{k-r} \qquad (k=r,r+1,r+2,\cdots)$$

称 X 服从参数为 r,p 的**负二项分布**.特别当 $r=1$ 时，X 即为服从参数为 p 的**几何分布**.

例如，向一目标射击，每次命中率为0.5，直到击中10次为止.则射击次数 X 服从参数为10，0.5的负二项分布.

负二项分布与几何分布的关系：设 E 为伯努利试验，样本空间为 $\Omega=\{\omega_1,\omega_2\}$，且 $P(\{\omega_1\})=p$. 以 X 表示 ω_1 第 r 次出现时的试验次数，则 X 服从参数为 r,p 的负二项分布.若将 ω_1 第一次出现所需出现的试验次数记为 X_1，ω_1 第二次出现的所需试验次数(从第一个 ω_1 出现之后开始算起)记为 $X_2,\cdots,\omega_1$ 第 r 次出现的试验次数(从第 $r-1$ 个 ω_1 出现之后开始算起)记为 X_r，则 $X_i(i=1,2,\cdots,r)$ 都服从参数为 p 的几何分布.此时有

$$X=X_1+X_2+\cdots+X_r$$

7.超几何分布

设口袋中有 N 个外形相同的球，其中有 M 个红球，从中不放回地随机抽取 n 个球，设取到红球的个数为 X. 根据式(1.2.4)，X 的分布列为

$$P(X=k)=\frac{\dbinom{M}{k}\dbinom{N-M}{n-k}}{\dbinom{N}{n}} \qquad (k=0,1,2,\cdots,\min\{n,M\})$$

其中,$M \leqslant N, n \leqslant N, n, N, M$ 均为正整数.称 X 服从参数为 n,N,M 的**超几何分布**.

超几何分布对应着不放回抽样模型. 如果是放回抽样,则 X 服从二项分布.事实上,根据式(1.2.5),有

$$
\begin{aligned}
P(X=k) &= \binom{n}{k}\frac{M^k(N-M)^{n-k}}{N^n} \\
&= \binom{n}{k}\left(\frac{M}{N}\right)^k\left(1-\frac{M}{N}\right)^{n-k} \qquad (k=0,1,2,\cdots,n)
\end{aligned}
$$

即 X 服从参数为 $n,\dfrac{M}{N}$ 的二项分布

$$X \sim b\left(n,\frac{M}{N}\right)$$

其中,参数$\dfrac{M}{N}$为红球占有比率.

习题 2.2

1. 设离散型随机变量 X 的分布列为

X	-1	1	2
P	$\frac{1}{6}$	$\frac{1}{3}$	$\frac{1}{2}$

求 X 的分布函数 $F(x)$,以及概率 $P\left(X \leqslant \frac{1}{2}\right), P\left(1 < X \leqslant \frac{3}{2}\right), P\left(1 < X \leqslant \frac{3}{2}\right)$.

2. 设离散型随机变量 X 的分布函数为

$$
F(x)=\begin{cases}0, & x<1 \\ 0.1, & 1 \leqslant x<2 \\ 0.6, & 2 \leqslant x<3 \\ 1, & x \geqslant 3\end{cases}
$$

求 X 的分布列,以及概率 $P(1 \leqslant X < 3)$.

3. 设随机变量 X 的分布列为 $P(X=i)=c\left(\frac{2}{3}\right)^i, i=1,2,\cdots$. 求:(1) 常系数 c;(2) $P(X>1), P(X \leqslant 2)$.

4. 一个口袋中有5只球,编号分别为1,2,3,4,5.从中有放回地取出3只球,以 X 表示取出的最大号码,求 X 的分布列.

5. 设一汽车在开往目的地的道路上需要经过4组信号灯,每组信号灯以0.5的概率允许或禁止汽车通过,以 X 表示汽车首次停下时,它已通过的信号灯组数(假设信号灯工作是相互独立的),求 X 的分布列.

6. 某厂生产的某种电子元件的合格率为0.9,现对一批电子进行测试,若抽到$r(r \geqslant 1)$

只不合格品则停止测试，以 X 表示测试的次数，求 X 的分布列.

7. 一批电子元件共有40只，其中有3只是坏的.现从中随机取4只进行检查，令 X 表示4只元件中坏的只数，写出 X 的分布列.

8. 已知在甲地需与乙地的10个电话用户联系.假设每个用户在1分钟内平均要用电话12秒，并且各个电话用户用电话与否相互独立，为了使得电话用户在用电话时能接通的概率大于0.99，问：应当安装多少条电话线？

9. 由某商店过去的销售记录知，某种商品每月的销售量可以用参数为 $\lambda = 8$ 泊松分布来描述，问：为了以90%以上的概率保证不脱销，商店应在月底进多少货？

10. 某自动生产线在调整以后出现废品的概率为 $p(0 < p < 1)$，生产过程中出现废品时立即重新进行调整. 设在两次调整之间生产的合格品数为 X，求 X 的分布列.

11. 某昆虫的产卵数服从参数为 λ 的泊松分布，每个虫卵发育成虫的概率为 p，设每个虫卵发育成虫与否是相互独立的，求昆虫后代数目 X 的分布.

12. 某工厂有9个大型设备需间歇性使用电力，在任一时刻任一设备以0.2的概率需要1个单位电力.若各设备工作独立，求有7个或7个以上的设备得到一个单位电力供应的概率.

13. 对疫苗进行药效试验.若小白鼠在正常情况下感染某种传染病的概率为0.2，注射 A 疫苗后10只小白鼠无一感染，注射 B 疫苗后20只中有一只感染，问：应该如何评价这两种疫苗？能否初步估计哪种疫苗药效更好？

14. 在保险公司里有10000名同一年龄和社会阶层的人参加了人寿保险，在一年中每个人死亡的概率为0.002，每个参保人年初必须缴纳200元保险费，而在死亡时受益人可以从保险公司领取10万元赔偿费.若这类人死亡的概率为0.001，求：(1) 保险公司在这项业务上亏本的概率；(2) 至少获利50万元的概率.

15. 设一女工照管800个纱锭，若每个纱锭单位时间内纱线被扯断的概率为0.005，求：(1) 最可能扯断次数和概率；(2) 单位时间内扯断次数不大于10的概率.

16. 向区间内随机投掷10个点，求区间(0.6, 0.8)内至少有一个点的概率.

2.3 连续型随机变量

2.3.1 连续型随机变量的概率密度函数

由于连续型随机变量的取值充满区间，因此它的取值无法列举出来，故不能用离散型随机变量分布列的方式描述其取值规律. 考虑 X 落在一个小区间 $(x < X < x + \mathrm{d}x)$ 的概率.根据物理学密度的定义，$\dfrac{P(x < X < x + \Delta x)}{\Delta x}$ 表示区间 $(x, x + \Delta x)$ 单位长度上的平均概率，即概率密度.若极限 $\lim\limits_{\Delta x \to \infty} \dfrac{P(x < X < x + \Delta x)}{\Delta x} = p(x)$ 存在，则有理由称其为概率密度函数.由定积分思想，对于任意区间 $[a, b]$，有

$$P(a \leqslant X \leqslant b) = \int_a^b p(x)\,\mathrm{d}x$$

由此得到下面关于概率密度函数的定义.

定义 2.3.1 对随机变量 X,若存在非负可积函数 $p(x)$,使得对任意区间$[a,b]$,有

$$P(a \leqslant X \leqslant b)=\int_a^b p(x)\,\mathrm{d}x \tag{2.3.1}$$

则称 X 为**连续型随机变量**,并称 $p(x)$ 为 X 的**概率密度函数**或简称**概率密度**.

根据定义 2.3.1,易知概率密度函数的基本性质:

(1) 非负性:
$$p(x) \geqslant 0 \tag{2.3.2}$$

(2) 规范性:
$$\int_{-\infty}^{+\infty} p(x)\,\mathrm{d}x = 1 \tag{2.3.3}$$

反之,满足以上性质的函数可作为某个连续型随机变量的概率密度函数.

由式(2.3.1) 知,若 $F(x)$ 为随机变量 X 的分布函数,则

$$F(x)=P(X \leqslant x)=\int_{-\infty}^{x} p(t)\,\mathrm{d}t \tag{2.3.4}$$

在 $p(x)$ 的连续点 x 处,

$$p(x)=F'(x)$$

关于概率密度函数的几点说明:

(1) 由分析的知识,连续型随机变量的分布函数 $F(x)=\int_{-\infty}^{x} p(t)\,\mathrm{d}t$(非负函数的变上限积分) 是连续函数.但是,如果分布函数是连续函数,不一定保证对应的随机变量是连续型的.因为存在分布函数连续但是不能表示为非负函数变上限积分的情形,即不存在概率密度.存在概率密度是连续型随机变量的本质特征.

(2) 若 $f(x)$ 是 X 的概率密度函数,而非负函数 $g(x)$ 只在至多可数个点上与 $f(x)$ 取值不同,那么它们在区间$(-\infty,x]$ 上的积分是相同的. 由密度函数的定义,$g(x)$ 也是 X 的概率密度函数. 因此 X 的概率密度函数不唯一,但是它们仅在至多可数个点上取值不同,这时也称 $f(x)$ 与 $g(x)$"几乎处处相等".换句话说,几乎处处相等就是除掉一个零概率集合后处处相等.

(3) 连续型随机变量取任一值的概率为 0.事实上,

$$0 \leqslant P(X=a) \leqslant P(a-\Delta x < X \leqslant a)=\int_{a-\Delta x}^{a} f(x)\,\mathrm{d}x$$

既然变下限函数 $\int_x^a f(t)\,\mathrm{d}t$ 关于 x 是连续的,在上式两边令 $\Delta x \to 0^+$,则有

$$0 \leqslant P(X=a) \leqslant \lim_{\Delta x \to 0^+} P(a-\Delta x < X \leqslant a)=\lim_{\Delta x \to 0^+}\int_{a-\Delta x}^{a} f(x)\,\mathrm{d}x = 0$$

即 $P(X=a)=0$.

虽然 $P(X=a)=0$,但事件$(X=a)$ 不见得是不可能事件.由此可见,概率为 0 的事件不一定是不可能事件,同样,概率为 1 的事件也不一定是必然事件.

这也说明,研究连续型随机变量取一点值的概率是没意义的,通常考虑的是连续型随机变量落入某区间的概率.

(4) 由概率密度的性质

$$P(a < X < b)=P(a < X \leqslant b)=P(a \leqslant X < b)=P(a \leqslant X \leqslant b)=\int_a^b p(x)\,\mathrm{d}x$$

在几何上表示曲线 $f(x)$ 在区间$[a,b]$ 上所围曲边梯形的面积,如图 2.3.1 所示.

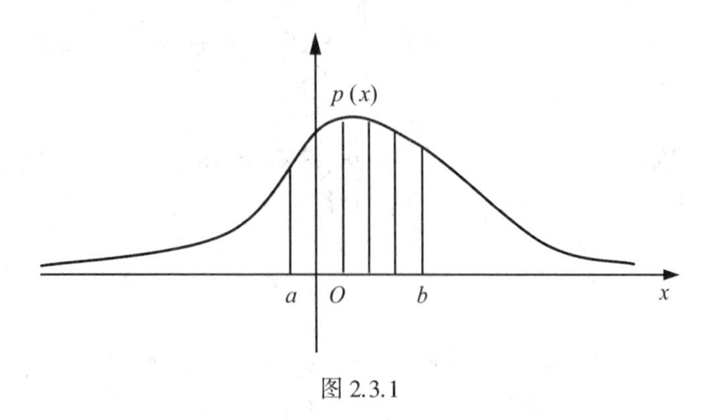

图 2.3.1

更一般地,对任意区间 L,有

$$P(X \in L) = \int_L p(x)\,\mathrm{d}x$$

对连续型随机变量来说,概率密度和分布函数这两种描述随机变量取值规律的工具是等价的,可以相互转换.具体使用哪一种,可根据具体问题决定.

例 2.3.1 给出了一个非离散也非连续型随机变量所对应的分布函数.

(5) 连续型随机变量的概率密度函数与离散型随机变量的分布列相对应.它们的基本性质都是非负性和规范性;计算概率时有

$$P(X \in L) = \begin{cases} \sum\limits_{x_i \in L} p(x_i), \text{离散型} \\ \int_L p(x)\,\mathrm{d}x, \text{连续型} \end{cases}$$

例 2.3.1 设

$$F(x) = \begin{cases} 0, & x < 1 \\ \dfrac{x}{2}, & 1 \leqslant x < 2 \\ 1, & x \geqslant 2 \end{cases}$$

其图像如图 2.3.2 所示.显然,$F(x)$ 满足单调性、有界性和右连续性,所以是一个分布函数. 但它的图像既不是阶梯形,也不是连续的,因此,它对应的随机变量既不是离散型也不是连续型随机变量.

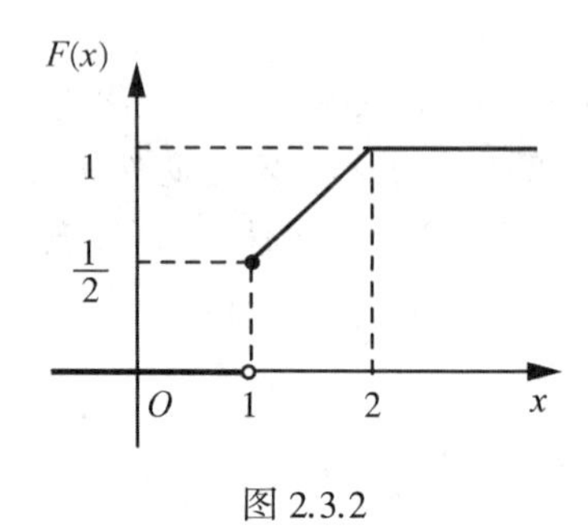

图 2.3.2

离散型和连续型随机变量是常见的随机变量.研究离散型随机变量的分布可以由分布列和分布函数为工具;研究连续型随机变量的分布可以概率密度和分布函数为工具.非离散非连续型的随机变量的分布,其研究工具是分布函数.分布函数是研究所有随机变量分布的统一性工具.

例 2.3.2　设连续型随机变量 X 的概率密度函数为

$$p(x)=\begin{cases}Cx^3, & 0<x<1\\ 0, & \text{其他}\end{cases}$$

(1) 求常数 C;

(2) 求分布函数 $F(x)$;

(3) 若 b 满足 $P(X>b)=0.05$,求常数 b.

解:(1) 根据概率密度函数的规范性,有

$$1=\int_{-\infty}^{+\infty}p(x)\,\mathrm{d}x=\int_0^1 Cx^3\,\mathrm{d}x=\frac{1}{4}C$$

$$\Rightarrow C=4.$$

(2) 由分布函数的定义

$$F(x)=P(X\leqslant x)=\begin{cases}0, & x<0\\ \int_0^x 4x^3\,\mathrm{d}x, & 0\leqslant x<1\\ 1, & x\geqslant 1\end{cases}$$

$$=\begin{cases}0, & x<0,\\ x^4, & 0\leqslant x<1\\ 1, & x\geqslant 1\end{cases}$$

(3) 由分布函数的性质

$$P(X>b)=1-F(b)=0.05$$

可得 $F(b)=0.95$,即 $b^4=0.95\Rightarrow b=0.9873$.

例 2.3.3　设随机变量 X 的概率密度为

$$p(x)=\begin{cases}2^{-x}\ln 2, & x>0,\\ 0, & x\leqslant 0\end{cases}$$

对 X 进行独立重复的观测,直到 2 个大于 3 的观测值出现就停止.记 Y 为观测次数.求 Y 的分布.

解:记 p 为观测值大于 3 的概率,则

$$p=P(X>3)=\int_3^{+\infty}2^{-x}\ln 2\,\mathrm{d}x=\frac{1}{8}$$

由题意,Y 服从负二项分布,分布列为

$$P(Y=k)=\binom{k-1}{1}p\,(1-p)^{k-2}p=(k-1)\left(\frac{1}{8}\right)^2\left(\frac{7}{8}\right)^{k-2}\qquad(k=2,3,\cdots)$$

2.3.2　常见连续型随机变量

下面介绍几种常见的连续型随机变量.

1.均匀分布

若连续型随机变量 X 具有概率密度

$$p(x)=\begin{cases}\dfrac{1}{b-a}, & a<x<b\\ 0, & \text{其他}\end{cases}$$

则称 X 在区间 (a,b) 上服从**均匀分布**,记为 $X\sim U(a,b)$. X 的分布函数为

$$F(x)=\begin{cases}0, & x<a\\ \dfrac{x-a}{b-a}, & a\leqslant x<b\\ 1, & x\geqslant b\end{cases}$$

显然 $p(x)\geqslant 0$, 且 $\int_{-\infty}^{+\infty}p(x)\mathrm{d}x=\int_a^b\frac{1}{b-a}\mathrm{d}x=1.$

服从区间 (a,b) 上均匀分布的随机变量 X 具有下述几何意义:X 取值于区间 (a,b) 中任意等长度的子区间的可能性是相同的,或者说它取值于 (a,b) 的任意子区间的概率只依赖于区间的长度,而与子区间的位置无关.事实上,对于任意长度为 $l(l>0)$ 的子区间 $(c,c+l]$, $a\leqslant c<c+l<b$,有

$$P\{c<X\leqslant c+l\}=\int_c^{c+l}p(x)\mathrm{d}x=\int_c^{c+l}\frac{1}{b-a}\mathrm{d}x=\frac{l}{b-a}$$

例 2.3.4 向区间 $(-1,1)$ 内随机投点,落点的坐标记为 X,求概率 $P(|X|<0.5)$ 和 $P(-1<X<0.5)$.

解:由题意,$X\sim U(-1,1)$,故

$$p(x)=\begin{cases}\dfrac{1}{2}, & -1<x<1\\ 0, & \text{其他}\end{cases}$$

进一步,$P(|X|<0.5)=0.5$,$P(-1<X<0.5)=0.75$.

2.指数分布

若连续型随机变量 X 的概率密度函数为

$$p(x)=\begin{cases}\lambda\mathrm{e}^{-\lambda x}, & x>0\\ 0, & \text{其他}\end{cases}$$

其中 $\lambda>0$ 为常数,则称 X 服从参数为 λ 的**指数分布**,记为 $X\sim \mathrm{Exp}(\lambda)$.$X$ 的分布函数为

$$F(x)=\begin{cases}1-\mathrm{e}^{-\lambda x}, & x\geqslant 0\\ 0, & x<0\end{cases}$$

显然 $p(x)\geqslant 0$, 且 $\int_{-\infty}^{+\infty}p(x)\mathrm{d}x=\int_0^{+\infty}\lambda\mathrm{e}^{-\lambda x}\mathrm{d}x=1.$

在实际问题中,服从或近似服从指数分布随机变量有元件的寿命、顾客等待服务的时间,等等.

定理 2.3.1(指数分布的无记忆性) 设 $X \sim \mathrm{Exp}(\lambda)$,对于任意 $s,t>0$,有

$$P(X>s+t \mid X>s)=P(X>t)$$

证明: 根据条件概率定义和指数分布的分布函数形式,即有

$$P(X>s+t \mid X>s)=\frac{P(X>s+t,X>s)}{P(X>s)}=\frac{P(X>s+t)}{P(X>s)}$$

$$=\frac{\mathrm{e}^{-\lambda(s+t)}}{\mathrm{e}^{-\lambda s}}=\mathrm{e}^{-\lambda t}=P(X>t)$$

上面的性质称为**无记忆性**.可以直观理解为:记 X 为某元件的寿命,若 X 服从指数分布,那么已知此元件使用了 s 小时,则其再能使用 t 小时的概率,与从开始使用时算起它能使用 t 小时的概率相等,即元件对它已使用过的 s 小时没有记忆.

指数分布的无记忆性和几何分布的无记忆性是类似的.

下例说明泊松分布与指数分布的关系.

例 2.3.5 设某银行在任何长为 t 的时间段 $[0,t]$ 内到来的顾客数 $N(t)$ 服从参数为 λt 的泊松分布.证明:相继两名顾客到来的时间间隔 T 服从参数为 λ 的指数分布.

证明: 已知 $N(t) \sim \pi(\lambda t)$,即

$$P(N(t)=k)=\frac{(\lambda t)^k}{k!}\mathrm{e}^{-\lambda t} \qquad (k=0,1,\cdots)$$

因相继两名顾客到来的时间间隔 T 是非负随机变量,且事件 $\{T>t\}$ 说明在 $[0,t]$ 内没有顾客到来,即 $\{T>t\}=\{N(t)=0\}$,所以:

当 $t<0$ 时,$F_T(t)=P(T\leqslant t)=0$;

当 $t\geqslant 0$ 时,$F_T(t)=P(T\leqslant t)=1-P(T>t)=1-P(N(t)=0)=1-\mathrm{e}^{-\lambda t}$.

所以 $T \sim \mathrm{Exp}(\lambda)$,即相继两名顾客到来的时间间隔 T 服从参数为 λ 的指数分布.

3.正态分布

若连续型随机变量 X 的概率密度函数为

$$p(x)=\frac{1}{\sqrt{2\pi}\sigma}\mathrm{e}^{-\frac{(x-\mu)^2}{2\sigma^2}} \qquad (-\infty<x<+\infty)$$

其中,$\mu,\sigma^2(\sigma>0)$ 为常数,则称 X 服从参数为 μ,σ^2 的**正态分布或高斯(Gauss)分布**,记为 $X \sim N(\mu,\sigma^2)$.

X 的分布函数为

$$F(x)=\frac{1}{\sqrt{2\pi}\sigma}\int_{-\infty}^{x}\mathrm{e}^{-\frac{(t-\mu)^2}{2\sigma^2}}\mathrm{d}t \qquad (-\infty<x<+\infty)$$

显然 $p(x)\geqslant 0$, 下面证明 $\int_{-\infty}^{+\infty}p(x)\mathrm{d}x=1$.

令 $\frac{x-\mu}{\sigma}=t$,得 $\int_{-\infty}^{+\infty}\frac{1}{\sqrt{2\pi}\sigma}\mathrm{e}^{-\frac{(x-\mu)^2}{2\sigma^2}}\mathrm{d}x=\frac{1}{\sqrt{2\pi}}\int_{-\infty}^{+\infty}\mathrm{e}^{-\frac{t^2}{2}}\mathrm{d}t$.

记 $I=\int_{-\infty}^{+\infty}\mathrm{e}^{-\frac{t^2}{2}}\mathrm{d}t$, 则

$$I^2=\left(\int_{-\infty}^{+\infty}\mathrm{e}^{-\frac{t^2}{2}}\mathrm{d}t\right)^2=\int_{-\infty}^{+\infty}\mathrm{e}^{-\frac{u^2}{2}}\mathrm{d}u\int_{-\infty}^{+\infty}\mathrm{e}^{-\frac{v^2}{2}}\mathrm{d}v=\int_{-\infty}^{+\infty}\int_{-\infty}^{+\infty}\mathrm{e}^{-\frac{u^2+v^2}{2}}\mathrm{d}u\mathrm{d}v$$

作极坐标变换：$u=r\cos\theta, v=r\sin\theta$，则 $I^2=\int_0^{2\pi}\mathrm{d}\theta\int_0^{+\infty} r\mathrm{e}^{-\frac{r^2}{2}}dr=2\pi$，进一步，$I=\sqrt{2\pi}$. 因此

$$\int_{-\infty}^{+\infty}\frac{1}{\sqrt{2\pi}\,\sigma}\mathrm{e}^{-\frac{(x-\mu)^2}{2\sigma^2}}\mathrm{d}x=\frac{1}{\sqrt{2\pi}}I=1$$

正态分布 $N(\mu,\sigma^2)$ 的概率密度 $p(x)$ 的图形如图 2.3.3 中的实线所示，它具有如下性质：

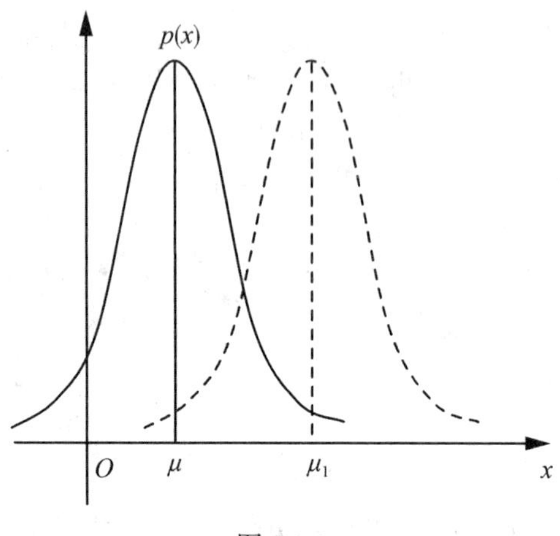

图 2.3.3

(1) 曲线关于 $x=\mu$ 对称. 这表明对任意 $h>0$，有

$$P(\mu-h<X\leqslant\mu)=P(\mu<X\leqslant\mu+h)$$

(2) 当 $x=\mu$ 时，$p(x)$ 取得最大值 $p(\mu)=\dfrac{1}{\sqrt{2\pi}\,\sigma}$. 在 $x=\mu\pm\sigma$ 处，曲线有拐点，以 x 轴为渐近线.

(3) 若固定 σ，改变 μ 的值，则图形沿着 x 轴平移，而不改变其形状，如图 2.3.3 所示. 可见，正态分布 $N(\mu,\sigma^2)$ 的密度曲线的位置完全由参数 μ 所确定，故 μ 称为**位置参数**. 若固定 μ，改变 σ 的值，由于最大值 $p(\mu)=\dfrac{1}{\sqrt{2\pi}\,\sigma}$，可知 σ 越小，图形变得越高瘦，因而 X 落在 μ 附近的概率越大；而 σ 越大，图形变得越矮胖，因而 X 落在 μ 附近的概率越小，如图 2.3.4 所示. 因此称 σ 为**形状参数**.

正态分布在实际生活中应用广泛，如测量的误差、人的身高体重、噪声电压、学生成绩等，都符合这种"中间大，两头小"的正态分布.

特别，当 $\mu=0,\sigma=1$ 时，称随机变量 X 服从**标准正态分布**，其概率密度函数记为 $\varphi(x)$，即 $\varphi(x)=\dfrac{1}{\sqrt{2\pi}}\mathrm{e}^{-\frac{x^2}{2}}$；其分布函数记为 $\Phi(x)$，即

$$\Phi(x)=\frac{1}{\sqrt{2\pi}}\int_{-\infty}^{x}\mathrm{e}^{-\frac{t^2}{2}}\mathrm{d}t$$

由标准正态分布概率密度的对称性易知：$\Phi(0)=0.5$；$\Phi(-x)=1-\Phi(x)$.

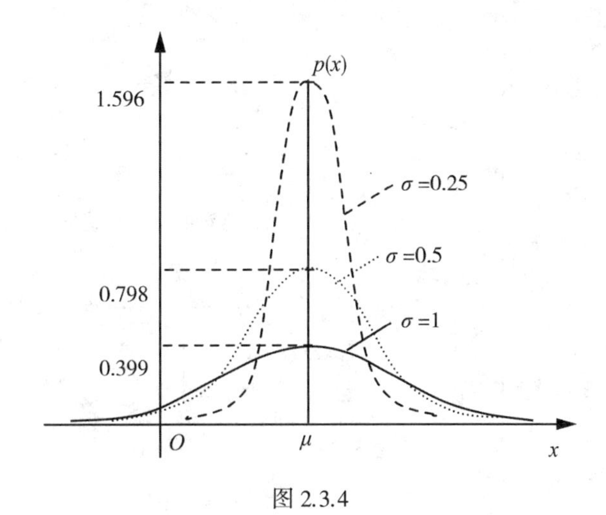

图 2.3.4

$\Phi(x)$ 不能用初等函数表达,只能估计其值,本书附录中 $\Phi(x)$ 的函数值表可供查用. 对一般的正态分布 $N(\mu,\sigma^2)$,只要通过一个线性变换就能将它化成标准正态分布.

定理 2.3.2 若 $X \sim N(\mu,\sigma^2)$,则 $Z=\dfrac{X-\mu}{\sigma} \sim N(0,1)$.

证明: 设 Z 的分布函数为 $F_Z(x)$,则

$$F_Z(x)=P(Z\leqslant x)=P\left\{\frac{X-\mu}{\sigma}\leqslant x\right\}=P(X\leqslant \mu+\sigma x)$$

$$=\frac{1}{\sqrt{2\pi}\,\sigma}\int_{-\infty}^{\mu+\sigma x}\mathrm{e}^{-\frac{(t-\mu)^2}{2\sigma^2}}\mathrm{d}t \xlongequal{令\frac{t-\mu}{\sigma}=u} \frac{1}{\sqrt{2\pi}}\int_{-\infty}^{x}\mathrm{e}^{-\frac{u^2}{2}}\mathrm{d}u=\Phi(x)$$

因此 $Z \sim N(0,1)$.

由定理 2.3.2,若 $X \sim N(\mu,\sigma^2)$,设它的分布函数为 $F(x)$,则

$$F(x)=P(X\leqslant x)=P\left(\frac{X-\mu}{\sigma}\leqslant\frac{x-\mu}{\sigma}\right)=\Phi\left(\frac{x-\mu}{\sigma}\right)$$

因此,由 $\Phi(x)$ 的数值表可以得到 $F(x)$ 的数值. 一般地,对于任意实数 $x_1,x_2(x_1<x_2)$,有

$$P(x_1<X<x_2)=P(x_1\leqslant X\leqslant x_2)=P(x_1\leqslant X<x_2)=P(x_1<X\leqslant x_2)$$

$$=P\left(\frac{x_1-\mu}{\sigma}<\frac{X-\mu}{\sigma}\leqslant\frac{x_2-\mu}{\sigma}\right)=\Phi\left(\frac{x_2-\mu}{\sigma}\right)-\Phi\left(\frac{x_1-\mu}{\sigma}\right)$$

若 $X \sim N(\mu,\sigma^2)$,由 $\Phi(x)$ 的数值表还可以得到

$$P(\mu-\sigma<X<\mu+\sigma)=\Phi(1)-\Phi(-1)=\Phi(1)-[1-\Phi(1)]=2\Phi(1)-1=0.6826$$

$$P(\mu-2\sigma<X<\mu+2\sigma)=\Phi(2)-\Phi(-2)=2\Phi(2)-1=0.9544$$

$$P(\mu-3\sigma<X<\mu+3\sigma)=\Phi(3)-\Phi(-3)=2\Phi(3)-1=0.9974$$

这说明,尽管正态随机变量的取值范围是$(-\infty,+\infty)$,但它的值基本(以 0.9974 的概率)都落在$(\mu-3\sigma,\mu+3\sigma)$内,如图 2.3.5 所示.这就是所谓的"$3\sigma$ 法则".

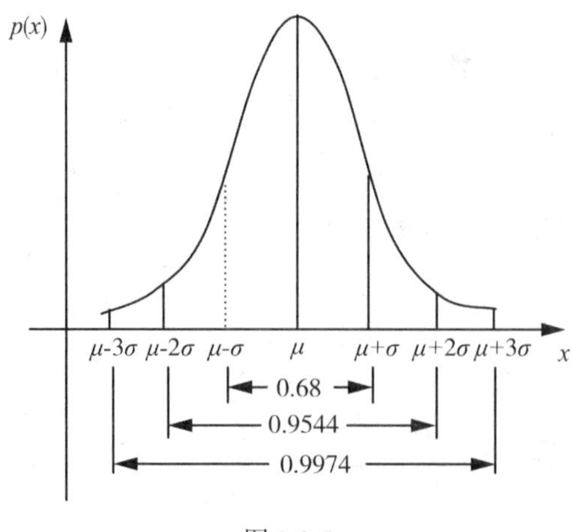

图 2.3.5

例 2.3.6 某地区 18 岁的女青年的血压(收缩压,以 mmHg 计)服从分布 $N(110,12^2)$,在该地区任选一名 18 岁的女青年,测量她的血压 X.求:

(1) $P(X \leqslant 105)$;

(2) $P(\| X \| < 120)$;

(3) 最小的 x,使得 $P(X > x) \leqslant 0.05$.

解:(1) 由定理 2.3.2,

$$P(X \leqslant 105) = P\left(\frac{X-110}{12} \leqslant \frac{105-110}{12}\right)$$

$$\approx \Phi(-0.42) = 1 - \Phi(0.42) = 1 - 0.6628 = 0.3372$$

(2) 由定理 2.3.2,

$$P(100 < X < 120) = P\left(\frac{100-110}{12} \leqslant \frac{X-110}{12} \leqslant \frac{120-110}{12}\right)$$

$$\approx \Phi(0.83) - \Phi(-0.83) = 2\Phi(0.83) - 1 = 0.5934$$

(3) 要使 $P(X > x) \leqslant 0.05$,则要 $P(X \leqslant x) \geqslant 0.95$,即

$$\Phi\left(\frac{x-110}{12}\right) \geqslant 0.95 = \Phi(1.64)$$

由此可得$\frac{x-110}{12} \geqslant 1.65$,因此 $x \geqslant 129.7$,即最小的 x 为 129.7.

4.伽玛分布

若 $\alpha > 0$,则称

$$\Gamma(\alpha) = \int_0^{+\infty} x^{\alpha-1} \mathrm{e}^{-x} \mathrm{d}x$$

为参数为 α 的伽玛函数,其具有以下性质:

(1) $\Gamma(1) = 1, \Gamma\left(\frac{1}{2}\right) = \sqrt{\pi}$;

(2)$\Gamma(\alpha+1)=\alpha\Gamma(\alpha)$，当 α 为自然数 n 时，有 $\Gamma(n+1)=n\Gamma(n)=n!$.

若随机变量 X 的概率密度函数为

$$p(x)=\begin{cases}\dfrac{\lambda^\alpha}{\Gamma(\alpha)}x^{\alpha-1}\mathrm{e}^{-\lambda x}, & x>0\\ 0, & \text{其他}\end{cases}$$

其中，$\alpha>0,\lambda>0$ 为常数，则称 X 服从参数为 α,λ 的**伽玛分布**，记为 $X\sim\Gamma(\alpha,\lambda)$.

显然，$p(x)\geqslant 0$，下面来证 $\int_{-\infty}^{+\infty}p(x)\mathrm{d}x=1$.

事实上，

$$\int_0^{+\infty}\frac{\lambda^\alpha}{\Gamma(\alpha)}x^{\alpha-1}\mathrm{e}^{-\lambda x}\mathrm{d}x\xlongequal{\text{令 } y=\lambda x}\frac{1}{\Gamma(\alpha)}\int_0^{+\infty}y^{\alpha-1}\mathrm{e}^{-y}\mathrm{d}x=\frac{1}{\Gamma(\alpha)}\Gamma(\alpha)=1$$

伽玛分布有以下两个特例：

(1)$\alpha=1$ 时，$\Gamma(1,\lambda)=\mathrm{Exp}(\lambda)$；

(2) 称 $\alpha=\dfrac{n}{2},\lambda=\dfrac{1}{2}$ 时的伽玛分布是自由度为 n 的 χ^2 分布，记为 $X\sim\chi^2(n)$，即 $\Gamma\left(\dfrac{n}{2},\dfrac{1}{2}\right)=\chi^2(n)$.

伽玛分布在概率统计中有重要地位.下面给出一个伽玛分布的实例.

例 2.3.7 电子产品的失效常常是由于外界的“冲击引起”.若在 $(0,t)$ 内发生冲击的次数 $N(t)$ 服从参数为 λt 的泊松分布，试证第 n 次冲击来到的时间 $S_n\sim\Gamma(n,\lambda)$.

证明 当 $t\geqslant 0$ 时，因为

$$\{S_n\leqslant t\}=\{N(t)\geqslant n\}$$

于是，S_n 的分布函数

$$F(t)=P(S_n\leqslant t)=P(N(t)\geqslant n)=\sum_{k=n}^{+\infty}\frac{(\lambda t)^k}{k!}\mathrm{e}^{-\lambda t}$$

于是 S_n 的概率密度函数

$$\begin{aligned}p(t)=F'(t)&=\left(1-\sum_{k=0}^{n-1}\frac{(\lambda t)^k}{k!}\mathrm{e}^{-\lambda t}\right)'=\left(1-\mathrm{e}^{-\lambda t}-\sum_{k=1}^{n-1}\frac{(\lambda t)^k}{k!}\mathrm{e}^{-\lambda t}\right)'\\&=\lambda\mathrm{e}^{-\lambda t}-\lambda\sum_{k=1}^{n-1}\frac{(\lambda t)^{k-1}}{(k-1)!}\mathrm{e}^{-\lambda t}+\lambda\sum_{k=1}^{n-1}\frac{(\lambda t)^k}{k!}\mathrm{e}^{-\lambda t}\\&=-\lambda\sum_{k=2}^{n-1}\frac{(\lambda t)^{k-1}}{(k-1)!}\mathrm{e}^{-\lambda t}+\lambda\sum_{k=1}^{n-1}\frac{(\lambda t)^k}{k!}\mathrm{e}^{-\lambda t}\\&=\frac{\lambda(\lambda t)^{n-1}}{(n-1)!}\mathrm{e}^{-\lambda t}=\frac{\lambda^n}{\Gamma(n)}t^{n-1}\mathrm{e}^{-\lambda t}\end{aligned}$$

此即为 Γ 分布的概率密度函数，对应参数为 n,λ.即

$$S_n\sim\Gamma(n,\lambda)$$

5. 贝塔分布

若 $\alpha>0,\beta>0$，则称

$$B(\alpha,\beta)=\int_0^1 x^{\alpha-1}(1-x)^{b-1}\mathrm{d}x$$

为参数为 α,β 的**贝塔**函数,其具有以下性质:

(1)$B(\alpha,\beta)=B(\beta,\alpha)$;

(2)$B(\alpha,\beta)=\dfrac{\Gamma(\alpha)\Gamma(\beta)}{\Gamma(\alpha+\beta)}$.

若随机变量 X 的概率密度函数为

$$p(x)=\begin{cases}\dfrac{\Gamma(\alpha+\beta)}{\Gamma(\alpha)\Gamma(\beta)}x^{\alpha-1}(1-x)^{\beta-1}, & 0<x<1\\ 0, & \text{其他}\end{cases}$$

其中,$\alpha>0,\beta>0$ 为常数,则称 X 服从参数为 α,β 的**贝塔**分布,记为 $X\sim \mathrm{Be}(\alpha,\beta)$.

贝塔分布的特例:当 $\alpha=1,\beta=1$ 时,$\mathrm{Be}(1,1)=U(0,1)$.

由于贝塔分布的取值位于区间(0,1),所以产品的不合格品率、机器的维修率、射击的命中率等各种比率,在选用适当参数 α,β 的情况下,可以用贝塔分布作为它们的概率分布.

6.帕累托分布

若随机变量 X 的概率密度函数为

$$p(x)=\begin{cases}(\alpha-1)x_0^{\alpha-1}x^{-\alpha}, & x\geqslant x_0\\ 0, & \text{其他}\end{cases}$$

其中,参数 $x_0>0,\alpha>1$,则称 X 服从**帕累托分布**.

帕累托是意大利经济学家,他首先把家庭年收入这个随机变量用帕累托分布来描述.

习题 2.3

1.某种电子元件的寿命(单位:小时)服从正态分布 $N(\mu,\sigma^2)$,其中 $\mu=300,\sigma=35$. 求:(1)某电子元件寿命在250小时以上的概率;(2)求 x,使得某电子元件寿命介于 $\mu-x$ 与 $\mu+x$ 之间的概率不小于0.9.

2.设 X 的概率密度函数为

$$p(x)=\begin{cases}\dfrac{2}{\pi}\cos^2x, & -\dfrac{\pi}{2}<x<\dfrac{\pi}{2}\\ 0, & \text{其他}\end{cases}$$

求:(1)概率 $P\left(|X|<\dfrac{\pi}{4}\right)$;(2)$X$ 的分布函数 $F(x)$.

3.设随机变量 X 的概率密度函数为

$$p(x)=a\mathrm{e}^{-|x-1|}\quad(x\in\mathbf{R})$$

求:(1)常系数 a;(2)X 的分布函数 $F(x)$.

4.设连续型随机变量 X 的分布函数为

$$F(x)=\begin{cases}0, & x<-1\\ a+b\arcsin x, & -1\leqslant x<1\\ 1, & x\geqslant 1\end{cases}$$

求:(1) 常系数 a,b;(2) 概率 $P(-1/2 < X < \sqrt{3}/2)$;(3)X 的概率密度 $p(x)$.

5. 设随机变量 X 具有对称密度函数 $p(x)$,即 $p(x)=p(-x)$,设 X 的分布函数为 $F(x)$.证明:对任意 $a > 0$,有

(1)$F(-a)=1-F(a)=\dfrac{1}{2}-\int_0^a p(x)\mathrm{d}x$;

(2)$P(|X|<a)=2F(a)-1$;

(3)$P(|X|>a)=2[1-F(a)]$.

6. 某加油站每周补给一次油.如果这个加油站每周的销售量(单位:千升)为一个随机变量,单位为小时,其密度函数为

$$p(x)=\begin{cases}0.05\left(1-\dfrac{x}{100}\right), & 0 < x < 100\\ 0, & \text{其他}\end{cases}$$

问:该加油站的储油罐需要多大,才能把一周内断油的概率控制在5%以下?

7. 设某类电子管的寿命(单位:小时)有如下概率密度:

$$p(x)=\begin{cases}\dfrac{100}{x^2}, & x > 100\\ 0, & \text{其他}\end{cases}$$

现有一大批此种电子管(设各电子管损坏与否相互独立),任取5只.问:其中至少有两只寿命大于1500小时的概率是多少?

8. 由某机器生产的螺栓长度(单位:cm)服从正态分布 $N(10.05,0.06^2)$,若规定长度范围在 10.05 ± 0.12 内为合格品.求螺栓不合格的概率.

9. 设顾客在某银行等待服务的时间 X(以分钟记)服从指数分布,其概率密度为

$$f(x)=\begin{cases}\dfrac{1}{5}\mathrm{e}^{-\frac{x}{5}}, & x > 0\\ 0, & x \leqslant 0\end{cases}$$

某顾客在窗口等待服从,若超过10分钟,他就离开,他一个月要到银行5次,以 Y 表示一个月内他未等到服务而离开窗口的次数.求:(1)Y 的分布列;(2)$P(Y \geqslant 1)$.

10. 一工厂生产的电子管寿命 X(单位:小时)服从 $N(\mu,\sigma^2)$,其中 $\mu=160$,问:若要求 $P(120 < X \leqslant 200) \geqslant 0.80$,允许 σ 最大为多少?

11. 设某设备在长为 t 周的时间段内发生故障的次数 $N(t)$ 服从参数为 λt 的泊松分布.若已知在2周内未发生故障的概率为 e^{-6}.求:(1) 常数 λ;(2)2次故障发生的间隔时间超过两周的概率.

12. 设 $\Phi(x)$ 为标准正态分布的分布函数,证明:对任意 $a > 0$,有

$$\lim_{n\to+\infty}\frac{1-\Phi\left(x+\dfrac{a}{x}\right)}{1-\Phi(x)}=\mathrm{e}^{-a}$$

2.4 随机变量函数的分布

实际应用中经常会遇到此类问题:已知随机变量 X 的分布,如何确定 X 的函数 $Y=$

$g(X)$(其中 $y=g(x)$ 是已知函数)的分布.例如,为了测算某种球形滚轴的体积 V,往往先测量其直径 d,若已知 d 的分布,问如何由其得到 $V=\frac{1}{6}\pi d^3$ 的分布?下面就 X 是离散型和连续型分别讨论.

2.4.1 离散型随机变量函数的分布

设 X 是离散型随机变量,分布列为

X	x_1	x_2	$\cdots$	x_n	$\cdots$
P	p_1	p_2	$\cdots$	p_n	$\cdots$

则 $Y=g(X)$ 也是一个离散型随机变量,Y 的分布列可以表示为

Y	$g(x_1)$	$g(x_2)$	$\cdots$	$g(x_n)$	$\cdots$
P	p_1	p_2	$\cdots$	p_n	$\cdots$

整理上表,若 $g(x_1),g(x_2),\cdots$ 中某些值是相等的,就把那些相等的值合并,并把对应的概率相加即可得 Y 的分布列.

例 2.4.1 已知 X 的分布列如下:

X	$-\frac{1}{2}$	-1	0	$\frac{1}{2}$	1
P	0.1	0.3	0.1	0.1	0.4

求 $Y=\sin(\pi X)$ 的分布列.

解:根据 X 的分布列,可得 $Y=\sin(\pi X)$ 的分布列为

Y	-1	0	0	1	0
P	0.1	0.3	0.1	0.1	0.4

经整理,可得 Y 的分布列为

Y	-1	0	1
P	0.1	0.8	0.1

2.4.2 连续型随机变量函数的分布

设 X 为连续型随机变量,其概率密度为 $p(x)$,下面针对不同情形的 $g(x)$ 来讨论如何求 $Y=g(X)$ 的概率分布.

1.$y=g(x)$ 严格单调

例 2.4.2 设随机变量 X 的概率密度为

$$p_X(x)=\begin{cases}2x, & 0<x<1\\ 0, & \text{其他}\end{cases}$$

求随机变量 $Y=3X+2$ 的概率密度 $p_Y(y)$.

解:分别记 X,Y 的分布函数为 $F_X(x),F_Y(y)$. 既然 X 仅在区间 $(0,1)$ 上取值,故 $Y=3X+2$ 的取值范围为 $(2,5)$. 因此

当 $y\leqslant 2$ 时,$F_Y(y)=P(Y\leqslant y)=0,\ p_Y(y)=0$;

当 $y\geqslant 5$ 时,$F_Y(y)=P(Y\leqslant y)=1,\ p_Y(y)=0$;

当 $2<y<5$ 时,$F_Y(y)=P(Y\leqslant y)=P(3X+2\leqslant y)=P\left(X\leqslant\dfrac{y-2}{3}\right)=F_X\left(\dfrac{y-2}{3}\right)$

$$p_Y(y)=F'_Y(y)=p_X\left(\frac{y-2}{3}\right)\left(\frac{y-2}{3}\right)'=\frac{2(y-2)}{9}$$

综上所述,

$$p_Y(y)=\begin{cases}\dfrac{2(y-2)}{9}, & 2<y<5\\ 0, & \text{其他}\end{cases}$$

从上例可以看出,求 $Y=g(X)$ 的概率密度函数 $p_Y(y)$,可以先求其分布函数 $F_Y(y)$.

$$F_Y(y)=P(Y\leqslant y)=P(g(X)\leqslant y)=\int_{g(x)\leqslant y}p_X(x)\mathrm{d}x$$

然后两边对 y 求导,即得

$$p_Y(y)=F'_Y(y)$$

这种方法称为**分布函数法**.分布函数法是求连续型随机变量函数的分布的基本方法.

一般地,有如下结果:

定理 2.4.1 设随机变量 X 的概率密度函数为 $p_X(x)$,$y=g(x)$ 是严格单调的函数,其反函数 $h(y)$ 有连续导函数,则 $Y=g(X)$ 是连续型随机变量,且其概率密度函数为

$$p_Y(y)=\begin{cases}p_X(h(y))\,|h'(y)|, & \alpha<y<\beta\\ 0, & \text{其他}\end{cases}\tag{2.4.1}$$

其中,(α,β) 是 $g(x)$ 的取值范围.

证明:分别记 X,Y 的分布函数为 $F_X(x),F_Y(y)$. 先考虑 $g'(x)>0$ 的情形,此时$h'(y)>0$.

当 $y\leqslant\alpha$ 时,$F_Y(y)=P(Y\leqslant y)=0,p_Y(y)=0$;

当 $y\geqslant\beta$ 时,$F_Y(y)=P(Y\leqslant y)=1,p_Y(y)=0$;

当 $\alpha<y<\beta$ 时,$F_Y(y)=P(Y\leqslant y)=P(g(X)\leqslant y)=P(X\leqslant h(y))=F_X(h(y))$,

$$p_Y(y) = F'_Y(y) = p_X(h(y))[h'(y)].$$

综上所述,Y 的概率密度为

$$p_Y(y) = \begin{cases} p_X(h(y))h'(y), & \alpha < y < \beta \\ 0, & \text{其他} \end{cases} \tag{2.4.2}$$

类似地,在 $g'(x) < 0$ 的情形下,可得

$$p_Y(y) = \begin{cases} -p_X(h(y))h'(y), & \alpha < y < \beta \\ 0, & \text{其他} \end{cases} \tag{2.4.3}$$

当 $g'(x) < 0$ 时,其反函数 $h'(y) < 0$, $-h'(y) = |h'(y)|$, 统一式(2.4.2)、式(2.4.3)的形式,即得式(2.4.1).

式(2.4.1)又称为概率密度变换公式,它的实质就是定积分的换元. 事实上,设 $Y = g(X)$(不妨取 $g(x)$ 单调增),当给定区间 $I \subset \mathbf{R}$,假设 $X \in I$ 对应 $Y \in I'$,则 $P(X \in I) = P(Y \in I')$.而

$$P(X \in I) = \int_I p_X(x)\,\mathrm{d}x$$

$$P(Y \in I') = \int_{I'} p_Y(y)\,\mathrm{d}y$$

故

$$\int_I p_X(x)\,\mathrm{d}x = \int_{I'} p_Y(y)\,\mathrm{d}y$$

又 $y = g(x) \Rightarrow x = h(y)$,对定积分 $\int_I p_X(x)\,\mathrm{d}x$ 换元,得

$$P(X \in I) = \int_I p_X(x)\,\mathrm{d}x = \int_{I'} p_X(h(y))h'(y)\,\mathrm{d}y$$

所以

$$\int_{I'} p_X(h(y))h'(y)\,\mathrm{d}y = \int_{I'} p_Y(y)\,\mathrm{d}y \tag{2.4.4}$$

比较(2.4.4)两边的定积分的被积函数,就有公式(2.4.1).

例 2.4.3 设 $X \sim U\left(-\frac{\pi}{2}, \frac{\pi}{2}\right)$, $Y = \tan X$, 求 Y 的概率密度.

解:X 的概率密度函数

$$p_X(x) = \begin{cases} \frac{1}{\pi}, & -\frac{\pi}{2} < x < \frac{\pi}{2} \\ 0, & \text{其他} \end{cases}$$

又 $y = \tan x$, $-\frac{\pi}{2} < x < \frac{\pi}{2}$ 的反函数为 $x = \arctan y$, $-\infty < y < +\infty$,由式(2.4.1)可得 Y 的概率密度函数为

$$p_Y(y) = \frac{1}{\pi(1+y^2)} \quad (-\infty < y < +\infty)$$

此分布称为**柯西(Cauchy)分布**.

由定理 2.4.1,容易得到下面的常用结果.

定理 2.4.2 设 $X \sim N(\mu,\sigma^2)$，$a \neq 0$，则 $Y = aX + b \sim N(a\mu + b, a^2\sigma^2)$.

证明： X 的概率密度为 $p_X(x) = \dfrac{1}{\sqrt{2\pi}\sigma}e^{-\frac{(x-\mu)^2}{2\sigma^2}}$. 当 $a \neq 0$ 时，$y = g(x) = ax + b$ 严格单调，反函数 $x = h(y) = \dfrac{y-b}{a}$，且 $h'(y) = \dfrac{1}{a}$. 由式(2.4.1)可得 $Y = aX + b$ 的概率密度

$$p_Y(y) = \frac{1}{|a|}p_X\left(\frac{y-b}{a}\right) = \frac{1}{|a|}\frac{1}{\sqrt{2\pi}\sigma}e^{-\frac{\left(\frac{y-b}{a}-\mu\right)^2}{2\sigma^2}}$$

$$= \frac{1}{\sqrt{2\pi}|a|\sigma}e^{-\frac{[y-(a\mu+b)]^2}{2(a\sigma)^2}} \quad (-\infty < y < +\infty)$$

即 $Y = aX + b \sim N(a\mu + b, a^2\sigma^2)$.

定理2.4.2表明，正态分布的线性变换还是正态分布，如 $X \sim N(1,1)$，则 $3X - 1 \sim N(2, 8)$. 特别地，取 $a = \dfrac{1}{\sigma}$，$b = -\dfrac{\mu}{\sigma}$，则 $Y = \dfrac{X-\mu}{\sigma} \sim N(0,1)$.

定理 2.4.3 设随机变量 X 的分布函数 $F_X(x)$ 为严格单调的连续函数，则

$$Y = F_X(X) \sim U(0,1)$$

证明： 因为 $F_X(x)$ 的值域为 $[0,1]$，故

当 $y < 0$ 时，$F_Y(y) = P(Y \leqslant y) = 0$；

当 $0 \leqslant y < 1$ 时，$F_Y(y) = P(Y \leqslant y) = P(F_X(X) \leqslant y) = P(X \leqslant F_X^{-1}(y))$
$= F_X(F_X^{-1}(y)) = y$；

当 $y \geqslant 1$ 时，$F_Y(y) = P(Y \leqslant y) = 1$.

综上所述，

$$F_Y(y) = \begin{cases} 0, & y < 0 \\ y, & 0 \leqslant y < 1 \\ 1, & y \geqslant 1 \end{cases}$$

即 $Y \sim U(0,1)$.

注： 定理2.4.3表明，若一个连续型随机变量 X 的分布函数 $F(x)$ 严格单调增加，则其可通过 $F(x)$ 与均匀随机变量发生联系：设 X 是取值于区间 (a,b) 的连续型随机变量，分布函数为 $F(x)$，则 $U = F(X) \sim U(0,1)$，或者说 $X = F^{-1}(U) \sim F(x)$. 故由均匀分布的随机数 u_i 可得随机变量 X 对应分布的随机数 $x_i = F^{-1}(u_i)$（见第6章）. 随机数的获得是随机模拟（蒙特卡罗法）的基础，而均匀分布随机数在任何统计软件中都可以产生.

实际上，定理2.4.3中只要 $F_X(x)$ 连续，结论仍然成立，这个证明要用到较多的数学分析知识.

2. $y = g(x)$ 具有若干严格单调分支

若 $g(x)$ 不满足定理2.4.1中的严格单调条件，就不能直接用此定理. 但若 $g(x)$ 具有若干严格单调分支，则可以将问题转化为在每个单调分支上来考虑.

例 2.4.4 设 $X \sim U\left(-\dfrac{\pi}{2}, \dfrac{\pi}{2}\right)$，求 $Y = \cos X$ 的概率密度函数 $p_Y(y)$.

解:由题意,X 的概率密度函数为

$$p_X(x)=\begin{cases}\dfrac{1}{\pi}, & -\dfrac{\pi}{2}<x<\dfrac{\pi}{2}\\ 0, & 其他\end{cases}$$

由于 $y=\cos x$ 在$\left(-\dfrac{\pi}{2},\dfrac{\pi}{2}\right)$上不是严格单调的,故不能直接用定理 2.4.1,下面用分布函数法.设 X,Y 的分布函数分别为 $F_X(x)$,$F_Y(y)$. 由于 X 仅在区间$\left(-\dfrac{\pi}{2},\dfrac{\pi}{2}\right)$内取值,所以 $Y=\cos X$ 的可能取值范围为$(0,1)$. 故

当 $y\leqslant 0$ 时,$F_Y(y)=0,p_Y(y)=0$;

当 $y\geqslant 1$ 时,$F_Y(y)=1,p_Y(y)=0$;

当 $0<y<1$ 时,

$$\begin{aligned}F_Y(y)=P(Y\leqslant y)&=P(\cos X\leqslant y)\\&=P\left(\left\{-\frac{\pi}{2}<X\leqslant-\arccos y\right\}\cup\left\{\arccos y\leqslant X<\frac{\pi}{2}\right\}\right)\\&=P\left(-\frac{\pi}{2}<X\leqslant-\arccos y\right)+P\left(\arccos y\leqslant X<\frac{\pi}{2}\right)\\&=F_X(-\arccos y)+1-F_X(\arccos y),\end{aligned}$$

$$\begin{aligned}p_Y(y)=F'_Y(y)&=p_X(-\arccos y)(-\arccos y)'-p_X(\arccos y)(\arccos y)'\\&=p_X(-\arccos y)\left|(-\arccos y)'\right|+p_X(\arccos y)\left|(\arccos y)'\right| \qquad (2.4.5)\\&=\frac{2}{\pi\sqrt{1-y^2}}.\end{aligned}$$

综上所述,

$$f_Y(y)=\begin{cases}\dfrac{2}{\pi\sqrt{1-y^2}}, & 0<y<1\\ 0, & 其他\end{cases}$$

在例 2.4.4 中,函数 $y=\cos x$ 虽然在$\left(-\dfrac{\pi}{2},\dfrac{\pi}{2}\right)$上不是严格单调的,但其在分段区间$\left(-\dfrac{\pi}{2},0\right)$和$\left(0,\dfrac{\pi}{2}\right)$上逐段严格单调,且分别具有反函数 $x=-\arccos y,0<y<1$ 和 $x=\arccos y,0<y<1$. 由式(2.4.5)可以发现,$p_Y(y)$ 由 $p_X(-\arccos y)\left|(-\arccos y)'\right|$ 和 $p_X(\arccos y)\left|(\arccos y)'\right|$ 两部分相加而成,这两部分是分别在区间$\left(-\dfrac{\pi}{2},0\right)$和$\left(0,\dfrac{\pi}{2}\right)$上用定理 2.4.1 得到的结果.

将例 2.4.4 一般化. 设 X 的概率密度函数为 $p_X(x)$,$g(x)$ 分段单调,则有下面的结论.

定理 2.4.4 设随机变量 X 的概率密度函数为 $p_X(x)$,假设 $g(x)$ 在不相重叠的区间 $I_1,I_2,\cdots,I_n$ 上逐段严格单调,其反函数和反函数的导数 $h_i(y)$,$h_i'(y)$$(i=1,2,\cdots,n)$ 均为连续函数,记(α,β)为 $g(x)$ 的值域,则 $Y=g(X)$ 也是连续型随机变量,且其概率密度函数为

$$p_Y(y)=\begin{cases}\sum_i p_X(h_i(y))\,|h_i'(y)|, & \alpha<y<\beta\\ 0, & \text{其他}\end{cases}\tag{2.4.6}$$

证明：给定 $y\in(\alpha,\beta)$，记 $E_i(y)$ 为 I_i 中满足 $g(x)<y$ 的 x 的集合，显然对不同的 i，$E_i(y)$ 不相交.则随机变量 Y 的分布函数

$$\begin{aligned}F_Y(y)&=P(Y\leqslant y)=P(g(X)\leqslant y)=P(X\in\sum_i E_i(y))\\&=\sum_i\int_{E_i(y)}p(x)\,\mathrm{d}x\\&=\sum_i\int_{-\infty}^{y}p(h_i(y))\,|h'(y)|\,\mathrm{d}y\\&=\int_{-\infty}^{y}\sum_i p(h_i(y))\,|h'(y)|\,\mathrm{d}y\end{aligned}$$

上式两边对 y 求导，即得式(2.4.6).

注：式(2.4.6)中 $\sum_i$ 不一定有 n 项，如果 $E_k(y)=\varnothing$，则对应区间 I_k 的项就为零.

例 2.4.5 设 $X\sim N(\mu,\sigma^2)$.求：(1) $Y=\mathrm{e}^X$ 的概率密度函数 $p_Y(y)$；(2) $Z=X^2$ 的概率密度函数 $p_Z(z)$.

解：(1) 函数 $y=\mathrm{e}^x,\ -\infty<x<+\infty$ 的反函数为 $x=\ln y,\ y>0$.根据式(2.4.1)，$Y=\mathrm{e}^X$ 的概率密度函数为

$$\begin{aligned}p_Y(y)&=\begin{cases}p_X(\ln y)\,|(\ln y)'|, & y>0\\ 0, & y\leqslant 0\end{cases}\\&=\begin{cases}\dfrac{1}{\sqrt{2\pi}\,\sigma y}\mathrm{e}^{-\frac{(\ln y-\mu)^2}{2\sigma^2}}, & y>0\\ 0, & y\leqslant 0\end{cases}\end{aligned}$$

此分布称为参数为 μ,σ^2 的**对数正态分布**，记为 $\mathrm{LN}(\mu,\sigma^2)$.

(2) 函数 $z=x^2$ 在 $(-\infty,+\infty)$ 上有两个单调分支，反函数分别为 $x=-\sqrt{z},\ z>0$ 以及 $x=\sqrt{z},\ z>0$，根据式(2.4.6)，有

$$\begin{aligned}p_Z(z)&=\begin{cases}p_X(\sqrt{z})\,|(\sqrt{z})'|+p_X(-\sqrt{z})\,|(-\sqrt{z})'| & z>0\\ 0, & z\leqslant 0\end{cases}\\&=\begin{cases}\dfrac{1}{2\sqrt{2\pi z}\,\sigma}\left(\mathrm{e}^{-\frac{(\sqrt{z}-\mu)^2}{2\sigma^2}}+\mathrm{e}^{-\frac{(\sqrt{z}+\mu)^2}{2\sigma^2}}\right), & z>0\\ 0, & z\leqslant 0\end{cases}\end{aligned}$$

特别地，当 $X\sim N(0,1)$ 时，$Z=X^2$ 是参数为 1 的 **χ^2 分布**，其密度为

$$p_Z(z)=\begin{cases}\dfrac{1}{\sqrt{2\pi z}}\mathrm{e}^{-\frac{z}{2}}, & z>0\\ 0, & z\leqslant 0\end{cases}$$

习题 2.4

1.设离散型随机变量 X 的分布列为

X	$-\frac{1}{2}$	-1	0	$\frac{1}{2}$	$\frac{3}{2}$
P	0.2	0.1	0.3	0.2	0.2

求:(1) $Y=X^2+1$ 的分布列;(2) $Z=\sin(\pi X)$ 的分布列.

2.设 $X\sim\pi(\lambda)$,又设 $g(x)=\begin{cases}1, & x\text{为偶数}\\ 0, & x=0\\ -1, & x\text{为奇数}\end{cases}$,求 $Y=g(X)$ 的分布列.

3.设 $X\sim U(0,1)$,求:(1) $Y=\mathrm{e}^X$ 的概率密度函数;(2) $Z=X^2$ 的概率密度函数.

4.设 $X\sim N(0,1)$,分别求出 $-X$, $|X|$ 的概率密度.

5. 设随机变量 X 的概率密度为

$$p_X(x)=\begin{cases}\dfrac{2x}{\pi^2}, & 0<x<\pi\\ 0, & \text{其他}\end{cases}$$

求 $Y=\sin X$ 的概率密度 $p_Y(y)$.

6.分子运动速度的绝对值服从**麦克斯韦分布**,其概率密度为

$$p(x)=\begin{cases}\dfrac{4x^2}{\sqrt{\pi}\alpha^3}\mathrm{e}^{-\frac{x^2}{\alpha^2}}, & x>0\\ 0, & \text{其他}\end{cases}$$

其中,参数 $\alpha^2=\dfrac{m}{2kT}$,k 为 Boltzmann 常数,T 为绝对温度,m 是分子的质量.

求分子动能的概率密度.

7. 过点(0,1) 作一直线与 y 轴相交,求此直线与 x 轴交点的横坐标 X 的概率密度.

8. 某机械厂生产一种球心轴.设轴的直径 $D\sim U(a,b)$,求轴体积 V 的概率密度.

9.设随机变量 $X\sim \mathrm{Ga}(\alpha,\lambda)$,证明:当 $k>0$ 时,$Y=kX\sim \mathrm{Ga}\left(\alpha,\dfrac{\lambda}{k}\right)$,$2\lambda X\sim \Gamma\left(\alpha,\dfrac{1}{2}\right)=\chi^2(2\alpha)$.

10.设随机变量 X 服从参数为 λ 的指数分布,证明:$Y=1-\mathrm{e}^{-\lambda X}$ 服从区间(0,1) 上的均匀分布.

11.设随机变量服从对数正态分布 $\mathrm{LN}(\mu,\sigma^2)$,证明:$Y=\ln X\sim N(\mu,\sigma^2)$.

12.设随机变量 X 的分布函数 $F(x)$ 是连续函数,证明:$F(X)\sim U(0,1)$.

第3章 多维随机变量及其分布

上一章我们讨论了一维随机变量,但在实际问题中,有些随机现象需要用多个随机变量来描述. 如研究炮弹的落点,需要多个坐标;随机抽查儿童的生长发育,需要观测身高、体重等多个指标;考察某地区的气压,需要同时考虑气温、气压、风力和湿度 4 个随机变量.这些例子说明,在随机试验中,往往需要同时研究多个定义在同一样本空间的随机变量,这些随机变量看成一个整体,就是多维随机变量. 本章讨论多维随机变量及其分布,主要讨论二维的情形,其他多维情形可以类推.

3.1 多维随机变量及其联合分布

3.1.1 多维随机变量及其联合分布函数

定义 3.1.1 如果$X_1(\omega),X_2(\omega),\cdots,X_n(\omega)$是定义在同一个样本空间 $\Omega=\{\omega\}$ 上的 n 个随机变量,则称 $X(\omega)=(X_1(\omega),X_2(\omega),\cdots,X_n(\omega))$ 为 n 维随机变量或随机向量.

分布函数是描述随机变量分布的工具,仿照一维的情形,可以定义多维随机变量的分布函数.

定义 3.1.2 对任意 n 个实数$x_1, x_2,\cdots, x_n$,n 个事件$\{X_1\leqslant x_1\}$, $\{X_2\leqslant x_2\}$,$\cdots$, $\{X_n\leqslant x_n\}$ 同时发生的概率

$$F(x_1,x_2,\cdots,x_n)=P(X_1\leqslant x_1,X_2\leqslant x_2,\cdots,X_n\leqslant x_n) \tag{3.1.1}$$

称为 n 维随机变量$(X_1,X_2,\cdots,X_n)$ 的联合分布函数或分布函数.

3.1.2 二维随机变量及其联合分布

二维随机变量,通常用(X,Y) 表示,其联合分布函数

$$F(x,y)=P(X\leqslant x,Y\leqslant y) \tag{3.1.2}$$

如果将二维随机变量(X,Y) 看成是平面上随机点的坐标,那么,分布函数 $F(x,y)$ 在点(x,y) 处的值就是随机点落在以点(x,y) 为顶点而位于该点左下方的无穷矩形区域内的概率,如图 3.1.1 所示.

由图3.1.2 也可看出,随机点(X,Y) 落在矩形域$\{(x,y)\mid x_1<x\leqslant x_2,y_1<y\leqslant y_2\}$ 内的概率为

$$P\{x_1<X\leqslant x_2,y_1<Y\leqslant y_2\}=F(x_2,y_2)-F(x_2,y_1)-F(x_1,y_2)+F(x_1,y_1)$$

根据定义,分布函数 $F(x,y)$ 的基本性质有:

(1) $F(x,y)$ 是变量 x 和 y 的不减函数,即对任意固定的 y,当 $x_2>x_1$ 时,$F(x_2,y)\geqslant F(x_1,y)$;对任意固定的 x,当 $y_2>y_1$ 时,$F(x,y_2)\geqslant F(x,y_1)$.

(2) $0 \leqslant F(x,y) \leqslant 1$, 且对于任意固定的 y, $F(-\infty,y)=0$; 对于任意固定的 x, $F(x,-\infty)=0$, $F(-\infty,-\infty)=0$, $F(+\infty,+\infty)=1$.

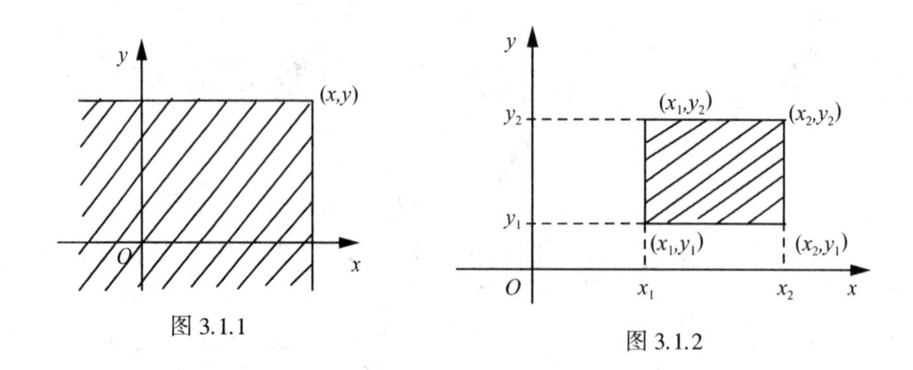

图 3.1.1

图 3.1.2

(3) $F(x+0,y)=F(x,y)$, $F(x,y+0)=F(x,y)$, 即 $F(x,y)$ 关于 x 右连续, 关于 y 也右连续.

(4) 对于任意的 (x_1,y_1), (x_2,y_2), $x_1<x_2$, $y_1<y_2$, 不等式 $F(x_2,y_2)-F(x_2,y_1)-F(x_1,y_2)+F(x_1,y_1) \geqslant 0$ 成立. 事实上,

$$F(x_2,y_2)-F(x_2,y_1)-F(x_1,y_2)+F(x_1,y_1)=P\{x_1<X \leqslant x_2, y_1<Y \leqslant y_2\} \geqslant 0$$

反之, 可以证明具有性质(1) ~ (4) 的函数 $F(x,y)$ 必是某二维随机变量的联合分布函数.

例如, 二元函数

$$F(x,y)=\begin{cases}(1-e^{-2x})(1-e^{-y}), & x>0, y>0 \\ 0, & \text{其他}\end{cases}$$

可以验证满足性质(1) ~ (4), 因此是分布函数. 而

$$G(x,y)=\begin{cases}0, x+y<0 \\ 1, x+y \geqslant 0\end{cases}$$

虽然满足性质(1) ~ (3), 但取 $x_1=-1$, $x_2=1$, $y_1=-1$, $y_2=1$, 很容易验证, 它不满足性质(4), 故不是分布函数.

3.1.3 二维离散型随机变量

定义 3.1.3 如果二维随机变量 (X,Y) 的可能取值是有限对或可列无限对, 则称 (X,Y) 为二维离散型随机变量.

定义 3.1.4 如果二维随机变量 (X,Y) 全部可能的取值为 (x_i,y_j), $i,j=1,2,\cdots$, 记 $P(X=x_i,Y=y_j)=p_{ij}$, $i,j=1,2,\cdots$, 则称 $P(X=x_i,Y=y_j)=p_{ij}$, $i,j=1,2,\cdots$, 为二维离散型随机变量 (X,Y) 的联合分布列(或分布列).

为了直观, 通常用表格 3.1.1 的形式表示 X 和 Y 的联合分布列.

显然, 由概率的定义, 联合分布列有如下基本性质:

(1) 非负性: $p_{ij} \geqslant 0$, $i,j=1,2,\cdots$;

(2) 规范性: $\sum\limits_{i=1}^{\infty}\sum\limits_{j=1}^{\infty} p_{ij}=1$.

表 3.1.1 二维随机变量联合分布列表

X \ Y	y_1	y_2	$\cdots$	y_j	
x_1	p_{11}	p_{12}	$\cdots$	p_{1j}	$\cdots$
x_2	p_{21}	p_{22}	$\cdots$	p_{2j}	$\cdots$
$\vdots$	$\vdots$	$\vdots$		$\vdots$	
x_i	p_{i1}	p_{i2}	$\cdots$	p_{ij}	$\cdots$
$\vdots$	$\vdots$	$\vdots$		$\vdots$	

联合分布列完整地反映了离散型随机变量的取值规律.

例 3.1.1 今有两只球随机投入编号为 1,2,3 的空盒中(空盒可容纳任意多个球),X,Y 分别表示 1,2 号盒中球的个数,求(X,Y) 的联合分布列和 $P\{X=Y\}$.

解:由题意,X,Y 的可能取值分别为 0,1,2 且

$$P(X=0,Y=0)=\frac{1}{9};P(X=0,Y=1)=\frac{2}{9};P(X=0,Y=2)=\frac{1}{9};$$

$$P(X=1,Y=0)=\frac{2}{9};P(X=1,Y=1)=\frac{2}{9};P(X=2,Y=0)=\frac{1}{9}$$

因此(X,Y) 的联合分布列如下:

X \ Y	0	1	2
0	$\frac{1}{9}$	$\frac{2}{9}$	$\frac{1}{9}$
1	$\frac{2}{9}$	$\frac{2}{9}$	0
2	$\frac{1}{9}$	0	0

从联合分布列可以看出:

$$\begin{aligned}P\{X=Y\}&=P(X=0,Y=0)+P(X=1,Y=1)+P(X=2,Y=2)\\&=\frac{1}{9}+\frac{2}{9}+0=\frac{1}{3}\end{aligned}$$

3.1.4 二维连续型随机变量

一维连续型随机变量 X 具有概率密度函数 $p(x)$,使对任意区间 $L\subset\mathbf{R}$,有

$$P(X \in L) = \int_L p(x)\,\mathrm{d}x$$

类似地,有如下二维连续型随机变量的定义:

定义 3.1.5 若存在二元非负可积函数 $p(x,y)$, $\int_{-\infty}^{+\infty}\int_{-\infty}^{+\infty} p(x,y)\,\mathrm{d}x < \infty$,使得二维随机变量 (X,Y) 落在平面 xOy 上任一区域 G 内的概率为

$$P((X,Y) \in G) = \iint_G p(x,y)\,\mathrm{d}x\mathrm{d}y \tag{3.1.3}$$

则称 (X,Y) 为二维连续型随机变量. $p(x,y)$ 称为 (X,Y) 的联合概率密度函数,或简称为概率密度函数.

由定义 3.1.5 知,概率密度函数 $p(x,y)$ 具有下列性质:

(1) 非负性:$p(x,y) \geqslant 0$.

(2) 规范性:$\int_{-\infty}^{+\infty}\int_{-\infty}^{+\infty} p(x,y)\,\mathrm{d}x\mathrm{d}y = 1$.

因为 $\int_{-\infty}^{+\infty}\int_{-\infty}^{+\infty} p(x,y)\,\mathrm{d}x\mathrm{d}y = P(-\infty < X < +\infty, -\infty < Y < +\infty) = 1$.

(3) (X,Y) 的联合分布函数

$$F(x,y) = \int_{-\infty}^{y}\int_{-\infty}^{x} p(x,y)\,\mathrm{d}x\mathrm{d}y \tag{3.1.4}$$

事实上,$F(x,y) = P(X \leqslant x, Y \leqslant y) = \iint_G p(x,y)\,\mathrm{d}x\mathrm{d}y = \int_{-\infty}^{y}\int_{-\infty}^{x} p(x,y)\,\mathrm{d}x\mathrm{d}y$,其中,$G$ 为平面点集 $\{(X,Y) \mid -\infty < X \leqslant x, -\infty < Y \leqslant y\}$.

(4) 若 $p(x,y)$ 在点 (x,y) 连续,则有 $\dfrac{\partial^2 F(x,y)}{\partial x \partial y} = p(x,y)$.

任意二元函数如果满足性质(1)、(2) 即非负性和规范性,一定是概率密度函数.

性质(3)、(4) 给出了联合分布函数与联合概率密度函数的关系. 且由式(3.1.3) 知,二维连续型随机变量的概率计算可以转化为概率密度函数的二重积分.

例 3.1.2 设二维随机变量 (X,Y) 具有概率密度函数

$$p(x,y) = \begin{cases} Ay(1-x), & 0 < x < 1, 0 < y < 1 \\ 0, & \text{其他} \end{cases}$$

(1) 求常数 A;(2) 求概率 $P(Y \leqslant X)$;(3) 求分布函数 $F(x,y)$.

解:(1) 由概率密度函数的性质,

$$1 = \int_{-\infty}^{+\infty}\int_{-\infty}^{+\infty} p(x,y)\,\mathrm{d}x\mathrm{d}y = \int_0^1\int_0^1 Ay(1-x)\,\mathrm{d}x\mathrm{d}y = \frac{A}{4}$$

可以得到 $A = 4$.

(2) 将 (X,Y) 看做平面上的随机点的坐标,即有 $\{Y \leqslant X\} = \{(X,Y) \in G\}$,其中 G 为 xOy 平面上直线 $y = x$ 及其下方的部分,如图 3.1.3 所示,因为联合密度函数在区域 $\{(x,y) \mid 0 < x, y < 1\}$ 外为 0,故积分区域如阴影部分所示,即

$$P(Y \leqslant X) = \iint_{\{y \leqslant x\}} p(x,y)\,\mathrm{d}x\mathrm{d}y = \int_0^1 \mathrm{d}x \int_0^x 4y(1-x)\,\mathrm{d}y = \frac{1}{6}$$

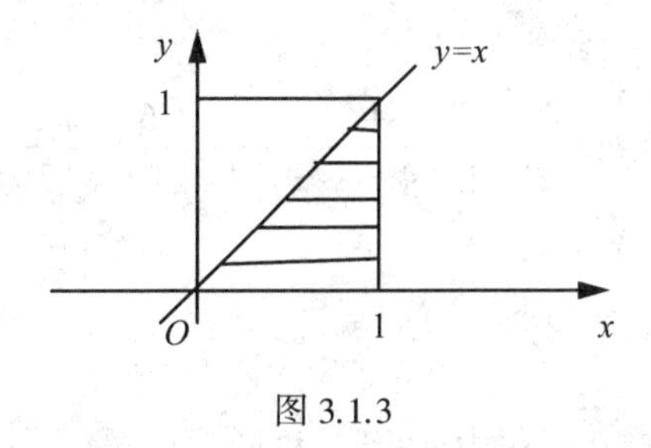

图 3.1.3

(3) 由分布函数与概率密度函数的关系式(3.1.4) 知:

当$(x,y) \in \{(x,y) \mid x < 0$或者$y < 0\}$时, $p(x,y) = 0$,故 $F(x,y) = 0$;

当$(x,y) \in \{(x,y) \mid 0 < x < 1, 0 < y < 1$ 时,$F(x,y) = \int_0^x \int_0^y 4x(1-y)\,\mathrm{d}y\mathrm{d}x = 2x^2\left(y - \frac{1}{2}y^2\right)$

当$(x,y) \in \{(x,y) \mid 0 < x < 1, y > 1$时,$F(x,y) = \int_0^1 \int_0^y 4x(1-y)\,\mathrm{d}y\mathrm{d}x = 2\left(y - \frac{1}{2}y^2\right)$

当$(x,y) \in \{(x,y) \mid x > 1, 0 < y < 1$时,$F(x,y) = \int_0^x \int_0^1 4x(1-y)\,\mathrm{d}x\mathrm{d}y = x^2$

当$(x,y) \in \{(x,y) \mid x > 1, y > 0$时,$F(x,y) = \int_0^1 \int_0^1 4x(1-y)\,\mathrm{d}x\mathrm{d}y = 1$

3.1.5 常见的二维随机变量

1. 多项分布

多项分布是二项分布的推广. 进行 n 次独立重复的试验,每次试验有 r 个可能的结果:$A_1, A_2, \cdots, A_r$,且 $P(A_i) = p_i, i = 1, 2, \cdots, r$.记 X_i 为 n 次独立重复试验中 A_i 发生的次数,$i = 1, 2, \cdots, r$,则$(X_1, X_2, \cdots, X_r)$ 的联合分布列为

$$P(X_1 = n_1, X_2 = n_2, \cdots, X_r = n_r) = \frac{n!}{n_1!\ n_2!\ \cdots n_r!} p_1^{n_1} p_2^{n_2} \cdots p_r^{n_r} \tag{3.1.5}$$

其中,$n_1 + n_2 + \cdots + n_r = n$.

式(3.1.5) 称为多项分布或r项分布,记为$(X_1, X_2, \cdots, X_r) \sim M(n, p_1, p_2, \cdots, p_r)$,当$r = 2$时,即为二项分布.

例 3.1.3 一批产品共有10件,其中一等品6件,二等品3件,三等品1件. 从这批产品中有放回地任取4件,以X和Y分别表示取出的4件产品中一等品,二等品的件数,求(X,Y) 的联合分布列.

解:任取一件产品有 3 个可能结果,有放回地抽取 4 次,即 4 次重复试验. (X,Y) 为多项分布，$r=3, n=4$. $\{X=i, Y=j\}$ 表示抽取的产品中有 i 件一等品、j 件二等品、$4-i-j$ 件三等品，根据式(3.1.5)得(X,Y)联合分布列为

$$P(X=i,Y=j)=\frac{4!}{i!\ j!\ (4-i-j)!}\left(\frac{6}{10}\right)^{i}\left(\frac{3}{10}\right)^{j}\left(\frac{1}{10}\right)^{4-i-j}$$

其中，i,j 为非负整数，且 $j\leqslant 3$，$3\leqslant i+j\leqslant 4$.

2.二维均匀分布

设 G 是平面上有界区域，其面积为 A. 若二维随机变量(X,Y)的联合概率密度函数为

$$p(x,y)=\begin{cases}\dfrac{1}{A}, & (x,y)\in G\\ 0, & \text{其他}\end{cases}$$

则称(X,Y)在区域 G 上服从均匀分布.

向平面区域 G 内随机投点，则投点的坐标(X,Y)在 G 上服从均匀分布. 设 $D\subset G$，落点位于 D 内的概率为

$$\begin{aligned}P((X,Y)\in D)&=\iint_D p(x,y)\mathrm{d}x\mathrm{d}y\\&=\frac{1}{A}\iint_D \mathrm{d}x\mathrm{d}y=\frac{S_D}{A}\end{aligned}\tag{3.1.6}$$

此即式(1.2.6)定义的几何概率.

例 3.1.4 设二维随机变量(X,Y)服从区域 G 上的均匀分布，其中

$$G=\{0<x<1, |y|<x\}$$

(1) 求(X,Y)的联合密度函数；

(2) 求 $P\left(X>\dfrac{1}{2}\right)$.

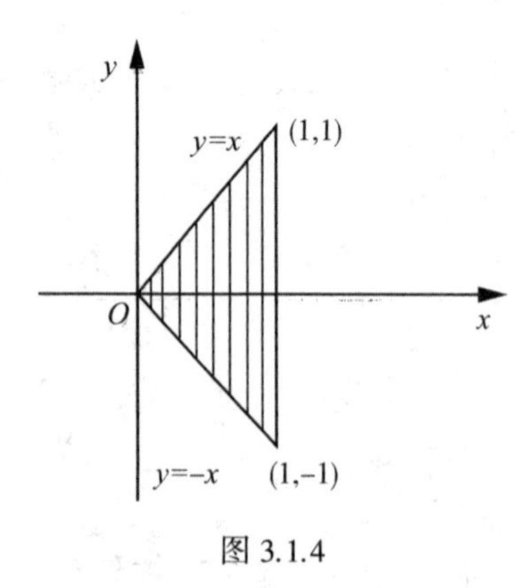

图 3.1.4

解：(1) 区域 G 见图 3.1.4，易知区域 G 的面积为 1，所以(X,Y)的联合密度函数为

$$f(x,y)=\begin{cases}1, & (x,y)\in G\\ 0, & 其他\end{cases}$$

(2)$X>\frac{1}{2}$对应G内部分的面积为$\frac{3}{4}$,根据式(3.1.6)

$$P\left(X>\frac{1}{2}\right)=\frac{\frac{3}{4}}{1}=\frac{3}{4}$$

3.二维正态分布

设二维随机变量(X,Y)的概率密度函数为

$$f(x,y)=\frac{1}{2\sigma_1\sigma_2\sqrt{1-\rho^2}}\exp\left\{\frac{1}{2(1-\rho^2)}\left[\frac{(x-\mu_1)^2}{\sigma_1^2}-2\rho\frac{(x-\mu_1)(y-\mu_2)}{\sigma_1\sigma_2}+\frac{(y-\mu_2)^2}{\sigma_2^2}\right]\right\}$$

其中,$\mu_1,\mu_2,\sigma_1,\sigma_2,\rho$都是常数,且$\sigma_1>0,\sigma_2>0,-1<\rho<1$.则称$(X,Y)$服从参数为$\mu_1$,$\mu_2,\sigma_1,\sigma_2,\rho$的**二维正态分布**,记为$(X,Y)\sim N(\mu_1,\mu_2,\sigma_1^2,\sigma_2^2,\rho)$.

二维正态分布有5个参数,是一种常见的分布,具有良好的性质,以后会陆续讨论.

习题 3.1

1.设二维随机变量(X,Y)的联合分布函数为

$$F(x,y)=\begin{cases}A\arctan x\cdot\arctan y, & x>0,y>0\\ 0, & 其他\end{cases}$$

求常数A.

2.将一硬币抛掷三次,以X表示三次中出现正面的次数,Y表示出现正面次数与出现反面次数之差的绝对值.写出(X,Y)的联合分布列.

3.在一箱子中装有12只开关,其中2只次品,在其中取两次,每次任取1只,考虑两种实验:(1)放回抽样;(2)不放回抽样.我们定义随机变量X,Y如下:

$$X=\begin{cases}0, & 若第一次出的是正品\\ 1, & 若第一次出的是次品\end{cases}$$

$$Y=\begin{cases}0, & 若第二次出的是正品\\ 1, & 若第二次出的是次品\end{cases}$$

试分别就(1)、(2)两种情况,写出X和Y的联合分布列.

4.设二维随机变量(X,Y)的联合密度函数为

$$p(x,y)=\begin{cases}Axy^2, & 0<x<1,0<y<1\\ 0, & 其他\end{cases}$$

求常数A.

5.设二维离散型随机变量的联合分布为

X \ Y	1	2	3	4
1	$\frac{1}{4}$	0	0	$\frac{1}{16}$
2	$\frac{1}{16}$	$\frac{1}{4}$	0	$\frac{1}{4}$
3	0	$\frac{1}{16}$	$\frac{1}{16}$	0

试求:(1) $P\left(\frac{1}{2} < X < \frac{3}{2}, 0 < Y < 4\right)$;

(2) $P(1 \leqslant X \leqslant 2, 3 \leqslant Y \leqslant 4)$.

6.设 (X,Y) 为以点 $(0,1)$, $(1,0)$, $(1,1)$ 为顶点的三角形区域内的任一点,求:(1) (X,Y) 的联合概率密度函数;(2) $P(X > Y)$.

7.　设随机变量 (X,Y) 的概率密度函数为

$$p(x,y) = \begin{cases} k(6 - x - y), & 0 < x < 2, 2 < y < 4 \\ 0 & \text{其他} \end{cases}$$

求:(1) 常数 k;(2) $P(X < 1, Y < 3)$;(3) $P(X < 1.5)$.

8. 设二维随机变量 (X,Y) 的分布函数为

$$F(x,y) = \frac{1}{\pi^2}\left(\frac{\pi}{2} + \arctan\frac{x}{2}\right)\left(\frac{\pi}{2} + \arctan\frac{y}{3}\right)$$

求:(1) 概率 $P(X < 2, Y < \sqrt{3})$, $P(X < 2)$, $P(Y > \sqrt{3})$;(2) 联合密度函数 $p(x,y)$.

9. 设某班车起点站上车的乘客人数服从参数为 λ 的 Poisson(泊松)分布,每位乘客中途下车的概率为 $p(0 < p < 1)$,且中途下车与否相互独立. 以 Y 表示在中途下车的人数,求:

(1) 在发车时有 n 个乘客的条件下,中途有 m 个人下车的概率;

(2) 求二维随机变量 (X,Y) 的联合分布列.

10. 一批产品中有一等品50%、二等品30%、三等品20%. 从中有放回地抽取5件,以 X, Y 分别表示抽取的5件产品中一等品、二等品的件数,求 (X,Y) 的联合分布列.

3.2　边缘分布与随机变量的独立性

3.2.1　边缘分布函数

二维随机变量 (X,Y) 的联合分布函数 $F(x,y)$ 从整体上描述了 (X,Y) 的取值规律,分量 X 和 Y 作为随机变量也有自己的分布函数,分别记为 $F_X(x)$, $F_Y(y)$,并称 $F_X(x)$, $F_Y(y)$ 分别为 X 和 Y 的边缘分布函数.

利用分布函数的定义,可以得到边缘分布与联合分布函数的关系.事实上,

$$F_X(x)=P(X\leqslant x)=P(X\leqslant x,Y<+\infty)=F(x,+\infty)$$

即
$$F_X(x)=F(x,+\infty) \tag{3.2.1}$$

同理可得

$$F_Y(y)=F(+\infty,y) \tag{3.2.2}$$

式(3.2.1)、式(3.2.2)说明,只要在联合分布函数$F(x,y)$中分别令$y\to+\infty$,$x\to+\infty$就分别得到X和Y的边缘分布函数$F_X(x)$,$F_Y(y)$,即随机变量X,Y单独作为一维随机变量时的概率分布.

例 3.2.1 设二维随机变量(X,Y)的联合分布函数为

$$F(x,y)=\begin{cases}1-\mathrm{e}^{-x}-\mathrm{e}^{-y}+\mathrm{e}^{-x-y-\lambda xy}, & x>0,y>0\\ 0, & \text{其他}\end{cases} \tag{3.2.3}$$

其中,$\lambda>0$,求X和Y的边缘分布函数.

解:
$$F_X(x)=F(x,+\infty)=\begin{cases}1-\mathrm{e}^{-x}, & x>0\\ 0, & x\leqslant 0\end{cases}$$

$$F_Y(y)=F(+\infty,y)=\begin{cases}1-\mathrm{e}^{-y}, & y>0\\ 0, & y\leqslant 0\end{cases}$$

从上面结果可知,X和Y的边缘分布都是一维指数分布,但均不包含参数λ,这说明边缘分布不能决定联合分布,联合分布可以决定边缘分布,联合分布除了包含边缘分布的信息以外还含有其他关于X和Y的信息.

3.2.2 边缘分布列

如果二维随机变量(X,Y)是离散型的,其联合分布通常用联合分布列来描述. X和Y作为离散型随机变量也有自己的分布列,称之为边缘分布列. 联合分布列与边缘分布列是怎样的关系呢?

设X和Y的联合分布列为

$$P(X=x_i,Y=y_j)=p_{ij}\qquad (i,j=1,2,3,\cdots)$$

则
$$P(X=x_i)=\sum_{j=1}^{+\infty}P(X=x_i,Y=y_j)=\sum_{j=1}^{+\infty}p_{ij}\qquad (i=1,2,3,\cdots) \tag{3.2.4}$$

若记$p_{i\cdot}=\sum_{j=1}^{+\infty}p_{ij}$,$i=1,2,3,\cdots$,则$X$的边缘分布列为

$$P(X=x_i)=p_{i\cdot}\qquad (i=1,2,3,\cdots) \tag{3.2.5}$$

同理,可得Y的边缘分布列

$$P(Y=y_j)=\sum_{i=1}^{+\infty}p_{ij}=p_{\cdot j}\qquad (j=1,2,3,\cdots) \tag{3.2.6}$$

例 3.2.2 设二维随机变量(X,Y)有如下联合分布列:

X \ Y	1	2	3
0	0.09	0.21	0.24
1	0.07	0.12	0.27

求 X 与 Y 的边缘分布列.

解:$P(X=0)=P(X=0,Y=1)+P(X=0,Y=2)+P(X=0,Y=3)=0.54$;

$P(X=1)=P(X=1,Y=1)+P(X=1,Y=2)+P(X=1,Y=3)=0.46$.

即只要把每一行的概率相加,就得到 X 取对应值的概率,整理得 X 的边缘分布列:

X	0	1
	0.54	0.46

同理,可得 Y 的边缘分布列:

Y	1	2	3
	0.16	0.33	0.51

通常把边缘分布列写在联合分布列表格的边缘上,得:

X \ Y	1	2	3	$P(X=x_i)$
0	0.09	0.21	0.24	0.54
1	0.07	0.12	0.27	0.46
$P(Y=y_j)$	0.16	0.33	0.54	1

例 3.2.3 设 $(X,Y)\sim M(n,p_1,p_2,p_3)$,求其边缘分布列.

解:联合分布列为

$$P(X=i,Y=j)=\frac{n!}{i!\ j!\ (n-i-j)!}p_1^i p_2^j(1-p_1-p_2)^{n-i-j}$$

$$(i,j=1,2,\cdots,n;i+j\leqslant n)$$

$$\begin{aligned}P(X=i)&=\sum_{j=0}^{n-i}P(X=i,Y=j)\\&=\sum_{j=0}^{n-i}\frac{n!}{i!\ j!\ (n-i-j)!}p_1^i p_2^j(1-p_1-p_2)^{n-i-j}\\&=\frac{n!}{i!\ (n-i)!}p_1^i\sum_{j=0}^{n-i}\frac{(n-i)!}{j!\ (n-i-j)!}p_2^j(1-p_1-p_2)^{n-i}\\&=\frac{n!}{i!\ (n-i)!}p_1^i(1-p_1)^{n-i}\qquad(i=0,1,\cdots,n)\end{aligned}$$

所以,$X\sim b(n,p_1)$,同理,$Y\sim b(n,p_2)$.

3.2.3 边缘概率密度函数

如果二维随机变量 (X,Y) 是连续型的,其分布通常用概率密度函数描述.设 (X,Y) 的概

率密度函数为 $p(x,y)$,由式(3.2.1) 和式(3.1.4) 得 X 的边缘分布函数为

$$F_X(x)=F(x,+\infty)=\int_{-\infty}^{x}\left[\int_{-\infty}^{+\infty}p(x,y)\,\mathrm{d}y\right]\mathrm{d}x \tag{3.2.7}$$

从上式知,X 是连续型随机变量,并且 X 的概率密度函数为

$$p_X(x)=\int_{-\infty}^{+\infty}f(x,y)\,\mathrm{d}y \tag{3.2.8}$$

同理, Y 也是连续型随机变量,Y 的概率密度函数为

$$p_Y(y)=\int_{-\infty}^{+\infty}f(x,y)\,\mathrm{d}x \tag{3.2.9}$$

$p_X(x)$, $p_Y(y)$ 分别称为 X 和 Y 的边缘概率密度函数.它们分别描述了连续型随机变量 X 和 Y 的取值规律.式(3.2.8) 和式(3.2.9) 给出了联合概率密度函数与边缘概率密度函数的关系.

例 3.2.4 设二维随机变量 (X,Y) 的联合概率密度函数为

$$p(x,y)=\begin{cases}1, & 0<x<1,\ |y|<x\\ 0, & \text{其他}\end{cases}$$

求边缘概率密度函数.

解:(1) 当 $0<x<1$ 时, $p_X(x)=\int_{-\infty}^{+\infty}p(x,y)\,\mathrm{d}y=\int_{-x}^{x}\mathrm{d}y=2x$.

当 $x\leqslant 0$ 或 $x\geqslant 1$ 时,显然 $p_X(x)=0$.

故
$$p_X(x)=\begin{cases}2x, & 0<x<1\\ 0, & \text{其他}\end{cases}$$

(2) 当 $-1<y<0$ 时,$p_Y(y)=\int_{-\infty}^{+\infty}p(x,y)\,\mathrm{d}x=\int_{-y}^{1}\mathrm{d}x=1+y$,

当 $0<y<1$ 时,$p_Y(y)=\int_{-\infty}^{+\infty}p(x,y)\,\mathrm{d}x=\int_{y}^{1}\mathrm{d}x=1-y$,

当 $y\leqslant -1$ 或 $y\geqslant 1$ 时,$p_Y(y)=0$.

故
$$p_Y(y)=\begin{cases}1+y, & -1<y<0\\ 1-y, & 0<y<1\\ 0, & \text{其他}\end{cases}$$

显然,(X,Y) 服从二维均匀分布,而 X 和 Y 的边缘分布不是均匀分布.

例 3.2.5 设 $(X,Y)\sim N(\mu_1,\mu_2,\sigma_1^2,\sigma_2^2,\rho)$,求边缘概率密度函数.

解:$p(x,y)=\dfrac{1}{2\pi\sigma_1\sigma_2\sqrt{1-\rho^2}}$

$$\exp\left\{\frac{-1}{2(1-\rho^2)}\left[\frac{(x-\mu_1)^2}{\sigma_1^2}-2\rho\frac{(x-\mu_1)(y-\mu_2)}{\sigma_1\sigma_2}+\frac{(y-\mu_2)^2}{\sigma_2^2}\right]\right\}$$

$$p_X(x)=\int_{-\infty}^{+\infty}p(x,y)\,\mathrm{d}y$$

因为

$$\frac{(y-\mu_2)^2}{\sigma_2^2}-2\rho\frac{(x-\mu_1)(y-\mu_2)}{\sigma_1\sigma_2}=\left(\frac{y-\mu_2}{\sigma_2}-\rho\frac{x-\mu_1}{\sigma_1}\right)^2-\rho^2\frac{(x-\mu_1)^2}{\sigma_1^2}$$

所以

$$p_X(x)=\frac{1}{2\pi\sigma_1\sigma_2\sqrt{1-\rho^2}}e^{-\frac{(x-\mu_1)^2}{2\sigma_1^2}}\int_{-\infty}^{+\infty}e^{-\frac{1}{2(1-\rho^2)}\left(\frac{y-\mu_2}{\sigma_2}-\rho\frac{x-\mu_1}{\sigma_1}\right)^2}dy$$

令

$$t=\frac{1}{\sqrt{1-\rho^2}}\left(\frac{y-\mu_2}{\sigma_2}-\rho\frac{x-\mu_1}{\sigma_1}\right)$$

则有

$$p_X(x)=\frac{1}{2\pi\sigma_1}e^{-\frac{(x-\mu_1)^2}{2\sigma_1^2}}\int_{-\infty}^{+\infty}e^{-\frac{t^2}{2}}dt=\frac{1}{\sqrt{2\pi}\sigma_1}e^{-\frac{(x-\mu_1)^2}{2\sigma_1^2}}\quad(-\infty<x<+\infty)$$

即 $X\sim N(\mu_1,\sigma_1^2)$.

同理,有

$$p_Y(y)=\frac{1}{\sqrt{2\pi}\sigma_2}e^{-\frac{(y-\mu_2)^2}{2\sigma_2^2}}\quad(-\infty<y<+\infty)$$

$$Y\sim N(\mu_2,\sigma_2^2)$$

例3.2.4告诉我们,二维正态分布的边缘分布都是一维正态分布,μ_1,σ_1^2 及 μ_2,σ_2^2 分别是两个一维正态分布中的参数,边缘分布与参数 ρ 无关,具有相同边缘分布的二维正态分布可以不同.

3.2.4 随机变量的独立性

定义 3.2.1 设二维随机变量 (X,Y) 的分布函数为 $F(x,y)$,边缘分布函数分别为 $F_X(x)$ 和 $F_Y(y)$.若对于所有的 x,y 有

$$F(x,y)=F_X(x)F_Y(y)\tag{3.2.10}$$

则称随机变量 X 与 Y 相互独立.

若 (X,Y) 是连续型随机变量,联合概率密度函数为 $p(x,y)$,边缘概率密度函数分别为 $p_X(x)$ 和 $p_Y(y)$,则式(3.2.10)等价于

$$p(x,y)=p_X(x)p_Y(y)\tag{3.2.11}$$

若 (X,Y) 是离散型随机变量,联合分布列为 $P(X=x_i,Y=y_j)=p_{ij},i,j=1,2,\cdots$,边缘分布列为 $P(X=x_i)=p_{i\cdot}$, $i=1,2,\cdots,P(Y=y_j)=p_{\cdot j},j=1,2,\cdots$, 则式(3.2.10)等价于

$$p_{ij}=p_{i\cdot}p_{\cdot j}\quad(i,j=1,2,\cdots)\tag{3.2.12}$$

例 3.2.6 设随机变量 X 和 Y 相互独立,且 X 和 Y 的概率分布分别为

X	0	1	2	3
P	$\frac{1}{2}$	$\frac{1}{4}$	$\frac{1}{8}$	$\frac{1}{8}$

Y	-1	0	1
P	$\frac{1}{3}$	$\frac{1}{3}$	$\frac{1}{3}$

求 $P(X+Y=2)$.

解: $P(X+Y=2)=P(X=1,Y=1)+P(X=2,Y=0)+P(X=3,Y=-1)$

因为 X 和 Y 相互独立,所以

$$P(X+Y=2)=P(X=1)\cdot P(Y=1)+P(X=2)\cdot P(Y=0)+P(X=3)\cdot P(Y=-1)$$
$$=\frac{1}{4}\cdot\frac{1}{3}+\frac{1}{8}\cdot\frac{1}{3}+\frac{1}{8}\cdot\frac{1}{3}=\frac{1}{6}.$$

例 3.2.7 设二维随机变量 (X,Y) 的分布函数为

$$F(x,y)=\begin{cases}1-\mathrm{e}^{-x}-\mathrm{e}^{-2y}+\mathrm{e}^{-x-2y}, & x>0,y>0\\ 0, & \text{其他}\end{cases}$$

判断 X,Y 是否独立,并求 $P(X>1,Y<2)$.

解:
$$F_X(x)=F(x,+\infty)=\begin{cases}1-\mathrm{e}^{-x}, & x>0\\ 0, & \text{其他}\end{cases}$$

$$F_Y(y)=\begin{cases}1-\mathrm{e}^{-2y}, & y>0\\ 0, & \text{其他}\end{cases}$$

显然有 $F(x,y)=F_X(x)F_Y(y)$,所以 X 和 Y 相互独立.

所以,$P(X>1,Y<2)=P(X>1)P(Y<2)$

$$=[1-F_X(1)]F_Y(2)$$
$$=\mathrm{e}^{-1}(1-\mathrm{e}^{-4}).$$

例 3.2.8 设二维随机变量 (X,Y) 的联合概率密度函数为

$$p(x,y)=\begin{cases}8xy, & 0\leqslant x\leqslant y\leqslant 1\\ 0, & \text{其他}\end{cases}$$

判断 X,Y 是否独立.

解:首先利用联合概率密度函数求边缘概率密度函数.

$$p_X(x)=\int_{-\infty}^{+\infty}p(x,y)\,\mathrm{d}y=\begin{cases}\int_x^1 8xy\,\mathrm{d}y=4x(1-x^2), & 0<x<1\\ 0, & \text{其他}\end{cases}$$

$$p_Y(y)=\int_{-\infty}^{+\infty}p(x,y)\,\mathrm{d}x=\begin{cases}\int_0^x 8xy\,\mathrm{d}x=4y^3, & 0<y<1\\ 0, & \text{其他}\end{cases}$$

由于 $p(x,y)\neq p_X(x)p_Y(y)$,因此 X 与 Y 不独立.

例 3.2.9 从 $(0,1)$ 中任取两个数,求两数之和小于 1.2 的概率.

解:分别记这两数为 X 和 Y,则 X 和 Y 相互独立且服从 $(0,1)$ 上的均匀分布.(X,Y) 的联合概率密度函数

$$p(x,y)=p_X(x)p_Y(y)=\begin{cases}1, & 0<x<1,0<y<1\\ 0, & \text{其他}\end{cases}$$

(X,Y) 是二维均匀分布. 记

$$G=\{(x,y)\mid x+y<1.2,0<x<1,0<y<1\}$$

即图 3.2.1 中阴影部分,则

$$P(X+Y<1.2)=\iint_G p(x,y)\,dxdy=\frac{S_G}{1}=0.68$$

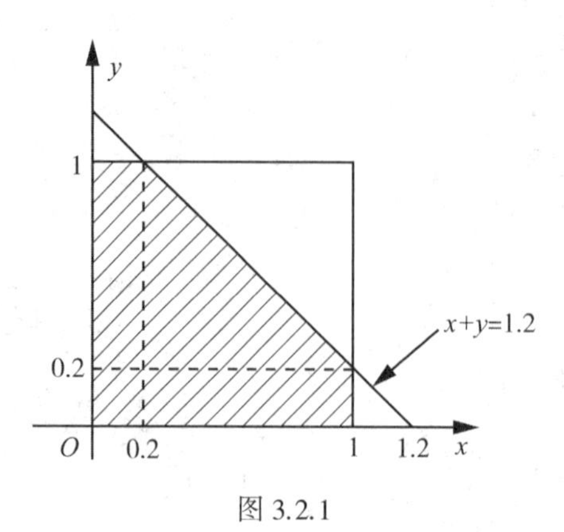

图 3.2.1

例 3.2.10 设(X,Y)服从二维正态分布$N(\mu_1,\mu_2,\sigma_1^2,\sigma_2^2,\rho)$,判断$X$与$Y$是否独立.

解:由例 3.2.4 可知$X\sim N(\mu_1,\sigma_1^2)$,$Y\sim N(\mu_2,\sigma_2^2)$

$$p_X(x)p_Y(y)=\frac{1}{2\pi\sigma_1\sigma_2}\exp\left\{-\frac{1}{2}\left[\frac{(x-\mu_1)^2}{\sigma_1^2}+\frac{(y-\mu_2)^2}{\sigma_2^2}\right]\right\}$$

$$p(x,y)=\frac{1}{2\pi\sigma_1\sigma_2\sqrt{1-\rho^2}}\exp\left\{\frac{-1}{2(1-\rho^2)}\left[\frac{(x-\mu_1)^2}{\sigma_1^2}-2\rho\frac{(x-\mu_1)(y-\mu_2)}{\sigma_1\sigma_2}+\frac{(y-\mu_2)^2}{\sigma_2^2}\right]\right\}$$

比较上面两式,可得 $p(x,y)=p_X(x)p_Y(y)\Leftrightarrow\rho=0$

因此,二维正态分布X和Y相互独立的充要条件是参数$\rho=0$.

上面给出了判断二维随机变量是否相互独立的方法.实际问题中往往根据随机变量的含义结合具体情况判断随机变量之间是否相互独立,比如,X表示成年人的身高,Y表示成年人的体重,Z表示成年人的收入,则可认为X与Y不独立,X与Z相互独立.

二维随机变量的边缘分布,相互独立性都是由联合分布决定的,联合分布包含了丰富的信息,在下一章里,我们还要继续挖掘联合分布中的信息.

以上关于二维随机变量相互独立的概念,可类似地推广到n维随机变量的情况. 比如,对n维随机变量, 若

$$F(x_1,x_2,\cdots,x_n)=F_{X_1}(x_1)F_{X_2}(x_2)\cdots F_{X_n}(x_n)$$

则称$X_1,X_2,\cdots,X_n$相互独立.

习题 3.2

1. 设随机变量X,Y同分布,X的密度函数为$p(x)=\begin{cases}\frac{3}{8}x^2, & 0<x<2\\ 0, & 其他\end{cases}$. 设$A=\{X>a\}$与$B=\{Y>a\}$相互独立,且$P(A\cup B)=\frac{3}{4}$,求$a$.

2. 设随机变量 X 与 Y 相互独立,联合分布列为

Y \ X	1	2	3
0	a	$\frac{1}{9}$	c
1	$\frac{1}{9}$	b	$\frac{1}{3}$

求分布列中的 a,b,c.

3. 将一枚硬币掷 3 次,以 X 表示前 2 次中出现正面的次数,Y 表示 3 次中出现正面的次数,求 X,Y 的联合分布列和 (X,Y) 的边缘分布列.

4. 设二维随机变量 (X,Y) 的可能取值为

$$(0,0),(-1,1),(-1,2),(1,0)$$

且取这些值的概率依次为 $\frac{1}{6},\frac{1}{3},\frac{1}{12},\frac{5}{12}$,试求 X 与 Y 的边缘分布列.

5. 设二维随机变量 (X,Y) 的分布函数为 $F(x,y)=A(B+\arctan x)(C+\arctan y)$, $-\infty<x<+\infty$, $-\infty<y<+\infty$.求:

(1) 常数 A,B,C; (2) (X,Y) 的概率密度函数; (3) X 和 Y 的边缘分布函数.

6. 设随机变量 (X,Y) 的联合分布列为

X \ Y	-1	0
1	$\frac{1}{4}$	$\frac{1}{4}$
2	$\frac{1}{6}$	a

求:(1) a 值;

(2) (X,Y) 的联合分布函数 $F(x,y)$;

(3) (X,Y) 关于 X,Y 的边缘分布函数 $F_X(x)$ 和 $F_Y(y)$.

7. 设随机变量 X 以概率 1 取值 0,而 Y 是任何随机变量,证明:X 与 Y 相互独立.

8. 一个电子仪器由两个部件构成,以 X 和 Y 分别表示两个部件的寿命(单位:千小时),已知 X 和 Y 的联合分布函数为

$$F(x,y)=\begin{cases}1-e^{-0.5x}-e^{-0.5y}+e^{-0.5(x+y)}, & x\geqslant 0,y\geqslant 0\\ 0, & \text{其他}\end{cases}$$

(1) 问:X 和 Y 是否独立? (2) 求两个部件的寿命都超过 100 小时的概率.

9. 设二维随机变量 (X,Y) 服从正态分布 $N(1,0;1,1,0)$,求 $P(XY-Y<0)$.

3.3 条件分布

对二维随机变量(X,Y)而言,联合分布描述的是(X,Y)作为一个整体的取值规律;边缘分布描述的是分量的取值规律.在实际问题中还会遇到已知一个分量的取值条件而要讨论另一个分量的取值规律的问题.比如,记X为在某地区随机抽取的人的体重,Y为人的身高,如果要研究身高$Y=170\text{cm}$的人的体重X的分布规律,就属于这种情况,我们把这种分布称为**条件分布**.下面分离散型和连续型两种情况分别讨论.

3.3.1 离散型

定义 3.3.1 设二维随机变量(X,Y)的联合分布列为

$$P(X=x_i,Y=y_j)=p_{ij}\qquad(i,j=1,2,3,\cdots)\tag{3.3.1}$$

如果对于固定的$j(j=1,2,3,\cdots)$,$P(Y=y_j)\neq 0$,讨论在$Y=y_j$条件下X的分布.

$$P(X=x_i\mid Y=y_j)=\frac{P(X=x_i,Y=y_j)}{P(Y=y_j)}=\frac{p_{ij}}{p_{\cdot j}}\qquad(i=1,2,3,\cdots)\tag{3.3.2}$$

上式显然满足分布列的基本性质:

(1) 非负性:$\dfrac{p_{ij}}{p_{\cdot j}}\geqslant 0$;

(2) 规范性:$\sum\limits_{i=1}^{+\infty}\dfrac{p_{ij}}{p_{\cdot j}}=\dfrac{1}{p_{\cdot j}}\sum\limits_{i=1}^{+\infty}p_{ij}=\dfrac{p_{\cdot j}}{p_{\cdot j}}=1$.

所以,式(3.3.2)是分布列,我们把它称为在$Y=y_j$条件下X的条件分布列.

同样,对于固定的$i(i=1,2,3,\cdots)$,若$P(X=x_i)\neq 0$,则称

$$P(Y=y_j\mid X=x_i)=\frac{P(X=x_i,Y=y_j)}{P(X=x_i)}=\frac{p_{ij}}{p_{i\cdot}}\qquad(j=1,2,3,\cdots)\tag{3.3.3}$$

为在$X=x_i$条件下Y的条件分布列.

例 3.3.1 设二维随机变量(X,Y)的联合分布列为

X \ Y	1	2	3
0	0.09	0.21	0.24
1	0.07	0.12	0.27

求在$Y=2$条件下X的条件分布列和在$X=1$条件下Y的条件分布列.

解:$P(Y=2)=P(X=0,Y=2)+P(X=1,Y=2)=0.21+0.12=0.33$

$$P(X=0\mid Y=2)=\frac{P(X=0,Y=2)}{P(Y=2)}=\frac{0.21}{0.33}=0.64$$

$$P(X=1\mid Y=2)=\frac{P(X=1,Y=2)}{P(Y=2)}=\frac{0.12}{0.33}=0.36$$

$Y=2$ 时 X 的条件分布列为

X	0	1
$P(X=i\mid Y=2)$	0.64	0.36

类似可得 $X=1$ 时 Y 的条件分布列为

Y	1	2	3
$P(Y=j\mid X=1)$	0.15	0.26	0.59

显然,X 和 Y 的条件分布列与它们的边缘分布列不同,这说明条件 $Y=2$ 对 X 的取值,条件 $X=1$ 对 Y 的取值产生了影响.

例 3.3.2 设在一段时间内进入某一商店的顾客人数 X 服从参数为 λ 的泊松分布,每个顾客购买某种物品的概率为 p,并且各个顾客是否购买该物品相互独立,求进入商店的顾客购买这种物品的人数 Y 的分布列.

解:已知

$$P(X=m)=\frac{\lambda^{m}}{m!}e^{-\lambda}\qquad(m=0,1,2,\cdots)$$

在 $X=m$ 的条件下,Y 的条件分布为二项分布 $b(m,p)$,即

$$P(Y=k\mid X=m)=\binom{m}{k}p^{k}(1-p)^{m-k}\qquad(k=0,1,2,\cdots,m)$$

根据全概率公式,得

$$\begin{aligned}P(Y=k)&=\sum_{m=k}^{+\infty}P(X=m)P(Y=k\mid X=m)\\&=\sum_{m=k}^{+\infty}\frac{\lambda^{m}}{m!}e^{-\lambda}\cdot\frac{m!}{k!\,(m-k)!}p^{k}(1-p)^{m-k}\\&=e^{-\lambda}\sum\frac{\lambda^{m}}{k!\,(m-k)!}p^{k}(1-p)^{m-k}\\&=e^{-\lambda}\frac{(\lambda p)^{k}}{k!}\sum_{m=k}^{+\infty}\frac{[\lambda(1-p)]^{m-k}}{(m-k)!}\\&=e^{-\lambda}\frac{(\lambda p)^{k}}{k!}e^{\lambda(1-p)}\\&=\frac{(\lambda p)^{k}}{k!}e^{-\lambda p}\qquad(k=0,1,2,\cdots)\end{aligned}$$

即 Y 服从参数为 λp 的泊松分布.

该例在求 Y 的分布列时,借助了其条件分布列,这是一种常用的方法,这种思想就是第 1 章全概率公式的思想.

3.3.2 连续型

设二维连续型随机变量(X,Y)的概率密度函数为$p(x,y)$,边缘概率密度函数分别为$p_X(x)$,$p_Y(y)$. 考虑对给定的y,在已知$Y=y$条件下X的分布.因为条件分布$P(X\leqslant x\mid Y=y)$中$P(Y=y)=0$,所以无法用条件概率直接计算$P(X\leqslant x\mid Y=y)$,为了克服$P(Y=y)=0$的困难,将条件$Y=y$换成$y\leqslant Y\leqslant y+h(h>0)$,然后再令$h\to 0$,即

$$\begin{aligned}P(X\leqslant x\mid Y=y)&=\lim_{h\to 0}P(X\leqslant x\mid y\leqslant Y\leqslant y+h)\\&=\lim_{h\to 0}\frac{P(X\leqslant x,y\leqslant Y\leqslant y+h)}{P(y\leqslant Y\leqslant y+h)}\\&=\lim_{h\to 0}\frac{\int_{-\infty}^{x}\int_{y}^{y+h}p(x,y)\,\mathrm{d}y\mathrm{d}x}{\int_{y}^{y+h}p_Y(y)\,\mathrm{d}y}\\&=\lim_{h\to 0}\frac{\int_{-\infty}^{x}\left\{\frac{1}{h}\left[\int_{y}^{y+h}p(x,y)\,\mathrm{d}y\right]\right\}\mathrm{d}x}{\frac{1}{h}\int_{y}^{y+h}p_Y(y)\,\mathrm{d}y}\end{aligned}$$

当$p(x,y)$,$p_Y(y)$连续时,根据积分中值定理有

$$\lim_{h\to 0}\left\{\frac{1}{h}\left[\int_{y}^{y+h}p(x,y)\,\mathrm{d}y\right]\right\}=p(x,y)$$

$$\lim_{h\to 0}\frac{1}{h}\int_{y}^{y+h}p_Y(y)\,\mathrm{d}y=p_Y(y)$$

所以

$$P(X\leqslant x\mid Y=y)=\int_{-\infty}^{x}\frac{p(x,y)}{p_Y(y)}\mathrm{d}x$$

对给定的y,当$p_Y(y)\neq 0$时,$\dfrac{p(x,y)}{p_Y(y)}$满足:

(1) 非负性:$\dfrac{p(x,y)}{p_Y(y)}\geqslant 0$;

(2) 规范性:$\displaystyle\int_{-\infty}^{+\infty}\frac{p(x,y)}{p_Y(y)}\mathrm{d}x=\frac{1}{p_Y(y)}\int_{-\infty}^{+\infty}p(x,y)\,\mathrm{d}x=\frac{p_Y(y)}{p_Y(y)}=1.$

所以$\dfrac{p(x,y)}{p_Y(y)}$是概率密度函数,因此,给出如下定义:

定义 3.3.2 设二维随机变量(X,Y)的概率密度函数为$p(x,y)$,Y的边缘概率密度函数为$p_Y(y)$,若对于固定的y有$p_Y(y)\neq 0$,则称$\dfrac{p(x,y)}{p_Y(y)}$为在$Y=y$条件下的条件概率密度函数,记为

$$p_{X\mid Y}(x\mid y)=\frac{p(x,y)}{p_Y(y)}\tag{3.3.4}$$

称$P(X\leqslant x\mid Y=y)=\displaystyle\int_{-\infty}^{x}p_{X\mid Y}(x\mid y)\,\mathrm{d}x=\int_{-\infty}^{x}\frac{p(x,y)}{p_Y(y)}\mathrm{d}x$为在$Y=y$条件下$X$的条件分布函数,

记为

$$F_{X|Y}(x|y)=P(X\leqslant x|Y=y)=\int_{-\infty}^{x}\frac{p(x,y)}{p_Y(y)}\mathrm{d}x \tag{3.3.5}$$

类似地,可定义

$$p_{Y|X}(y|x)=\frac{p(x,y)}{p_X(x)} \tag{3.3.6}$$

$$F_{Y|X}(y|x)=\int_{-\infty}^{y}\frac{p(x,y)}{p_X(x)}\mathrm{d}y \tag{3.3.7}$$

式(3.3.4)、式(3.3.6)给出了联合概率密度函数、边缘概率密度函数和条件概率密度函数的关系.利用联合概率密度函数可以求出边缘概率密度函数和条件概率密度函数,所以联合分布中包含了边缘分布、条件分布的信息.

例 3.3.3 设(X,Y)服从$G=\{(x,y)|x^2+y^2\leqslant 1\}$上的均匀分布,求:

(1) 条件概率密度函数$p_{X|Y}(x|y)$;

(2) $P(X<1/2|Y=0)$.

解:(1) (X,Y)的联合概率密度函数为

$$p(x,y)=\begin{cases}\dfrac{1}{\pi}, & x^2+y^2\leqslant 1\\ 0, & \text{其他}\end{cases}$$

$$p_Y(y)=\int_{-\infty}^{+\infty}p(x,y)\,\mathrm{d}x=\begin{cases}\dfrac{1}{\pi}\displaystyle\int_{-\sqrt{1-y^2}}^{\sqrt{1-y^2}}\mathrm{d}x=\dfrac{2}{\pi}\sqrt{1-y^2}, & -1\leqslant y\leqslant 1\\ 0, & \text{其他}\end{cases}$$

当$-1<y<1$时,

$$p_{X|Y}(x|y)=\frac{p(x,y)}{p_Y(y)}=\begin{cases}\dfrac{\frac{1}{\pi}}{\frac{2}{\pi}\sqrt{1-y^2}}=\dfrac{1}{2\sqrt{1-y^2}}, & -\sqrt{1-y^2}\leqslant x\leqslant\sqrt{1-y^2}\\ 0, & \text{其他}\end{cases}$$

当y不满足$-1<y<1$时,由于$p_Y(y)=0$,此时$p_{X|Y}(x|y)$不存在.

(2) 因为

$$p_{X|Y}(x|y=0)=\begin{cases}\dfrac{1}{2}, & -1\leqslant x\leqslant 1\\ 0, & \text{其他}\end{cases}$$

所以,$P\left(X<\dfrac{1}{2}\Big|Y=0\right)=\displaystyle\int_{-\infty}^{\frac{1}{2}}p_{X|Y}(x|y=0)\,\mathrm{d}x=\int_{-1}^{\frac{1}{2}}\frac{1}{2}\mathrm{d}x=\frac{3}{4}$.

注意:$P(X<\dfrac{1}{2}|Y=0)$不能直接用条件概率的定义计算.

从上述结果可知,给定$Y=y(-1<y<1)$时,X的条件分布为$\left(-\sqrt{1-y^2},\sqrt{1-y^2}\right)$上的均匀分布.

若$p_{X|Y}(x|y)=p_X(x)$,说明Y的取值对X的取值没有影响,即随机变量X与Y相互独立.

3.3.3 概率密度函数形式下的全概率公式和贝叶斯公式

对二维连续型随机变量(X,Y)而言,描述其概率分布有联合概率密度函数$p(x,y)$,边缘概率密度函数$p_X(x)$,$p_Y(y)$,条件概率密度函数$p(x\mid y)$,$p(y\mid x)$.利用它们之间的关系式(3.3.4)、式(3.3.6)可得

$$p(x,y)=p_X(x)p_{Y\mid X}(y\mid x)=p_Y(y)p_{X\mid Y}(x\mid y) \tag{3.3.8}$$

此即乘法公式的密度函数形式.

对$p(x,y)$求边缘概率密度函数,得全概率公式的密度函数形式:

$$p_Y(y)=\int_{-\infty}^{+\infty}p_X(x)p(y\mid x)\mathrm{d}x \tag{3.3.9}$$

$$p_X(x)=\int_{-\infty}^{+\infty}p_Y(y)p(x\mid y)\mathrm{d}y \tag{3.3.10}$$

式(3.3.4)、式(3.3.6)的分子、分母分别用式(3.3.8)和式(3.3.9)、式(3.3.10)代入,得贝叶斯公式的密度函数形式:

$$p(x\mid y)=\frac{p_X(x)p(y\mid x)}{\int_{-\infty}^{+\infty}p_X(x)p(y\mid x)\mathrm{d}x} \tag{3.3.11}$$

$$p(y\mid x)=\frac{p_Y(y)p(x\mid y)}{\int_{-\infty}^{+\infty}p_Y(y)p(x\mid y)\mathrm{d}y} \tag{3.3.12}$$

一般情况下,(X,Y)的边缘分布不能确定联合分布,但式(3.3.8)说明,由边缘分布和条件分布可以得到联合分布.在随机变量X,Y相互独立的情况下,由边缘分布可以确定联合分布.

例3.3.4 已知随机变量X在$(0,1)$上随机取值,当$X=x(0<x<1)$时,Y在$(x,1)$上随机取值,求Y的概率密度函数$p_Y(y)$.

解:依题意,X的概率密度函数为

$$p_X(x)=\begin{cases}1, & 0<x<1\\ 0, & \text{其他}\end{cases}$$

Y的条件概率密度函数为

$$p(y\mid x)=\begin{cases}\dfrac{1}{1-x}, & x<y<1\\ 0, & \text{其他}\end{cases}$$

由式(3.3.9)得

$$p_Y(y)=\int_{-\infty}^{+\infty}p_X(x)p(y\mid x)\mathrm{d}x=\begin{cases}\displaystyle\int_0^y\frac{1}{1-x}\mathrm{d}x, & 0<y<1\\ 0, & \text{其他}\end{cases}$$

$$=\begin{cases}-\ln(1-y), & 0<y<1\\ 0, & \text{其他}\end{cases}$$

习题 3.3

1. 以 X 记某医院一天内诞生婴儿的个数，以 Y 记其中男婴的个数. 设 (X,Y) 的联合分布列为

$$P(X=n,Y=m)=\frac{e^{-14}(7.14)^m(6.86)^{n-m}}{m!\,(n-m)!}\qquad(m=0,1,\cdots,n;\ n=0,1,2,\cdots)$$

试求条件分布列 $P(Y=m\mid X=n)$.

2. 设二维随机变量 (X,Y) 的概率密度函数为

$$p(x,y)=\begin{cases}cx^2y, & x^2\leqslant y\leqslant 1\\ 0, & \text{其他}\end{cases}$$

求：(1) 常数 c；

(2) 边缘概率密度函数；

(3) 条件概率密度函数 $p_{X\mid Y}(x\mid y)$, $p_{X\mid Y}\left(x\mid y=\frac{1}{2}\right)$；

(4) 条件概率 $P\left(Y\geqslant\frac{1}{4}\mid X=\frac{1}{2}\right)$.

3. 设二维随机变量 (X,Y) 的概率密度函数为

$$p(x,y)=\begin{cases}3x, & 0<x<1,0<y<x\\ 0, & \text{其他}\end{cases}$$

(1) 判断 X 与 Y 是否独立；

(2) 求条件概率密度函数 $p_{Y\mid X}(y\mid x)$.

4. 设二维随机变量 (X,Y) 的概率密度函数为

$$p(x,y)=\begin{cases}1, & |y|<x,0<x<1\\ 0, & \text{其他}\end{cases}$$

(1) 判断 X 与 Y 是否独立；

(2) 求条件概率密度函数 $p_{X\mid Y}(x\mid y)$.

5. 设二维随机变量 (X,Y) 的概率密度函数为

$$p(x,y)=\begin{cases}\frac{21}{4}x^2y, & x^2\leqslant y\leqslant 1\\ 0, & \text{其他}\end{cases}$$

求条件概率 $P(Y\geqslant 0\mid X=0.5)$.

6. 已知随机变量 Y 的概率密度函数为 $p_Y(y)=\begin{cases}5y^4, & 0<y<1\\ 0, & \text{其他}\end{cases}$. 在给定 $Y=y$ 条件下，随机变量 X 的条件概率密度函数为 $p_{X\mid Y}(x\mid y)=\begin{cases}\frac{3x^2}{y^3}, & 0<x<y<1\\ 0, & \text{其他}\end{cases}$. 求概率 $P(X>0.5)$.

7. 设随机变量 $X\sim U(1,2)$，在 $X=x$ 的条件下，随机变量 Y 的条件分布是参数为 x 的指数

分布,证明:XY 服从参数为 1 的指数分布.

8. 设(X,Y) 是二维随机变量,X 的边缘概率密度为

$$p_X(x)=\begin{cases}3x^2, & 0<x<1\\ 0, & \text{其他}\end{cases}$$

在给定 $X=x(0<x<1)$ 的条件下,Y 的条件概率密度为

$$p_{Y|X}(y|x)=\begin{cases}\dfrac{3y^2}{x^3}, & 0<y<x\\ 0, & \text{其他}\end{cases}$$

(1) 求(X,Y) 的概率密度 $p(x,y)$;

(2) 求 Y 的边缘概率密度 $p_Y(y)$;

(3) 求 $P\{X>2Y\}$.

3.4 多维随机变量函数的分布

设$(X_1,X_2,\cdots,X_n)$ 是 n 维随机变量,$Y=g(X_1,X_2,\cdots,X_n)$ 是$(X_1,X_2,\cdots,X_n)$ 的函数,Y 是一维随机变量. 本节讨论如何由$(X_1,X_2,\cdots,X_n)$ 的分布求 Y 的分布.

3.4.1 离散型随机变量函数的分布

多维离散型随机变量函数的分布类似于一维离散型的情形,下面通过例子说明.

例 3.4.1 设二维随机变量(X,Y) 的联合分布列为

X \ Y	-1	1	2
-1	0.1	0.2	0.1
2	0.3	0.1	0.2

求 $Z_1=X+Y,Z_2=\max(X,Y)$ 的分布列.

解: 将(X,Y) 及 Z_1,Z_2 的取值对应列于下表:

P	0.1	0.2	0.1	0.3	0.1	0.2
(X,Y)	$(-1,-1)$	$(-1,1)$	$(-1,2)$	$(2,-1)$	$(2,1)$	$(2,2)$
Z_1	-2	0	1	1	3	4
Z_2	-1	1	2	2	2	2

合并整理,得

Z_1	-2	0	1	3	4
P	0.1	0.2	0.4	0.1	0.2

Z_2	-1	1	2
P	0.1	0.2	0.7

求离散型随机变量函数的分布,对离散型随机变量可能取值不多的情形,主要把函数的对应关系弄清楚,然后进行合并整理.

例 3.4.2 设 $X \sim \pi(\lambda_1)$, $Y \sim \pi(\lambda_2)$,且 X 与 Y 相互独立,求 $Z = X + Y$ 的分布.

解: Z 的可能取值为 $0,1,2,\cdots$.

$$P(Z=k)=P(X+Y=k)=\sum_{i=0}^{k}P(X=i,Y=k-i)$$

利用 $P(X=i)=\dfrac{\lambda_1^i e^{-\lambda_1}}{i!}$, $P(Y=k-i)=\dfrac{\lambda_2^{k-i}e^{-\lambda_2}}{(k-i)!}$,以及 X 与 Y 相互独立,得

$$\begin{aligned}P(Z=k)&=\sum_{i=0}^{k}P(X=i)P(Y=k-i)\\&=\sum_{i=0}^{k}\frac{\lambda_1^i e^{-\lambda_1}}{i!}\cdot\frac{\lambda_2^{k-i}e^{-\lambda_2}}{(k-i)!}\\&=\frac{e^{-(\lambda_1+\lambda_2)}}{k!}\sum_{i=0}^{k}\frac{k!}{i!\,(k-i)!}\lambda_1^i\lambda_2^{k-i}\\&=\frac{(\lambda_1+\lambda_2)^k e^{-(\lambda_1+\lambda_2)}}{k!}\qquad(k=0,1,2,\cdots)\end{aligned}$$

即 $X+Y\sim\pi(\lambda_1+\lambda_2)$.

例 3.4.2 说明,两个相互独立的泊松分布的和还是泊松分布,这个性质称为**泊松分布具有可加性**. 一般地,同一类分布的独立随机变量的和还是该类分布,称为该类分布具有可加性. 还可以证明**二项分布也有可加性**.

例 3.4.3 设 $X\sim b(n,p)$, $Y\sim b(m,p)$,且 X 与 Y 相互独立,则

$$X+Y\sim b(m+n,p)$$

证明: 令 $Z=X+Y$,则 Z 的可能取值为 $0,1,\cdots,m+n$.

$$\begin{aligned}P(Z=k)&=P(X+Y=k)\\&=\sum_{i=0}^{k}P(X=i,Y=k-i)\\&=\sum_{i=0}^{k}P(X=i)P(Y=k-i)\\&=\sum_{i=0}^{k}\binom{n}{i}p^i(1-p)^{n-i}\binom{m}{k-i}p^{k-i}(1-p)^{m-(k-i)}\\&=p^k(1-p)^{n+m-k}\sum_{i=0}^{k}\binom{n}{i}\binom{m}{k-i}\end{aligned}$$

$$=\binom{n+m}{k}p^k(1-p)^{m+n-k} \qquad (k=0,1,\cdots,m+n)$$

即 $X+Y\sim b(m+n,p)$.

其中,用到了组合公式

$$\sum_{i=0}^{k}\binom{n}{i}\binom{m}{k-i}=\binom{n+m}{k}$$

如果 $X_i\sim b(1,p),i=1,2,\cdots,n$,且相互独立,根据二项分布的可加性,则有 $X_1+X_2+\cdots+X_n\sim b(n,p)$.这说明服从二项分布的随机变量可以分解成 n 个相互独立的 $0-1$ 分布的随机变量之和.

例3.4.4 设 $X\sim\pi(\lambda_1),Y\sim\pi(\lambda_2)$,且 X 与 Y 相互独立. 在已知 $X+Y=n$ 的条件下,求 X 的条件分布.

解:根据泊松分布的可加性,$X+Y\sim\pi(\lambda_1+\lambda_2)$,所以

$$\begin{aligned}P(X=k\mid X+Y=n)&=\frac{P(X=k,X+Y=n)}{P(X+Y=n)}\\&=\frac{P(X=k)P(Y=n-k)}{P(X+Y=n)}\\&=\frac{\dfrac{\lambda_1^i e^{-\lambda_1}}{i!}\cdot\dfrac{\lambda_2^{n-k}e^{-\lambda_2}}{(n-k)!}}{\dfrac{(\lambda_1+\lambda_2)^n e^{-(\lambda_1+\lambda_2)}}{n!}}\\&=\frac{n!}{k!\,(n-k)!}\frac{\lambda_1^k\lambda_2^{n-k}}{(\lambda_1+\lambda_2)^n}\\&=\binom{n}{k}\left(\frac{\lambda_1}{\lambda_1+\lambda_2}\right)^k\left(\frac{\lambda_2}{\lambda_1+\lambda_2}\right)^{n-k} \qquad (k=0,1,2,\cdots,n)\end{aligned}$$

即在 $X+Y=n$ 的条件下,$X\sim b(n,p)$,其中 $p=\dfrac{\lambda_1}{\lambda_1+\lambda_2}$.

3.4.2 最大值与最小值的分布

设 X,Y 是相互独立的随机变量,分布函数分别为 $F_X(x),F_Y(y),Z_1=\max(X,Y),Z_2=\min(X,Y)$,下面来求 Z_1,Z_2 的分布.

Z_1 的分布函数为 $F_{Z_1}(z)=P(Z_1\leqslant z)=P(X\leqslant z,Y\leqslant z)$,因为 X,Y 相互独立,所以

$$F_{Z_1}(z)=P(X\leqslant z,Y\leqslant z)=P(X\leqslant z)P(Y\leqslant z)=F_X(z)F_Y(z)$$

即

$$F_{Z_1}(z)=F_X(z)F_Y(z) \tag{3.4.1}$$

类似地,Z_2 的分布函数为

$$\begin{aligned}F_{Z_2}(z)=P(Z_2\leqslant z)&=1-P(Z_2>z)\\&=1-P(X>z,Y>z)\\&=1-P(X>z)P(Y>z)\\&=1-[1-F_X(z)][1-F_Y(z)]\end{aligned}$$

即
$$F_{Z_2}(z) = 1 - [1 - F_X(z)][1 - F_Y(z)] \tag{3.4.2}$$

很容易推广,设 $X_1,\cdots,X_n$ 是相互独立的 n 个随机变量,分布函数分别为 $F_{X_i}(x_i),i = 1,2,\cdots,n,Z_1 = \max(X_1,\cdots,X_n),Z_2 = \min(X_1,\cdots,X_n)$,则 Z_1,Z_2 的分布函数分别为

$$F_{Z_1}(z) = \prod_{i=1}^{n} F_{X_i}(z) \tag{3.4.3}$$

$$F_{Z_2}(z) = 1 - \prod_{i=1}^{n} [1 - F_{X_i}(z)] \tag{3.4.4}$$

特别地,如果还有条件 $X_1,\cdots,X_n$ 独立同分布,且分布函数为 $F(x)$,则式(3.4.3)、式(3.4.4) 就为如下形式:

$$F_{Z_1}(z) = [F(z)]^n \tag{3.4.5}$$

$$F_{Z_2}(z) = 1 - [1 - F(z)]^n \tag{3.4.6}$$

例 3.4.5 设随机变量 $X_1,\cdots,X_n$ 相互独立,且均服从参数为 λ 的指数分布,即概率密度函数

$$p(x) = \begin{cases} \lambda e^{-\lambda x}, & x > 0 \\ 0, & 其他 \end{cases}$$

$X = \max(X_1,\cdots,X_n),Y = \min(X_1,\cdots,X_n)$,求 X 和 Y 的概率密度函数.

解: 指数分布的分布函数

$$F(x) = \begin{cases} 1 - e^{-\lambda x}, & x \geqslant 0 \\ 0, & 其他 \end{cases}$$

根据式(3.4.5),得 X 的分布函数

$$F_X(x) = [F(x)]^n = \begin{cases} [1 - e^{-\lambda x}]n, x \geqslant 0 \\ 0, x < 0 \end{cases}$$

求导,得 X 的概率密度函数

$$p_X(x) = \begin{cases} n[1 - e^{-\lambda x}]^{n-1}\lambda e^{-\lambda x}, x \geqslant 0 \\ 0, x < 0 \end{cases}$$

同理,由式(3.4.6) 得 Y 的分布函数

$$F_Y(y) = \begin{cases} 1 - e^{-n\lambda y}, y \geqslant 0 \\ 0, y < 0 \end{cases}$$

从而,得 Y 的概率密度函数为

$$p_Y(y) = \begin{cases} n\lambda e^{-n\lambda y}, y \geqslant 0 \\ 0, y < 0 \end{cases}.$$

从上述结果知,$Y = \min(X_1,\cdots,X_n)$ 还是服从指数分布,只是参数变成了 $n\lambda$,但 $X = \max(X_1,\cdots,X_n)$ 不是指数分布.

3.4.3 二维连续型随机变量和的分布

设(X,Y) 的联合概率密度函数为 $p(x,y)$,$Z = X + Y$,下面求 Z 的分布.

设 Z 的分布函数为 $F_Z(z)$,则

$$F_Z(z) = P(Z \leqslant z) = P(X + Y \leqslant z)$$

$$= \iint_{x+y\leqslant z} p(x,y)\,dxdy$$

$$= \int_{-\infty}^{+\infty}\left[\int_{-\infty}^{z-y} p(x,y)\,dx\right]dy$$

令 $t = x + y$,对$\int_{-\infty}^{z-y} p(x,y)\,dx$ 作变量代换,得

$$F_Z(z) = \int_{-\infty}^{+\infty}\left[\int_{-\infty}^{z} p(t-y,y)\,dt\right]dy$$

$$= \int_{-\infty}^{z}\left[\int_{-\infty}^{+\infty} p(t-y,y)\,dy\right]dt \tag{3.4.7}$$

由式(3.4.7) 知,Z 是连续型随机变量,其概率密度函数为

$$p_Z(z) = \int_{-\infty}^{+\infty} p(z-y,y)\,dy \tag{3.4.8}$$

根据 X,Y 的对称性,又有

$$p_Z(z) = \int_{-\infty}^{+\infty} p(x,z-x)\,dx \tag{3.4.9}$$

式(3.4.8)、式(3.4.9) 就是连续型随机变量和的概率密度函数计算公式.特别地,若 X,Y 相互独立,它们的概率密度函数分别为 $p_X(x)$,$p_Y(y)$,则式(3.4.8)、式(3.4.9) 就化为

$$p_Z(z) = \int_{-\infty}^{+\infty} p_X(z-y)p_Y(y)\,dy \tag{3.4.10}$$

$$p_Z(z) = \int_{-\infty}^{+\infty} p_X(x)p_Y(z-x)\,dx \tag{3.4.11}$$

上式称为卷积公式.并记

$$p_X * p_Y = \int_{-\infty}^{+\infty} p_X(z-y)p_Y(y)\,dy = \int_{-\infty}^{+\infty} p_X(x)p_Y(z-x)\,dx$$

两个相互独立的连续型随机变量和的概率密度函数等于每个随机变量概率密度函数的卷积.

例 3.4.6 设随机变量 X,Y 相互独立,且均服从 $N(0,1)$ 分布,求 $Z=X+Y$ 的概率密度函数.

解:$p_X(x) = \dfrac{1}{\sqrt{2\pi}}e^{-\frac{1}{2}x^2}$, $p_Y(y) = \dfrac{1}{\sqrt{2\pi}}e^{-\frac{1}{2}y^2}$.

根据式(3.4.11),

$$p_Z(z) = \int_{-\infty}^{+\infty} p_X(x)p_Y(z-x)\,dx = \frac{1}{2\pi}\int_{-\infty}^{+\infty} e^{-\frac{x^2}{2}}\cdot e^{-\frac{(z-x)^2}{2}}dx = \frac{1}{2\pi}e^{-\frac{z^2}{4}}\int_{-\infty}^{+\infty} e^{-\left(x-\frac{z}{2}\right)^2}dx$$

令 $x - \dfrac{z}{2} = \dfrac{t}{\sqrt{2}}$,得

$$p_Z(z) = \frac{1}{2\pi}e^{-\frac{z^2}{4}}\int_{-\infty}^{+\infty}\frac{1}{\sqrt{2}}e^{-\frac{1}{2}t^2}dt = \frac{1}{2\sqrt{\pi}}e^{-\frac{z^2}{4}}$$

即 $Z \sim N(0,2)$.

1.正态分布的可加性

一般地,若 $X \sim N(\mu_1,\sigma_1^2)$,$Y \sim N(\mu_2,\sigma_2^2)$,且 X,Y 相互独立,则 $X+Y \sim N(\mu_1+\mu_2,$

$\sigma_1^2+\sigma_2^2)$.

更一般地,若 $X_i \sim N(\mu_i,\sigma_i^2)$,$i=1,2,\cdots,n$,且 X_i 之间相互独立,则 X_i 的线性组合 $\sum_{i=1}^n a_iX_i \sim N(\sum_{i=1}^n a_i\mu_i, \sum_{i=1}^n a_i^2\sigma_i^2)$.比如,$X \sim N(0,1)$,$Y \sim N(1,4)$,$Z \sim N(-1,6)$,且 X, Y,Z 相互独立,则 $X-Y+2Z \sim N(-3,29)$.

2.伽玛分布的可加性

例 3.4.7 设 $X \sim \Gamma(\alpha_1,\lambda)$,$Y \sim \Gamma(\alpha_2,\lambda)$,且 X 与 Y 相互独立,证明 $Z=X+Y \sim \Gamma(\alpha_1+\alpha_2,\lambda)$.

证明:

$$p_X(x)=\begin{cases}\dfrac{\lambda^{\alpha_1}}{\Gamma(\alpha_1)}x^{\alpha_1-1}\mathrm{e}^{-\lambda x}, & x>0\\ 0, & \text{其他}\end{cases}$$

$$p_Y(y)=\begin{cases}\dfrac{\lambda^{\alpha_2}}{\Gamma(\alpha_2)}y^{\alpha_2-1}\mathrm{e}^{-\lambda y}, & y>0\\ 0, & \text{其他}\end{cases}$$

Z 的取值范围为$(0,+\infty)$,当 $z\leqslant 0$ 时,$p_Z(z)=0$.

当 $z>0$ 时,由卷积公式(3.4.10)有

$$\begin{aligned}p_Z(z)&=\int_0^{+\infty}p_X(z-y)p_Y(y)\mathrm{d}y\\&=\frac{\lambda^{\alpha_1+\alpha_2}}{\Gamma(\alpha_1)\Gamma(\alpha_2)}\int_0^z(z-y)^{\alpha_1-1}\mathrm{e}^{-\lambda(z-y)}y^{\alpha_2-1}\mathrm{e}^{-\lambda y}\mathrm{d}y\\&=\frac{\lambda^{\alpha_1+\alpha_2}\mathrm{e}^{-\lambda z}}{\Gamma(\alpha_1)\Gamma(\alpha_2)}\int_0^z(z-y)^{\alpha_1-1}y^{\alpha_2-1}\mathrm{d}y\qquad(\text{令 } y=tz)\\&=\frac{\lambda^{\alpha_1+\alpha_2}\mathrm{e}^{-\lambda z}}{\Gamma(\alpha_1)\Gamma(\alpha_2)}z^{\alpha_1+\alpha_2-1}\int_0^1(1-t)^{\alpha_1-1}t^{\alpha_2-1}\mathrm{d}t\end{aligned}$$

又

$$\int_0^z(z-y)^{\alpha_1-1}y^{\alpha_2-1}\mathrm{d}y=B(\alpha_1,\alpha_2)=\frac{\Gamma(\alpha_1)\Gamma(\alpha_2)}{\Gamma(\alpha_1+\alpha_2)}$$

故

$$p_Z(z)=\frac{\lambda^{\alpha_1+\alpha_2}}{\Gamma(\alpha_1+\alpha_2)}z^{\alpha_1+\alpha_2-1}\mathrm{e}^{-\lambda z}$$

即

$$Z=X+Y\sim\Gamma(\alpha_1+\alpha_2,\lambda)$$

由第 2 章知,伽玛分布有两个常用特例指数分布和卡方分布:

$$\Gamma(1,\lambda)=\mathrm{Exp}(\lambda),\quad \Gamma\left(\frac{n}{2},\frac{1}{2}\right)=\chi^2(n)$$

由此知:(1) 设 $X_i \sim \mathrm{Exp}(\lambda)$,$i=1,2,\cdots,m$,且相互独立,则

$$\sum_{i=1}^n X_i \sim \Gamma(m,\lambda)$$

即 m 个独立同分布的指数分布之和是伽玛分布.

(2) 设 $X_i \sim \chi^2(n_i)$, $i = 1,2,\cdots,m$, 且相互独立, 则

$$\sum_{i=1}^{n} X_i \sim \chi^2(n_1 + n_2 + \cdots + n_m)$$

即卡方分布具有可加性.

设 $X_i \sim N(0,1)$, $i = 1,2,\cdots,n$, 且相互独立, 由例 2.4.5 知, $X_i^2 \sim \chi^2(1)$, 根据卡方分布的可加性, $Y = \sum\limits_{i=1}^{n} X_i^2 \sim \chi^2(n)$.

例 3.4.8 设随机变量 X, Y 均服从 $(0,1)$ 上的均匀分布, 且相互独立, 求 $Z = X + Y$ 的概率密度函数.

解:

$$p_X(x) = \begin{cases} 1, & 0 < x < 1 \\ 0, & \text{其他} \end{cases}$$

$$p_Y(y) = \begin{cases} 1, & 0 < y < 1 \\ 0, & \text{其他} \end{cases}$$

根据卷积公式(3.4.11), 有

$$p_Z(z) = \int_{-\infty}^{+\infty} p_X(x) p_Y(z - x) \mathrm{d}x$$

要使 $p_X(x)p_Y(z - x) \neq 0$, 必须

$$\begin{cases} 0 < x < 1 \\ 0 < z - x < 1 \end{cases}$$

上述不等式组对应的区域如图 3.4.1 阴影部分所示, 所以,

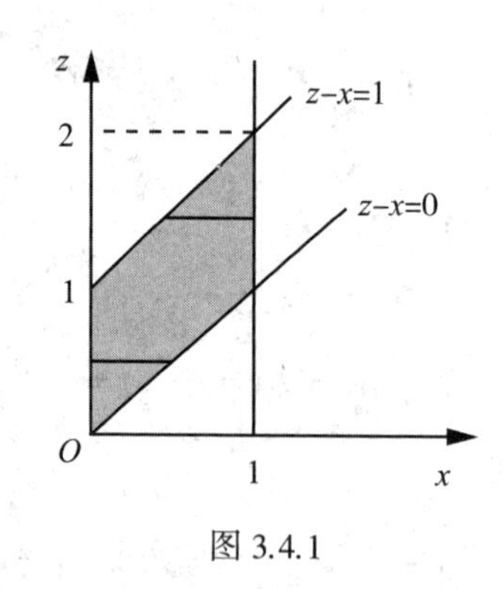

图 3.4.1

$$p_Z(z) = \begin{cases} \int_0^z \mathrm{d}x, & 0 < z < 1 \\ \int_{z-1}^{1} \mathrm{d}x, & 1 \leqslant z < 2 \\ 0, & \text{其他} \end{cases}$$

$$= \begin{cases} z, & 0 < z < 1 \\ 2 - z, & 1 \leqslant z < 2 \\ 0, & \text{其他} \end{cases}$$

显然,$Z = X + Y$不再服从均匀分布.

3.4.4 概率密度变换公式

设二维随机变量 (X,Y) 的概率密度函数为 $p_{X,Y}(x,y)$,对(X,Y) 做变换,得

$$\begin{cases} U = g_1(X,Y) \\ V = g_2(X,Y) \end{cases}$$

得到新的二维随机变量(U,V), 如何由 $p_{X,Y}(x,y)$ 确定(U,V) 的联合概率密度函数 $p_{U,V}(u,v)$?

如果函数$\begin{cases} u = g_1(x,y) \\ v = g_2(x,y) \end{cases}$有连续偏导数,且存在唯一的反函数

$$\begin{cases} x = x(u,v) \\ y = y(u,v) \end{cases}$$

雅可比行列式

$$J = \frac{\partial(x,y)}{\partial(u,v)} = \begin{vmatrix} \dfrac{\partial x}{\partial u} & \dfrac{\partial y}{\partial u} \\ \dfrac{\partial x}{\partial v} & \dfrac{\partial y}{\partial v} \end{vmatrix} \neq 0$$

则

$$p_{U,V}(u,v) = p_{X,Y}(x(u,v),y(u,v))\,|J| \tag{3.4.12}$$

式(3.4.12) 称为概率密度变换公式,这个方法实际上就是二重积分的变量变换法.

例 3.4.9 设(X,Y) 独立同分布,都有相同的指数分布密度函数

$$p(x) = \begin{cases} e^{-x}, x \geq 0 \\ 0, x < 0 \end{cases}$$

令

$$\begin{cases} U = X + Y \\ V = \dfrac{X}{Y} \end{cases}$$

试求(U,V) 的联合概率密度函数 $p_{U,V}(u,v)$,并判断 U,V 是否相互独立.

解: 对 $u \geq 0, v \geq 0$,由

$$\begin{cases} u = x + y \\ v = \dfrac{x}{y} \end{cases}$$

得反函数

$$\begin{cases} x = \dfrac{uv}{1+v} \\ y = \dfrac{u}{1+v} \end{cases}$$

雅可比行列式

$$J=\begin{vmatrix}\dfrac{\partial x}{\partial u} & \dfrac{\partial y}{\partial u}\\ \dfrac{\partial x}{\partial v} & \dfrac{\partial y}{\partial v}\end{vmatrix}=\begin{vmatrix}\dfrac{v}{1+v} & \dfrac{1}{1+v}\\ \dfrac{u}{(1+v)^2} & -\dfrac{u}{(1+v)^2}\end{vmatrix}=-\frac{u}{(1+v)^2}$$

由式(3.4.12) 得

$$\begin{aligned}p_{U,V}(u,v)&=p_X(x)p_Y(y)\ |J|\\&=\mathrm{e}^{-(x+y)}\ |J|\\&=\frac{u\mathrm{e}^{-u}}{(1+v)^2}.\end{aligned}$$

所以

$$p_{U,V}(u,v)=\begin{cases}\dfrac{u\mathrm{e}^{-u}}{(1+v)^2}, & u\geqslant 0,v\geqslant 0\\ 0, & 其他\end{cases}$$

U 的边缘概率密度函数为

$$p_U(u)=\int_0^{+\infty}\frac{u\mathrm{e}^{-u}}{(1+v)^2}\mathrm{d}v=u\mathrm{e}^{-u}\qquad(u\geqslant 0)$$

V 的边缘概率密度函数为

$$p_V(v)=\int_0^{+\infty}\frac{u\mathrm{e}^{-u}}{(1+v)^2}\mathrm{d}u=\frac{1}{(1+v)^2}\qquad(v\geqslant 0)$$

显然有

$$p_{U,V}(u,v)=p_U(u)p_V(v)$$

因此,U,V 相互独立.

利用概率密度变换公式(3.4.12),通过增补变量还可以求随机变量函数的分布.

例 3.4.10　设(X,Y) 联合概率密度函数为 $p_{X,Y}(x,y)$,求 $U=XY$ 的概率密度函数.

解:令 $V=Y$(也可增补其他形式的变量,比如 $V=X$),则变换$\begin{cases}u=xy\\v=y\end{cases}$对应的反函数为

$\begin{cases}x=\dfrac{u}{v}\\y=v\end{cases}$,雅可比行列式

$$J=\begin{vmatrix}\dfrac{1}{v} & -\dfrac{u}{v^2}\\ 0 & 1\end{vmatrix}=\frac{1}{v}$$

(U,V) 的联合概率密度函数为

$$p_{U,V}(u,v)=p_{X,Y}\left(\frac{u}{v},v\right)\ |J|=p_{X,Y}\left(\frac{u}{v},v\right)\frac{1}{|v|}$$

利用边缘概率密度函数和联合概率密度函数的关系公式,得 $U=XY$ 的概率密度函数

$$p_U(u)=\int_{-\infty}^{+\infty}p_{X,Y}\left(\frac{u}{v},v\right)\frac{1}{|v|}\mathrm{d}v\tag{3.4.13}$$

上式即为积的概率密度函数公式.

当 X 与 Y 相互独立时，

$$p_U(u)=\int_{-\infty}^{+\infty}p_X\left(\frac{u}{v}\right)p_V(v)\ \frac{1}{|v|}\mathrm{d}v$$

用类似的方法可求商的概率密度函数公式：

$U=\dfrac{X}{Y}$ 的概率密度函数为

$$p_U(u)=\int_{-\infty}^{+\infty}p_{X,Y}(uv,v)\ |v|\ \mathrm{d}v \tag{3.4.14}$$

当 X 与 Y 相互独立时，

$$p_U(u)=\int_{-\infty}^{+\infty}p_X(uv)p_Y(v)\ |v|\ \mathrm{d}v$$

3.4.5　分布函数法

类似于一维随机变量函数的分布，分布函数法是求多维随机变量函数的分布的基本方法.

例3.4.11　设随机变量 $X\sim N(1,1)$，随机变量 Y 的分布列为 $P(Y=-1)=\dfrac{1}{2}$，$P(Y=1)=\dfrac{1}{2}$，且 X 与 Y 相互独立，求 $Z=XY$ 的概率密度函数.

解：根据全概率公式，Z 的分布函数为

$$\begin{aligned}F_Z(z)&=P(XY\leqslant z)\\&=P(Y=-1)P(XY\leqslant z\mid Y=-1)+P(Y=1)P(XY\leqslant z\mid Y=1)\\&=\frac{1}{2}P(X\geqslant -z)+\frac{1}{2}P(X\leqslant z)\\&=\frac{1}{2}[1-\Phi(-z-1)]+\frac{1}{2}\Phi(z-1)\\&=\frac{1}{2}[\Phi(z+1)+\Phi(z-1)]\end{aligned}$$

所以，Z 的概率密度函数为

$$p_Z(z)=F'(z)=\frac{1}{2\sqrt{2\pi}}[\mathrm{e}^{-\frac{1}{2}(z+1)^2}+\mathrm{e}^{-\frac{1}{2}(z-1)^2}]$$

习题 3.4

1. 设二维随机变量 (X,Y) 的联合分布列为

X \ Y	1	2	3
0	0.05	0.15	0.20
1	0.07	0.11	0.22
2	0.04	0.07	0.09

试分别求 $U=\max(X,Y)$, $V=\min(X,Y)$ 的分布列.

2.设随机变量 X,Y 的分布列分别为

X	-1	0	1
	$\frac{1}{4}$	$\frac{1}{2}$	$\frac{1}{4}$

Y	0	1
	$\frac{1}{2}$	$\frac{1}{2}$

已知 $P(XY=0)=1$,试求 $Z=\max(X,Y)$ 的分布列.

3.已知 $P\{X=k\}=\dfrac{a}{k}$, $P\{Y=-k\}=\dfrac{b}{k^2}$ $(k=1,2,3)$, X 与 Y 独立,确定 a,b 的值,求出 (X,Y) 的联合概率分布以及 $X+Y$ 的概率分布.

4.随机变量 X 与 Y 的联合密度函数为 $p(x,y)=\begin{cases}12\mathrm{e}^{-3x-4y}, & x>0,y>0\\ 0, & \text{其他}\end{cases}$,分别求下列随机变量的概率密度函数:(1) $Z=X+Y$; (2) $M=\max\{X,Y\}$; (3) $N=\min\{X,Y\}$.

5.设随机变量 (X,Y) 在矩形

$$G=\{(x,y)\mid 0\leqslant x\leqslant 2,0\leqslant y\leqslant 1\}$$

上服从均匀分布,求 $Z=XY$ 的概率密度函数.

6.设 X 与 Y 是独立同分布的随机变量,它们都服从均匀分布 $U(0,1)$. 试求:

(1) $Z=X+Y$ 的分布函数与概率密度函数;

(2) $U=2X-Y$ 的概率密度函数.

7.设 X 和 Y 相互独立,其概率密度函数分别为

$$p_X(x)=\begin{cases}1, & 0\leqslant x\leqslant 1\\ 0, & \text{其他}\end{cases},\quad p_Y(y)=\begin{cases}\mathrm{e}^{-y}, & y>0\\ 0, & y\leqslant 0\end{cases}$$

求随机变量 $Z=X+Y$ 的概率密度函数.

8. 设 X,Y 是相互独立的随机变量,都服从正态分布 $N(0,\sigma^2)$,求随机变量 $Z=\sqrt{X^2+Y^2}$ 的概率密度函数.

9.设随机变量 (X,Y) 的概率密度函数为

$$p(x,y)=\begin{cases}x+y, & 0<x<1,0<y<1\\ 0, & \text{其他}\end{cases}$$

分别求:(1) $Z=X+Y$; (2) $Z=XY$ 的概率密度函数.

10.设二维随机变量 (X,Y) 的联合概率密度函数为 $p_{XY}(x,y)$,令 $U=X+Y$, $V=X-Y$,求 (U,V) 的联合概率密度函数 $P_{UV}(u,v)$.

11. 设随机变量 X 与 Y 相互独立,均服从 $N(0,1)$.若

$$\begin{cases} U = X + Y \\ V = X - Y \end{cases}$$

试求 (U,V) 的联合概率密度函数,并判断 U,V 是否相互独立.

12. 设随机变量 X 与 Y 相互独立,其具有相同的概率密度函数

$$p(x) = \begin{cases} e^{-x}, & x > 0 \\ 0, & x \leqslant 0 \end{cases}$$

(1) 求 $U = X + Y, V = \dfrac{X}{X + Y}$ 的联合概率密度函数;

(2) 判断 U,V 是否独立.

13. 设随机变量 X 与 Y 相互独立,其中 X 的概率分布为 $\begin{pmatrix} 1 & 2 \\ 0.3 & 0.7 \end{pmatrix}$,而 Y 的概率密度函数为 $p(y)$,求随机变量 $U = X + Y$ 的概率密度函数 $g(u)$.

14. 设随机变量 X 与 Y 相互独立,X 的概率分布为 $P(X=i)=\dfrac{1}{3}(i=-1,0,1)$,$Y$ 的概率密度为 $f_Y(y) = \begin{cases} 1, & 0 \leqslant y \leqslant 1 \\ 0, & \text{其他} \end{cases}$,记 $Z = X + Y$.求

(1) $P\left(Z \leqslant \dfrac{1}{2} \middle| X = 0\right)$;

(2) Z 的概率密度.

15. 设随机变量 X,Y 相互独立,且 X 的概率分布为 $P(X=0)=P(X=2)=\dfrac{1}{2}$,$Y$ 的概率密度为

$$p(y) = \begin{cases} 2y, & 0 < y < 1 \\ 0, & \text{其他} \end{cases}$$

求 $Z = X + Y$ 的概率密度.

16. 设随机变量 X 的概率密度为

$$f(x) = \begin{cases} \dfrac{1}{9}x^2, & 0 < x < 3 \\ 0, & \text{其他}, \end{cases}$$

令随机变量 $Y = \begin{cases} 2, & X \leqslant 1 \\ X, & 1 < X < 2 \\ 1, & X \geqslant 2 \end{cases}$

求 Y 的分布函数.

第 4 章　随机变量的数字特征

前面我们讨论了随机变量的分布，分布全面地描述了随机变量取值的统计规律，它决定了随机变量的概率特性，包含了随机变量全面的信息. 但是，在理论和实际应用中，还要研究随机变量其他方面的特征. 比如，随机变量取值的平均、分散程度等. 我们需要从分布中提炼出这种感兴趣的特征信息；再者，实际问题中一些随机变量的确切分布并不知道，但可以通过研究这些随机变量的某些特征，获得我们需要的信息. 比如，某个小麦品种的产量的分布很难知道，但人们更感兴趣的是它的平均产量；对某项投资的收益，人们关心的是其平均收益和风险等；另外，有些重要分布（如正态分布、指数分布、泊松分布等）的数学形式是已知的，但它们的分布由某些参数决定，这些参数往往就是随机变量的重要特征信息.

随机变量的某些特征由分布决定，可用数值来表达，这样的特征称为随机变量的**数字特征**，它们在概率论与数理统计的理论研究和实际应用中占有重要的地位.

常用的数字特征有数学期望、方差、相关系数等. 其中数学期望是最基本的数字特征，其他很多数字特征都与它有关.

4.1　随机变量的数学期望

“期望”的思想首次起源于 1651 年，法国一位贵族梅累向法国数学家、物理学家帕斯卡提出了一个十分有趣的“分赌注”问题，即：甲、乙两个人进行一场公平的赌博（输赢概率各半），约定谁先赢 5 局谁就拿走所有的赌注，比赛进行了 7 局，甲赢了 4 局，乙赢了 3 局，他们不想再赌下去了，那么，这个赌注应该如何分呢？此问题导出了随机变量的最重要的数字特征，即随机变量的数学期望.

4.1.1　离散型随机变量的数学期望

设某保险公司某险种在一月内索赔的次数为 X，统计一年内的取值情况见表 4.1.1.

表 4.1.1

X	10	20	30	40
月数	1	3	4	4

容易计算这一年每月平均索赔次数为

$$\frac{10\times1+20\times3+30\times4+40\times4}{12}=29.1(\text{次})$$

将上式稍作变化得

$$10 \times \frac{1}{12} + 20 \times \frac{3}{12} + 30 \times \frac{4}{12} + 40 \times \frac{4}{12} = 29.1 \tag{4.1.1}$$

从式(4.1.1)可以看出,这个平均数实际上就是 X 的取值的加"权"平均,权重是相应取值出现的频率,由频率的稳定性,当月份足够多时,频率趋近于一个稳定值,即概率,因此,离散型随机变量的平均值可定义为这个随机变量取值的加权平均,权重为取该值的概率.

定义 4.1.1 设离散型随机变量 X 的分布律为 $P(X=x_k)=p_k(k=1,2,\cdots)$,若 $\sum_k |x_k| p_k < +\infty$,则称 $\sum_k x_k p_k$ 为 X 的数学期望,记为 EX,简称期望或均值,即

$$EX = \sum_k x_k p_k \tag{4.1.2}$$

根据无穷级数理论,当级数 $\sum_k x_k p_k$ 绝对收敛时,级数 $\sum_k x_k p_k$ 的和才不依赖于各被加项的顺序. 所以,定义 4.1.1 中要求级数绝对收敛;若级数 $\sum_k |x_k| p_k$ 发散,则称此随机变量的数学期望不存在.

如果随机变量的可能取值是有限个,则它的期望总是存在的.

例 4.1.1 设随机变量 X 服从 0-1 分布,即 $P(X=1)=p, P(X=0)=1-p$,求 EX.

解: $EX = 0 \times (1-p) + 1 \times p = p$.

例 4.1.2 设随机变量 $X \sim \pi(\lambda)$,求 EX.

解: $EX = \sum_{k=0}^{\infty} x_k p_k = \sum_{k=0}^{\infty} k \frac{\lambda^k}{k!} e^{-\lambda} = \lambda e^{-\lambda} \sum_{k=0}^{\infty} \frac{\lambda^{k-1}}{(k-1)!} = \lambda e^{-\lambda} e^{\lambda} = \lambda$

即 $EX = \lambda$.

该例说明,泊松分布的参数 λ 就是它的期望.

例 4.1.3 设随机变量 X 的分布律为 $P(X=-2)=\frac{1}{2}, P(X=1)=a, P(X=3)=b$,若 $EX=0$,求 a,b.

解: 由规范性,$a+b=\frac{1}{2}$,另外,

$$EX = -2 \times \frac{1}{2} + 1 \times a + 3 \times b = a + 3b - 1 = 0$$

可得

$$a = \frac{1}{4}, \quad b = \frac{1}{4}$$

下面再来研究本节开始提出的赌注分配问题.

如果继续赌下去,设甲获得赌注的份额为 X. $X=0$ 即甲输了,则甲要连输两局,$P(X=0)=0.25$,从而 X 的分布列为

X	0	1
	0.25	0.75

$$EX = 0 \times 0.25 + 1 \times 0.75 = 0.75$$

所以,甲期望能获得赌本的75%,乙为25%. 这就是帕斯卡给他们的解决方案.

4.1.2 连续型随机变量的数学期望

设随机变量X具有概率密度函数$p(x)$,将X的取值范围$[a,b]$分成若干个小区间,分割点为$a=x_0<x_1<\cdots<x_n=b$,由密度函数的定义可知,X落在小区间$[x_i,x_{i+1})$的概率近似为$p(x_i)(x_{i+1}-x_i)$,因此,X与以概率$p(x_i)(x_{i+1}-x_i)$取值x_i的离散型随机变量近似,而该离散型随机变量的数学期望为

$$\sum_i p(x_i)(x_{i+1}-x_i)$$

上式恰好是积分$\int_{-\infty}^{\infty} xp(x)\mathrm{d}x$的渐近和式,这启发我们引进如下定义:

定义 4.1.2 设X为连续型随机变量,其概率密度函数为$p(x)$,若积分$\int_{-\infty}^{\infty}|x|p(x)\mathrm{d}x<+\infty$,则称积分值$\int_{-\infty}^{\infty}xp(x)\mathrm{d}x$为$X$的数学期望,记为$EX$,简称期望或均值,即

$$EX=\int_{-\infty}^{\infty}xp(x)\mathrm{d}x \tag{4.1.3}$$

例 4.1.4 设随机变量$X\sim U[a,b]$,求EX.

解:由定义4.1.2,有

$$EX=\int_{-\infty}^{\infty}xp(x)\mathrm{d}x=\int_a^b x\frac{1}{b-a}\mathrm{d}x=\frac{a+b}{2}$$

即$EX=\frac{a+b}{2}$.

均匀分布的期望是区间$[a,b]$的中点.

例 4.1.5 设随机变量$X\sim E(\lambda)$,求EX.

解:$EX=\int_{-\infty}^{\infty}xp(x)\mathrm{d}x=\int_0^{\infty}x\lambda\mathrm{e}^{-\lambda x}\mathrm{d}x=-\int_0^{\infty}x\mathrm{d}\mathrm{e}^{-\lambda x}=\int_0^{\infty}\mathrm{e}^{-\lambda x}\mathrm{d}x=\frac{1}{\lambda}$

$EX=\frac{1}{\lambda}$, 即指数分布的参数λ是其期望的倒数.

例 4.1.6 设随机变量$X\sim N(\mu,\sigma^2)$,求EX.

解:$EX=\int_{-\infty}^{\infty}xp(x)\mathrm{d}x=\frac{1}{\sqrt{2\pi}\sigma}\int_{-\infty}^{\infty}x\mathrm{e}^{-\frac{(x-\mu)^2}{2\sigma^2}}\mathrm{d}x$

对定积分作换元$\frac{x-\mu}{\sigma}=t$,得

$$\begin{aligned}EX&=\frac{1}{\sqrt{2\pi}}\int_{-\infty}^{\infty}(\sigma t+\mu)\mathrm{e}^{-\frac{t^2}{2}}\mathrm{d}t\\&=\frac{1}{\sqrt{2\pi}}\int_{-\infty}^{\infty}\sigma t\mathrm{e}^{-\frac{t^2}{2}}\mathrm{d}t+\frac{1}{\sqrt{2\pi}}\int_{-\infty}^{\infty}\mu\mathrm{e}^{-\frac{t^2}{2}}\mathrm{d}t\\&=\mu\end{aligned}$$

正态分布的参数μ就是它的期望.

例 4.1.7　设随机变量 X 服从柯西分布，即其概率密度函数为

$$p(x)=\frac{1}{\pi(1+x^2)}\quad(-\infty<x<+\infty)$$

求 EX.

解：由于 $\int_{-\infty}^{\infty}|x|p(x)\mathrm{d}x=\int_{-\infty}^{\infty}|x|\frac{1}{\pi(1+x^2)}\mathrm{d}x=\frac{2}{\pi}\int_0^{\infty}\frac{x}{1+x^2}\mathrm{d}x=\frac{1}{\pi}\int_0^{\infty}\frac{d(1+x^2)}{1+x^2}$

$$=\frac{1}{\pi}\ln(1+x^2)\Big|_0^{+\infty}=\lim_{x\to+\infty}\frac{1}{\pi}\ln(1+x^2)$$

可见积分为 $+\infty$，因此期望 EX 不存在.

随机变量的数学期望要么不存在，如果存在的话，是一个由其分布决定的常数.

4.1.3　一般类型随机变量的数学期望

我们已经分别对离散型和连续型随机变量定义了数学期望，我们希望找到适合所有随机变量的数学期望的定义，并把上述两种情况作为特例. 这需要利用 Stieltjes 积分.

若随机变量 X 的分布函数为 $F(x)$，将随机变量的取值范围进行分割 $x_0<x_1<\cdots<x_n$，则 X 落在 $[x_i,x_{i+1})$ 中的概率等于 $F(x_{i+1})-F(x_i)$，因此，X 与以概率 $F(x_{i+1})-F(x_i)$ 取值 x_i 的离散型随机变量近似，而后者的数学期望为

$$\sum_i x_i[F(x_{i+1})-F(x_i)]$$

这正好是 Stieltjes 积分 $\int_{-\infty}^{\infty}x\mathrm{d}F(x)$ 的渐近和式，因此，我们引入如下定义：

定义 4.1.3　若随机变量 X 的分布函数为 $F(x)$，则定义 X 的数学期望为

$$EX=\int_{-\infty}^{+\infty}x\mathrm{d}F(x)\tag{4.1.4}$$

当然，这里也要求积分绝对收敛.

4.1.4　随机变量函数的数学期望

在实际应用中，我们经常需要求随机变量函数的期望. 设 X 是随机变量，$Y=g(X)$，如何求随机变量 Y 的期望？一种自然的思路就是，利用 X 的分布求出 Y 的分布，再根据 Y 的分布求 Y 的期望. 这种解法取决于 Y 的分布是否容易求出，很多情况下求 Y 的分布很困难，下面不加证明地给出不需直接求 Y 的分布的方法.

定理 4.1.1　设 $Y=g(X)$ 是随机变量 X 的函数.

(1) 若 X 是离散型随机变量，概率分布为

$$P(X=x_i)=p_i\quad(i=1,2,\cdots)$$

且级数 $\sum_i|g(x_i)|p_i$ 收敛，则

$$EY=E[g(X)]=\sum_i g(x_i)p_i\tag{4.1.5}$$

(2) 若 X 是连续型随机变量，概率密度函数为 $p(x)$，且积分 $\int_{-\infty}^{\infty}|g(x)|p(x)\mathrm{d}x<+\infty$，则

$$EY=E[g(X)]=\int_{-\infty}^{\infty}g(x)p(x)\mathrm{d}x\tag{4.1.6}$$

例 4.1.8 设随机变量 $X \sim \pi(\lambda)$,求 EX^2.

解:根据式(4.1.5),得

$$EX^2 = \sum_{k=0}^{\infty} k^2 \frac{\lambda^k}{k!} e^{-\lambda} = \sum_{k=1}^{\infty} [k(k-1)+k] \frac{\lambda^k}{k!} e^{-\lambda}$$
$$= \sum_{k=1}^{\infty} k(k-1) \frac{\lambda^k}{k!} e^{-\lambda} + \sum_{k=1}^{\infty} k \frac{\lambda^k}{k!} e^{-\lambda}$$
$$= \lambda^2 e^{-\lambda} \sum_{k=2}^{\infty} \frac{\lambda^{k-2}}{(k-2)!} + \sum_{i=1}^{\infty} k \frac{\lambda^k}{k!} e^{-\lambda} = \lambda^2 + \lambda.$$

所以,$EX^2 = \lambda^2 + \lambda$.

例 4.1.9 设随机变量 $X \sim U(0,1)$,随机变量 Y 为 X 到区间端点的最短距离,即 $Y = \min(X, 1-X)$,求 EY.

解:由定理 4.1.1,有

$$EY = E\min(X, 1-X) = \int_{-\infty}^{+\infty} \min(x, 1-x) p(x) \mathrm{d}x$$
$$= \int_0^1 \min(x, 1-x) \mathrm{d}x = \int_0^{\frac{1}{2}} x \mathrm{d}x + \int_{\frac{1}{2}}^1 x \mathrm{d}x = \frac{1}{4}.$$

例 4.1.10 某汽车服务公司的广告声称完全清洗一辆汽车只需 34 元,而且公司保证,如果不能在 30 分钟内完成,将免收费用.已知清洗一辆汽车所需时间 X(单位:分钟)服从 $N(23, 5^2)$ 分布,若清洗一辆汽车的成本为 20 元,清洗 200 辆汽车,求该公司获得的期望利润.

解:设 Y 表示清洗一辆汽车公司获得的利润,则有

$$Y = \begin{cases} 14, & X < 30 \\ -20, & X \geqslant 30 \end{cases}$$

故公司清洗一辆汽车获得的期望利润为

$$EY = 14P(X < 30) - 20P(X \geqslant 30) = 34P(X < 30) - 20$$
$$= 34P\left(\frac{X-23}{5} < \frac{30-23}{5}\right) - 20 = 34\Phi(1.4) - 20$$
$$= 31.2528 - 20 = 11.2528$$

所以清洗 200 辆汽车,该公司获得的期望利润为

$$11.2528 \times 200 = 2250.56(\text{元})$$

当随机变量 Y 为多个随机变量 $X_1, X_2, \cdots, X_n (n \geqslant 2)$ 的函数,我们有如下结论:

定理 4.1.2 设 $Z = g(X, Y)$.

(1) 若 (X, Y) 是二维离散型随机变量,分布律为

$$P(X = x_i, Y = y_j) = p_{ij} \qquad (i, j = 1, 2, \cdots)$$

若级数 $\sum_i \sum_j |g(x_i, y_j)| p_{ij}$ 收敛,则

$$EZ = Eg(X, Y) = \sum_i \sum_j g(x_i, y_j) p_{ij} \tag{4.1.7}$$

(2) 若 (X, Y) 是二维连续型随机变量,联合密度函数为 $p(x, y)$,且积分 $\int_{-\infty}^{+\infty} \int_{-\infty}^{+\infty} |g(x, y)| p(x, y) \mathrm{d}x\mathrm{d}y < +\infty$,则

$$EZ = Eg(X,Y) = \int_{-\infty}^{+\infty}\int_{-\infty}^{+\infty} g(x,y)p(x,y)\mathrm{d}x\mathrm{d}y \qquad (4.1.8)$$

定理 4.1.2 给出了不需要求出 Z 的分布而直接计算 EZ 的方法.

例 4.1.11 已知二维离散型随机变量(X,Y) 的联合分布律计算 EXY.

Y \ X	−1	0	1	2
−1	0.2	0.1	0	0.2
0	0.1	0.2	0.1	0.1

解:$E(XY) = \sum\limits_i \sum\limits_j x_i y_j P(X = x_i, Y = y_j)$

$= (-1)\times(-1)\times 0.2 + 2\times(-1)\times 0.2 = -0.2.$

本题也可先求出 XY 的分布,如下:

XY	0	−2	−1	1
	0.6	0.2	0	0.2

根据式(4.1.2),

$$E(XY) = -2\times 0.2 + 1\times 0.2 = -0.2$$

例 4.1.12 某工厂两台车床加工同样一个工件所需的时间分别为随机变量 X,Y,X,Y 相互独立且分别服从参数为 λ_1,λ_2 的指数分布,计算工件的最早完工时间的均值,即 $E\min(X,Y)$.

解:方法一:先求 $\min(X,Y)$ 的分布.

令 $Z = \min(X,Y)$,根据式(3.4.2),当 $x \geqslant 0$ 时

$$F_Z(x) = 1 - [1 - F_X(x)][1 - F_Y(x)]$$
$$= 1 - \mathrm{e}^{-\lambda_1 x}\mathrm{e}^{-\lambda_2 x}$$

所以,Z 的概率密度函数为

$$p_Z(z) = (\lambda_1 + \lambda_2)\mathrm{e}^{-(\lambda_1+\lambda_2)z}, z \geqslant 0$$

即 Z 是服从参数为 $\lambda_1 + \lambda_2$ 的指数分布,根据例 4.1.5,有

$$E\min(X,Y) = \frac{1}{\lambda_1 + \lambda_2}$$

方法二:用公式(4.1.8).

$$E\min(X,Y) = \int_{-\infty}^{+\infty}\int_{-\infty}^{+\infty} \min(x,y)p(x,y)\mathrm{d}x\mathrm{d}y$$
$$= \int_0^{+\infty}\int_0^{+\infty} \min(x,y)\lambda_1\mathrm{e}^{-\lambda_1 x}\lambda_2\mathrm{e}^{-\lambda_2 y}\mathrm{d}x\mathrm{d}y$$

$$= \frac{1}{\lambda_1 + \lambda_2}$$

例 4.1.13　在长为 a 的线段上任取两点 X,Y,求这两点之间的平均长度.

解:由题意,X,Y 相互独立且均服从 $(0,a)$ 上的均匀分布,因此 (X,Y) 的联合概率密度为

$$p(x) = \begin{cases} \frac{1}{a^2}, & 0 < x < a, 0 < y < a \\ 0, & \text{其他} \end{cases}$$

根据式(4.1.8) 得

$$E|X - Y| = \int_0^a \int_0^a |x - y| \frac{1}{a^2} \mathrm{d}x\mathrm{d}y = \frac{a}{3}$$

所以,这两点之间的平均长度为$\frac{a}{3}$.

4.1.5　数学期望的性质

根据数学期望的定义,可总结出如下期望的性质. 掌握这些性质,很多情况下可为计算带来方便.

定理 4.1.3　设 $X,X_1,X_2,\cdots,X_n$ 均为随机变量,则数学期望具有如下性质:

(1) 设 C 为常数,则 $EC = C$;

(2) 设 C 为常数,则 $E(CX) = CEX$;

(3) $E(\sum_{i=1}^{n} X_i) = \sum_{i=1}^{n} E(X_i)$;

(4) 若随机变量 $X_1,X_2,\cdots,X_n(n \geqslant 2)$ 相互独立,则有

$$E\left(\prod_{i=1}^{n} X_i\right) = \prod_{i=1}^{n} E(X_i)$$

(5) 单调性:若 $X_1 \leqslant X_2$,则 $EX_1 \leqslant EX_2$,特别,当 $X \geqslant 0$,则有 $EX \geqslant 0$.

这些性质可以由期望的定义简单推导就可以得到,这里我们略去证明.

例 4.1.14　设随机变量 $X \sim B(n,p)$,求 EX.

解:设

$$X_i = \begin{cases} 1, & \text{第 } i \text{ 次试验中事件 } A \text{ 出现} \\ 0, & \text{第 } i \text{ 次试验中事件 } A \text{ 不出现} \end{cases}$$

则 $X = X_1 + X_2 + \cdots + X_n$,且有 $EX_i = p, i = 1,2,\cdots,n$,因此

$$EX = E(X_1 + X_2 + \cdots + X_n) = np$$

例 4.1.15　某大型机器包含 3 个重要部件,定期对该机器进行检修,3 个部件发生故障的概率分别为 0.1,0.2 和 0.3,且是否发生故障相互独立,求检修时发生故障的部件总数 X 的数学期望.

解:设 $X_i = \begin{cases} 1, & \text{检修时第 } i \text{ 个部件发生故障} \\ 0, & \text{检修时第 } i \text{ 个部件不发生故障} \end{cases}$

则 $X = X_1 + X_2 + X_3$,且 $EX_1 = 0.1, EX_2 = 0.2, EX_3 = 0.3$,则

$$EX = E(X_1 + X_2 + X_3) = E(X_1) + E(X_2) + E(X_3) = 0.6$$

例 4.1.16　将分别标有 1 ~ n 号的 n 个球随机地放进 n 个盒子中去,所有的盒子也分别标有 1 ~ n 号码,一个盒子装一只球. 若一只球装入与球同号码的盒子中,称为一个配对. 记 X 为总的配对数,求 EX.

解: 直接求 X 的分布列比较困难,利用定理 4.1.3(3),将 X 分解成简单随机变量的和.

令 $X_i = \begin{cases} 0, \text{第 } i \text{ 号球没配对} \\ 1, \text{第 } i \text{ 号球配上对} \end{cases}, i = 1,2,\cdots,n$

显然有

$$X = \sum_{i=1}^{n} X_i$$

所以

$$EX = \sum_{i=1}^{n} EX_i$$

又

$$EX_i = P(\text{第 } i \text{ 号球配上对}) = \frac{1}{n}$$

故

$$EX = \sum_{i=1}^{n} EX_i = 1$$

像例 4.1.15、例 4.1.16 这种将复杂随机变量分解成简单随机变量的和,再利用期望的可加性求期望的方法,是解决复杂随机变量期望的典型方法.

习题 4.1

1. 设离散型随机变量 X 的分布列为

X	-2	0	2
	0.4	0.3	0.3

求 EX 和 $E(3X + 5)$.

2. 一海运货船的甲板上放着 20 个装有化学原料的圆桶,已知其中有 5 桶被海水污染. 若从中随机抽取 8 桶,记 X 为 8 桶中被污染的桶数,求 X 的分布列和 EX.

$$P(X = k) = \frac{\binom{5}{k}\binom{15}{8-k}}{\binom{20}{8}} \quad (k = 0,1,2,\cdots,5)$$

3. 假设有 10 只同种电子元件,其中有 2 只不合格品. 装配仪器时,从这批元件中任取一只,如是不合格品,则扔掉重新任取一只. 如仍是不合格品,则扔掉再取一只,试求在取到合格品之前已取到的不合格品只数的数学期望.

4. 设一批产品不合格品率为 p,对该批产品进行检查,如查到第 a 件全为合格品,就认为这批产品合格,否则认为这批产品不合格. 问:每批产品平均要查多少件?

5. 某地区流行某种疾病,患者占 10%, 为开展防治工作,要对 n 个居民验血. 现将 k 个人合并为一组混合化验,如果合格,则这 k 个人只要化验一次. 如果混合后的血液不合格,则对这组 k 个人逐个再化验. 问:用这种分组方式化验,平均每人要化验多少次?

6. 某新产品在未来市场占有率 X 是随机变量,其概率密度函数为

$$p(x)=\begin{cases}4(1-x)^3, & 0<x<1\\ 0, & \text{其他}\end{cases}$$

试求该产品平均市场占有率.

7. 设随机变量 X 的分布函数为

$$F(x)=\begin{cases}\dfrac{e^x}{2}, & x<0\\ \dfrac{1}{2}, & 0\leqslant x<1\\ 1-\dfrac{1}{2}e^{-\frac{1}{2}(x-1)}, & x\geqslant 1\end{cases}$$

求 EX.

8. 设随机变量 X 的概率密度函数为

$$p(x)=\begin{cases}\dfrac{1}{2}\cos\dfrac{x}{2}, & 0\leqslant x\leqslant \pi\\ 0, & \text{其他}\end{cases}$$

对 X 独立重复观察 4 次, Y 表示观察值大于 $\dfrac{\pi}{3}$ 的次数,求 Y^2 的数学期望.

9. 设随机变量 X 的概率密度函数

$$p(x)=\begin{cases}\dfrac{3}{8}x^2, & 0\leqslant x\leqslant 2\\ 0, & \text{其他}\end{cases}$$

求 $E\left(\dfrac{1}{X^2}\right)$.

10. 某商店销售某种季节性商品(单位:箱),每售出一箱可获利 500 元,过季未售出的商品每箱亏损 100 元. 以 X 表示该季节此种商品的销售量,据以往销售情况知 X 等可能地取区间[1,100] 中的任一整数,问:商店应提前储备多少箱该种商品,才能使获利的期望值达到最大?

11. 设 X 为非负连续型随机变量,证明:对 $x\geqslant 0$,有

$$P(X<x)\geqslant 1-\frac{EX}{x}$$

12. 设 X 为随机变量, $g(x)$ 为非负不减函数, $E(g(X))$ 存在,证明:对任意 $\varepsilon>0$,有

$$P(X>\varepsilon)\leqslant \frac{E(g(X))}{g(\varepsilon)}$$

13. 在区间(0,1)上随机地取 n 个点,求相距最远的两个点的距离的数学期望.

14. 设随机变量 (X,Y) 的联合概率密度函数为

$$p(x)=\begin{cases}12y^2, & 0\leqslant y\leqslant x\leqslant 1\\ 0, & \text{其他}\end{cases}$$

求 $EX,EY,E(XY),E(X^2+Y^2)$.

15. 设随机变量 (X,Y) 的联合概率密度函数为

$$p(x,y)=\begin{cases}\dfrac{x(1+3y^2)}{4}, & 0<x<2,0<y<1\\ 0, & \text{其他}\end{cases}$$

求 $E\left(\dfrac{Y}{X}\right)$.

16. 设随机变量 X 的分布函数为 $F(x)=0.5\Phi(x)+0.5\Phi\left(\dfrac{x-4}{2}\right)$,其中 $\Phi(x)$ 为标准正态分布函数,求 EX.

17. 设 X,Y 独立同分布,都服从标准正态分布 $N(0,1)$,求 $E[\max(X,Y)]$.

18. 一商店经销某种商品,每周进货量 X 与顾客对该种商品的需求量 Y 是相互独立的随机变量,且都服从区间(10,20)上的均匀分布. 商店每售出一单位商品可得利润1000元;若需要超过了进货量,则可从其他商店调剂供应,这时每单位商品获利500元. 试求此商店经销该商品每周的平均利润.

4.2 随机变量的方差

4.2.1 方差的定义

数学期望是随机变量的一个重要数字特征,刻画了随机变量取值的平均水平,但无法反映随机变量取值的波动情况. 例如,现有甲乙两种投资决策,对应的收益分别为随机变量 X, Y. 假设它们的分布列分别为

X	2	4	8
P	0.2	0.3	0.3

Y	−1	5	12
P	0.4	0.4	0.2

显然有 $EX=EY=4$. 这两种投资决策期望收益是相同的. 但从分布列可以看出,Y 的取值波动性明显比 X 大,甲种投资决策比较稳健,乙种投资决策风险大,但可能有更高的收益.

我们希望建立一个数量指标来反映随机变量这种取值的波动情况,这个指标就是方差.

如何定义方差比较合理呢? 一般地,可考虑随机变量与它的均值的偏差,即 $X-EX$. 由

于 $X-EX$ 还是一个随机变量,需要取其期望. 又因为 $E(X-EX)=EX-E(EX)=0$,故考虑 $E|X-EX|$,即平均绝对偏差. 但是由于绝对值函数处理起来很不方便,为了避免出现绝对值函数,所以取偏差的平方和的期望 $E(X-EX)^2$ 作为方差的定义.

定义 4.2.1 设 X 为随机变量,若 $E(X-EX)^2$ 存在,则称它为随机变量 X 的方差,记为 DX(也记为 $\mathrm{Var}(X)$),即

$$DX=E(X-EX)^2 \tag{4.2.1}$$

显然,$DX\geqslant 0$. 为了使方差的量纲和随机变量相同,又引入 $\sqrt{DX}$,称为均方差或者标准差,记为 $\sigma(X)$,即

$$\sigma(X)=\sqrt{DX}$$

方差或均方差是反映随机变量取值集中程度的数量指标,方差越小,取值越集中;反之,方差越大,取值越分散.

4.2.2 方差的计算

由方差的定义知,方差本质就是随机变量函数的期望,在方差存在的前提下,按照定理4.1.1的计算随机变量函数数学期望的方法,有

(1) 若离散型随机变量 X 的分布律为 $P(X=x_k)=p_k(k=1,2,\cdots)$,则

$$DX=E(X-EX)^2=\sum_k (x_k-EX)^2 p_k \tag{4.2.2}$$

(2) 若 X 为连续型随机变量,其概率密度函数为 $p(x)$,则

$$DX=E(X-EX)^2=\int_{-\infty}^{+\infty}(x-EX)^2 p(x)\mathrm{d}x \tag{4.2.3}$$

除了这种按定义计算方差外,还有如下常用的计算公式,该公式更加简便.

性质 4.2.1

$$DX=EX^2-(EX)^2 \tag{4.2.4}$$

证明: $DX=E(X-EX)^2=E[X^2-2XEX+(EX)^2]$

$$=EX^2-2EXEX+(EX)^2=EX^2-(EX)^2$$

公式(4.2.4)表明,计算随机变量 X 的方差,只需计算 EX 和 EX^2.

例 4.2.1 设随机变量 X 服从两点分布,即 $P(X=1)=p,P(X=0)=1-p$,求 DX.

解: 由例4.1.1,$EX=p$,且 $EX^2=0^2\times(1-p)+1^2\times p=p$,因此

$$DX=EX^2-(EX)^2=p-p^2=p(1-p)$$

例 4.2.2 设随机变量 $X\sim\pi(\lambda)$,求 DX.

解: 由于 $EX=\lambda$,而由例4.1.8,$EX^2=\lambda^2+\lambda$,因此

$$DX=EX^2-(EX)^2=\lambda^2+\lambda-\lambda^2=\lambda$$

泊松分布的期望和方差相同,都是参数 λ.

例 4.2.3 设随机变量 $X\sim U[a,b]$,求 DX.

解: 由 $EX=\dfrac{a+b}{2}$,且

$$EX^2=\int_{-\infty}^{\infty}x^2p(x)\mathrm{d}x=\int_a^b x^2\frac{1}{b-a}\mathrm{d}x=\frac{a^2+ab+b^2}{3}$$

可得

$$DX = EX^2 - (EX)^2 = \frac{(b-a)^2}{12}$$

例 4.2.4　设随机变量 $X \sim E(\lambda)$，求 DX.

解：
$$EX^2 = \int_{-\infty}^{\infty} x^2 p(x)\mathrm{d}x = \int_0^{\infty} x^2 \lambda \mathrm{e}^{-\lambda x}\mathrm{d}x = -\int_0^{\infty} x^2 DX^{-\lambda x}$$
$$= -x^2\mathrm{e}^{-\lambda x}\Big|_0^{+\infty} + 2\int_0^{\infty} x\mathrm{e}^{-\lambda x}\mathrm{d}x = 2\int_0^{\infty} x\mathrm{e}^{-\lambda x}\mathrm{d}x = \frac{2}{\lambda^2}$$

再由 $EX = \dfrac{1}{\lambda}$，可得

$$DX = \frac{2}{\lambda^2} - \left(\frac{1}{\lambda}\right)^2 = \frac{1}{\lambda^2}$$

指数分布的方差为其期望的平方，从而指数分布的均方差等于它的期望.

例 4.2.5　设随机变量 $X \sim N(\mu, \sigma^2)$，求 DX.

解：
$$EX = \int_{-\infty}^{\infty} x^2 p(x)\mathrm{d}x = \frac{1}{\sqrt{2\pi}\,\sigma}\int_{-\infty}^{\infty} x^2 \mathrm{e}^{-\frac{(x-\mu)^2}{2\sigma^2}}\mathrm{d}x$$
$$= \frac{1}{\sqrt{2\pi}}\int_{-\infty}^{\infty} (\sigma t + \mu)^2 \mathrm{e}^{-\frac{t^2}{2}}\mathrm{d}t = \mu^2 + \sigma^2$$

因此，

$$DX = (\mu^2 + \sigma^2) - \mu^2 = \sigma^2$$

正态分布的两个参数 μ, σ^2 分别是其期望和方差.

4.2.3　方差的性质

性质 4.2.1　随机变量的方差具有以下性质：

(1) 对任意随机变量 X，$DX = 0$ 的充分必要条件为存在常数 C，使得 $P(X = C) = 1$.

证明： 充分性. $DC = E(C^2) - (EC)^2 = C^2 - C^2 = 0$.

必要性. 在切比雪夫不等式后面证明.

常数的方差为零，直观上非常明显：常数的取值最集中，无波动，故方差达到最小值零.

(2) 若 a, b 是常数，则 $D(aX + b) = a^2 DX$.

证明：
$$\begin{aligned} D(aX+b) &= E(aX+b)^2 - (E(aX+b))^2 \\ &= E(a^2X^2 + 2abX + b^2) - a^2(EX)^2 - 2abEX - b^2 \\ &= a^2EX^2 - a^2(EX)^2 \\ &= a^2DX \end{aligned}$$

特别地

$$D(-X) = DX,\ D(X + C) = DX$$

(3) 若随机变量 X, Y 相互独立，则有

$$D(X + Y) = DX + DY \tag{4.2.5}$$

一般地，若随机变量 $X_1, X_2, \cdots, X_n (n \geqslant 2)$ 相互独立，则有

$$D\left(\sum_{i=1}^{n} X_i\right) = \sum_{i=1}^{n} DX_i \tag{4.2.6}$$

证明：事实上，由式(4.2.1)，

$$\begin{aligned}D(X+Y) &= E[(X+Y)-E(X+Y)]^2 = E[(X-EX)+(Y-EY)]^2 \\ &= E[(X-EX)^2+2(X-EX)(Y-EY)+(Y-EY)^2] \\ &= DX+DY+2E[(X-EX)(Y-EY)]\end{aligned} \tag{4.2.7}$$

当 X,Y 相互独立时，根据期望的性质，有

$$E[(X-EX)(Y-EY)] = E(X-EX)\cdot E(Y-EY) = 0$$

所以

$$D(X+Y) = DX+DY$$

一般情形可类似证明.

例 4.2.6　设随机变量 $X \sim B(n,p)$，求 DX.

解：同例 4.1.13，设

$$X_i = \begin{cases}1, & 第\ i\ 次试验中事件\ A\ 出现 \\ 0, & 第\ i\ 次试验中事件\ A\ 不出现\end{cases}$$

则 $X = X_1+X_2+\cdots+X_n$，且有 $DX_i = p(1-p)$，$i=1,2,\cdots,n$，因此

$$DX = D(X_1+X_2+\cdots+X_n) = np(1-p)$$

例 4.2.7　设随机变量 $X_1,X_2,\cdots,X_n$ 相互独立且同分布，$EX_1=\mu$，$DX_1=\sigma^2$，令 $\bar{X} = \dfrac{1}{n}\sum_{i=1}^{n}X_i$，计算 $E\bar{X}$，$D\bar{X}$.

解：

$$E\bar{X} = E\left(\frac{1}{n}\sum_{i=1}^{n}X_i\right) = \frac{1}{n}\sum_{i=1}^{n}EX_i = \mu$$

$$D\bar{X} = D\left(\frac{1}{n}\sum_{i=1}^{n}X_i\right) = \frac{1}{n^2}\sum_{i=1}^{n}DX_i = \frac{\sigma^2}{n}$$

设随机变量 X 有期望和方差，$DX \neq 0$，记 $X^* = \dfrac{X-EX}{\sqrt{DX}}$，则

$$EX^* = E\left(\frac{X-EX}{\sqrt{DX}}\right) = \frac{E(X-EX)}{\sqrt{DX}} = 0$$

$$DX^* = D\left(\frac{X-EX}{\sqrt{DX}}\right) = \frac{D(X-EX)}{DX} = \frac{DX}{DX} = 1$$

称 X^* 为标准化随机变量. 标准化的随机变量没有量纲，因此不受量纲的影响.

4.2.4 Chebyshev(切比雪夫)不等式

Chebyshev 不等式是概率论中最重要的基本不等式.

定理 4.2.1(Chebyshev 不等式)　设 X 为随机变量，DX 存在(因此期望也存在)，则对任意的 $\varepsilon>0$，有

$$P(|X-EX| \geqslant \varepsilon) \leqslant \frac{DX}{\varepsilon^2} \tag{4.2.8}$$

证明：就连续型随机变量进行证明. 设 X 的概率密度函数为 $p(x)$，则

$$
\begin{aligned}
DX = E(X - EX)^2 &= \int_{-\infty}^{+\infty} (x - EX)^2 p(x)\,\mathrm{d}x \\
&\geqslant \int_{\{x:\,|x-EX|\geqslant\varepsilon\}} (x - EX)^2 p(x)\,\mathrm{d}x \geqslant \int_{\{x:\,|x-EX|\geqslant\varepsilon\}} \varepsilon^2 p(x)\,\mathrm{d}x \\
&= \varepsilon^2 P(|X - EX| \geqslant \varepsilon)
\end{aligned}
$$

即得 Chebyshev 不等式成立.

事件 $|X - EX| \geqslant \varepsilon$ 表示随机变量 X 取值偏离均值超过 ε. Chebyshev 不等式表明只需要随机变量的期望和方差就可以对事件 $|X - EX| \geqslant \varepsilon$ 发生的概率上界进行估计,方差越小,这个上界也越小. 直观上,方差越小,随机变量取值越集中在均值周围,X 取值偏离均值超过 ε 的概率越小,这和 Chebyshev 不等式的结果一致.

但由于 Chebyshev 不等式对事件 $|X - EX| \geqslant \varepsilon$ 发生的概率上界的估计没有使用随机变量的分布,因此估计结果比较粗糙.

式(4.2.8) 的等价形式为

$$
P\{|X - EX| < \varepsilon\} \geqslant 1 - \frac{DX}{\varepsilon^2}
$$

下面利用 Chebyshev 不等式证明性质 4.2.1(1) 的必要性. 即若 $DX = 0$, 证 $P(X = EX) = 1$.

证明: 考虑 $\{X = EX\}$ 的逆事件:

$$
\{X \neq EX\} = \{|X - EX| > 0\} = \bigcup_{n=1}^{+\infty} \left\{|X - EX| \geqslant \frac{1}{n}\right\}
$$

$$
\begin{aligned}
P\{|X - EX| > 0\} &= P\left(\bigcup_{n=1}^{+\infty} \left\{|X - EX| \geqslant \frac{1}{n}\right\}\right) \\
&\leqslant \sum_{n=1}^{+\infty} P\left(|X - EX| \geqslant \frac{1}{n}\right)
\end{aligned}
$$

根据 Chebyshev 不等式,

$$
P\left(|X - EX| \geqslant \frac{1}{n}\right) \leqslant \frac{DX}{\left(\frac{1}{n}\right)^2}
$$

故

$$
P(|X - EX| > 0) = 0
$$

所以

$$
P(|X - EX| = 0) = P(X = EX) = 1
$$

习题 4.2

1. 设随机变量 X 满足 $EX = DX = \lambda$, 已知 $E[(X - 1)(X - 2)] = 1$, 求 λ.
2. 已知 $EX = -2$, $EX^2 = 5$, 求 $D(1 - 3X)$.
3. 设随机变量 X 的概率分布为 $P\{X = -2\} = \frac{1}{2}$, $P\{X = 1\} = a$, $P\{X = 3\} = b$, 若 $EX = 0$,

求 DX.

4. 设随机变量 X 的分布函数为

$$F(x)=\begin{cases}\dfrac{e^x}{2}, & x<0\\ \dfrac{1}{2}, & 0\leqslant x<1\\ 1-\dfrac{1}{2}e^{-\frac{1}{2}(x-1)}, & x\geqslant 1\end{cases}$$

求 DX.

5. 设随机变量 X 的概率密度函数为

$$p(x)=\begin{cases}1+x, & -1<x\leqslant 0\\ 1-x, & 0<x\leqslant 1\\ 0, & 其他\end{cases}$$

求 $D(3X+2)$.

6. 设连续型随机变量 X 仅在区间 $[a,b]$ 上取值,证明

$$a\leqslant EX\leqslant b, DX\leqslant\left(\frac{b-a}{2}\right)^2$$

7. 向 $\triangle ABC$ 中随机投掷一点 P,求 P 到 AB 的距离 X 的数学期望、方差和标准差.

8. 随机变量 (X,Y) 服从以点 $(0,1)$、$(1,0)$、$(1,1)$ 为顶点的三角形区域上的均匀分布,求 $E(X+Y)$,$D(X+Y)$.

9. 设 $X_1,X_2,\cdots,X_5$ 是独立同分布的随机变量,概率密度函数为

$$p(x)=\begin{cases}2x, & 0<x<1\\ 0, & 其他\end{cases}$$

求 $Y=\max(X_1,X_2,\cdots,X_5)$ 的数学期望、方差.

10. 求几何分布 $P(X=k)=p(1-p)^{k-1}, k=1,2,\cdots$ 的数学期望和方差.

11. 设随机变量 X,Y 相互独立,均服从 $N(0,\frac{1}{2})$ 分布,求 $E|X-Y|$ 和 $D|X-Y|$.

12. 设随机变量 X,Y 独立,且 $X\sim N(1,2)$,$Y\sim(1,4)$,求 $D(XY)$.

13. 设 X 为随机变量,C 为任意常数,证明 $DX\leqslant E(X-C)^2$.

4.3 协方差和相关系数

4.3.1 协方差

前面我们讨论的数学期望和方差反映的是随机变量的均值和取值的集中程度. 现在希望建立反映二维随机变量 X 与 Y 之间相互关系的数字特征. 由4.2节我们知道,当 X,Y 相互独立时,有

$$E[(X-EX)(Y-EY)]=EXY-EXEY=0$$

反过来,若 $E[(X-EX)(Y-EY)]\neq 0$,则 X,Y 不独立, X,Y 之间存在着某种关系.

$E[(X-EX)(Y-EY)]$ 反映了 X,Y 之间的这种关系. 因此引入下列定义:

定义 4.3.1 设 (X,Y) 为二维随机变量,若 $E[(X-EX)(Y-EY)]$ 存在,则称之为 X 与 Y 的协方差,记为 $\mathrm{Cov}(X,Y)$. 即

$$\mathrm{Cov}(X,Y)=E[(X-EX)(Y-EY)] \tag{4.3.1}$$

特别地,

$$\mathrm{Cov}(X,X)=E(X-EX)^2=DX$$

由于

$$\begin{aligned}\mathrm{Cov}(X,Y)&=E[(X-EX)(Y-EY)]\\&=E[XY-XEY-YEX+(EX)(EY)]\\&=E(XY)-(EX)(EY)\end{aligned}$$

因此得协方差的常用计算公式

$$\mathrm{Cov}(X,Y)=E(XY)-(EX)(EY) \tag{4.3.2}$$

协方差等于随机变量乘积的期望减期望的乘积.

定理 4.3.1 协方差的性质

(1) $\mathrm{Cov}(X,Y)=\mathrm{Cov}(Y,X)$;

(2) 对任意常数 a,b, $\mathrm{Cov}(aX,bY)=ab\mathrm{Cov}(X,Y)$;

(3) $\mathrm{Cov}(X_1+X_2,Y)=\mathrm{Cov}(X_1,Y)+\mathrm{Cov}(X_2,Y)$;

(4) 若 X,Y 相互独立,则 $\mathrm{Cov}(X,Y)=0$.

根据协方差的定义,上述性质很容易证明.

有了协方差的定义,式(4.2.7) 又可写为

$$D(X+Y)=DX+DY+2\mathrm{Cov}(X,Y)$$

类似地,

$$D(X_1+X_2+\cdots+X_n)=DX_1+DX_2+\cdots+DX_n+2\sum_{1\leqslant i<j\leqslant n}\mathrm{Cov}(X_i,X_j)$$

例 4.3.1 设二维随机变量 (X,Y) 的概率密度函数为

$$p(x)=\begin{cases}3x, & 0<y<x<1\\0, & \text{其他}\end{cases}$$

求 $\mathrm{Cov}(X,Y)$.

解: 根据概率密度函数分别计算 $EX,EY,E(XY)$

$$EX=\int_0^1\mathrm{d}x\int_0^x x\cdot 3x\mathrm{d}y=\frac{3}{4}$$

$$EY=\int_0^1\mathrm{d}x\int_0^x y\cdot 3x\mathrm{d}y=\frac{3}{8}$$

$$E(XY)=\int_0^1\mathrm{d}x\int_0^x xy\cdot 3x\mathrm{d}y=\frac{3}{10}$$

根据式(4.3.2),

$$\mathrm{Cov}(X,Y)=E(XY)-(EX)(EY)=\frac{3}{10}-\frac{3}{4}\times\frac{3}{8}=\frac{3}{160}$$

例 4.3.2 (柯西-施瓦茨(Cauchy-Schwarz) 不等式) 设 (X,Y) 是二维随机变量, DX, DY 均存在,证明:

(1) $[\mathrm{Cov}(X,Y)]^2 \leqslant DX \cdot DY$;

(2) $[E(XY)]^2 \leqslant (EX^2)(EY^2)$.

证明:(1) 设 $g(t)=E[t(X-EX)+(Y-EY)]^2=t^2(DX)+2t\mathrm{Cov}(X,Y)+DY$,则 $g(t)=0$ 是关于 t 的一元二次方程. 由于 $g(t)\geqslant 0$,所以该方程的判别式 $\Delta\leqslant 0$,即

$$[2\mathrm{Cov}(X,Y)]^2-4(DX)(DY)\leqslant 0$$

即

$$[\mathrm{Cov}(X,Y)]^2\leqslant DX\cdot DY$$

(2) 如果令

$$g(t)=E[tX+Y]^2=t^2(EX^2)+2tE(X,Y)+EY^2\geqslant 0$$

由类似的方法可得

$$[E(XY)]^2\leqslant (EX^2)(EY^2)$$

4.3.2 相关系数

由于协方差 $\mathrm{Cov}(X,Y)$ 是有量纲的量,它的大小会受到量纲的影响. 为了消除量纲的影响,对协方差除以 X 和 Y 的均方差,就得到相关系数的概念.

定义 4.3.2 设 (X,Y) 为二维随机变量,称

$$\rho_{XY}=\frac{\mathrm{Cov}(X,Y)}{\sqrt{DX}\sqrt{DY}} \tag{4.3.3}$$

为随机变量 X,Y 的相关系数.

相关系数的另一个解释,它是随机变量 X 和 Y 标准化之后的协方差,即

$$\rho_{XY}=\mathrm{Cov}(X^*,Y^*) \tag{4.3.4}$$

事实上,根据标准化随机变量的定义和协方差的性质,有

$$\begin{aligned}\mathrm{Cov}(X^*,Y^*)&=\mathrm{Cov}\left(\frac{X-EX}{\sqrt{DX}},\frac{Y-EY}{\sqrt{DY}}\right)\\&=\frac{\mathrm{Cov}(X-EX,Y-EY)}{\sqrt{DX}\sqrt{DY}}\\&=\frac{\mathrm{Cov}(X,Y)}{\sqrt{DX}\sqrt{DY}}=\rho_{XY}\end{aligned}$$

相关系数和协方差具有相同的正负号,或同时为零.

例 4.3.3 设随机变量 $(X,Y)\sim N(\mu_1,\mu_2,\sigma_1^2,\sigma_2^2,\rho)$,求 ρ_{XY}.

解:由定义 4.3.1 可知,

$$\begin{aligned}\mathrm{Cov}(X,Y)&=E[(X-EX)(Y-EY)]=\int_{-\infty}^{+\infty}\int_{-\infty}^{+\infty}(x-EX)(y-EY)p(x,y)\mathrm{d}x\mathrm{d}y\\&=\int_{-\infty}^{+\infty}\int_{-\infty}^{+\infty}(x-\mu_1)(y-\mu_2)\frac{1}{2\pi\sigma_1\sigma_2\sqrt{1-\rho^2}}\times\\&\quad\exp\left\{-\frac{1}{2\sqrt{1-\rho^2}}\left[\left(\frac{x-\mu_1}{\sigma_1}\right)^2-2\rho\left(\frac{x-\mu_1}{\sigma_1}\right)\left(\frac{y-\mu_2}{\sigma_2}\right)+\left(\frac{y-\mu_2}{\sigma_2}\right)^2\right]\right\}\mathrm{d}x\mathrm{d}y\end{aligned}$$

做变量替换,令 $u=\dfrac{x-\mu_1}{\sigma_1},v=\dfrac{y-\mu_2}{\sigma_2}$,则

$$\begin{aligned}\operatorname{Cov}(X,Y)&=\frac{\sigma_1\sigma_2}{2\pi\sqrt{1-\rho^2}}\int_{-\infty}^{+\infty}\int_{-\infty}^{+\infty}uv\exp\left\{-\frac{1}{2(1-\rho^2)}(u^2-2\rho uv+v^2)\right\}\mathrm{d}u\mathrm{d}v\\&=\frac{\sigma_1\sigma_2}{\sqrt{2\pi}}\int_{-\infty}^{+\infty}v\mathrm{d}v\frac{1}{\sqrt{2\pi(1-\rho^2)}}\int_{-\infty}^{+\infty}u\exp\left\{-\frac{1}{2(1-\rho^2)}[(u-\rho v)^2+(1-\rho^2)v^2]\right\}\mathrm{d}u\mathrm{d}v\\&=\frac{\sigma_1\sigma_2}{\sqrt{2\pi}}\int_{-\infty}^{+\infty}v\exp\left(-\frac{v^2}{2}\right)\mathrm{d}v\left\{\frac{1}{\sqrt{2\pi(1-\rho^2)}}\int_{-\infty}^{+\infty}u\exp\left\{-\frac{(u-\rho v)^2}{2(1-\rho^2)}\right\}\mathrm{d}u\right\}\\&=\frac{\sigma_1\sigma_2}{\sqrt{2\pi}}\int_{-\infty}^{+\infty}\rho v^2\exp\left(-\frac{v^2}{2}\right)\mathrm{d}v=\rho\sigma_1\sigma_2\end{aligned}$$

因此,

$$\rho_{XY}=\frac{\operatorname{Cov}(X,Y)}{\sqrt{DX}\sqrt{DY}}=\frac{\rho\sigma_1\sigma_2}{\sigma_1\sigma_2}=\rho$$

二维正态分布5个参数的含义都已明确:μ_1,σ_1^2 是边缘分布 X 服从的正态分布的参数;μ_2,σ_2^2 是边缘分布 Y 服从的正态分布的参数;ρ 是 X,Y 的相关系数.

下述定理进一步明确了相关系数的含义.

定理 4.3.2 设 ρ_{XY} 为 X,Y 的相关系数,则有

(1) $|\rho_{XY}|\leqslant 1$;

(2) $|\rho_{XY}|=1$ 的充要条件为:存在常数 $a,b,a\neq 0$,使得 $P(Y=aX+b)=1$.

证明: 考虑 X 和 Y 之间的线性关系. 选取常数 a,b,使 $aX+b$ 尽可能地接近 Y.

用均方差 $e=E\,[Y-(aX+b)]^2$ 作为近似程度的评价标准,均方差 e 越小,近似程度越好. 下面,我们寻找合适的 a,b,使 e 的值尽可能小.

$$\begin{aligned}e&=E\,[Y-(aX+b)]^2\\&=a^2EX^2+b^2-2aEXY+2abEX-2bEY+EY^2\end{aligned}$$

是 a,b 的二元函数,令

$$\begin{cases}\dfrac{\partial e}{\partial a}=2aEX^2-2EXY+2bEX=0\\[2ex]\dfrac{\partial e}{\partial b}=2b+2aEX-2EY=0\end{cases}$$

解得

$$a_0=\frac{\operatorname{Cov}(X,Y)}{D(X)},\quad b_0=EY-\frac{\operatorname{Cov}(X,Y)}{DX}EX$$

e 在驻点 (a_0,b_0) 处取得最小值,整理后为

$$e_{\min}=E\,[Y-(a_0X+b_0)]^2=(1-\rho_{XY}^2)DY \tag{4.3.5}$$

(1) 由式(4.3.5),因为 $e\geqslant 0,DY\geqslant 0$,所以 $1-\rho_{XY}^2\geqslant 0$,因此可得

$$|\rho_{XY}|\leqslant 1$$

(2) 先证必要性. $|\rho_{XY}|=1$,则有 $E\,[Y-(a_0X+b_0)]^2=0$,而

$$E\,[Y-(a_0X+b_0)]^2=(E[Y-(a_0X+b_0)])^2+D[Y-(a_0X+b_0)]$$

因此,

$$E[Y-(a_0X+b_0)]=0,\quad D[Y-(a_0X+b_0)]=0$$

由方差的性质 4.2.1(1),得

$$P\{[Y-(a_0X+b_0)=0\}=1$$

即

$$P\{[Y=a_0X+b_0\}=1$$

再证充分性. 若存在常数 $a,b,a\neq 0$,使得 $P(Y=aX+b)=1$,则

$$\begin{aligned}\rho_{XY}&=\frac{\mathrm{Cov}(X,Y)}{\sqrt{DX}\sqrt{DY}}=\frac{\mathrm{Cov}(X,aX+b)}{\sqrt{DX}\sqrt{D(aX+b)}}\\&=\frac{a\mathrm{Cov}(X,X)}{\sqrt{DX}\sqrt{a^2DX}}\\&=\frac{aDX}{|a|DX}=\begin{cases}1, & a>0\\-1, & a<0\end{cases}\end{aligned}$$

从而有 $|\rho_{XY}|=1$.

由式(4.3.5)知,均方差 e 是 $|\rho_{XY}|$ 的严格单调减少函数. $|\rho_{XY}|$ 越大,e 越小,X,Y 的线性关系越紧密. 当 $|\rho_{XY}|=1$ 时,根据定理 4.3.2(2),X 和 Y 之间以概率 1 存在线性关系,于是,ρ_{XY} 反映了随机变量 X,Y 之间的线性关系紧密程度,$|\rho_{XY}|$ 越大,两者之间的线性关系越强;$|\rho_{XY}|$ 越小,X,Y 之间的线性关系越弱. 特别地,$\rho_{XY}=0$ 时,X,Y 之间没有线性关系.

当 $\rho_{XY}=0$ 时,称 X 和 Y 不相关;

当 $\rho_{XY}>0$ 时,称 X,Y 正相关;

当 $\rho_{XY}<0$ 时,称 X,Y 负相关.

正相关指的是 X 变大或变小时,Y 的变化趋势和 X 一致;负相关指的是 X 变大或变小时,Y 的变化趋势和 X 相反.

例 4.3.4　投掷硬币 n 次,X 表示正面出现的次数,Y 表示反面出现的次数,求 ρ_{XY}.

解: 由于 $Y=n-X$,所以 X 和 Y 是负相关的,又因为 X,Y 之间有完全的线性关系,即 $P(Y=-X+n)=1$,所以 $\rho_{XY}=-1$.

由于相关系数和协方差有相同的符号,也可以根据协方差为正、负、零分别称相应随机变量是正相关、负相关和不相关.

要注意的是,相关系数刻画的只是 X 和 Y 之间的线性关系,其他关系从相关系数反映不出来.

例 4.3.5　设(X,Y)服从 $D:|x|+|y|\leqslant 1$ 上的均匀分布,证明:

(1) X,Y 不相关;

(2) X,Y 不相互独立.

证明: (1) 由于(X,Y)服从 $D:|x|+|y|\leqslant 1$ 上的均匀分布,则其概率密度为

$$p(x,y)=\begin{cases}\dfrac{1}{2}, & |x|+|y|\leqslant 1\\0, & \text{其他}\end{cases}$$

由于 D 关于 x 轴、y 轴及原点都对称,所以

$$E(X)=\iint_{R^2}xp(x,y)\mathrm{d}x\mathrm{d}y=\frac{1}{2}\iint_D x\mathrm{d}x\mathrm{d}y=0$$

同理

$$E(Y)=0$$

$$E(XY)=\iint_{R^2}xyp(x,y)\,\mathrm{d}x\mathrm{d}y=\frac{1}{2}\iint_{D}xy\mathrm{d}x\mathrm{d}y=0$$

$$\mathrm{Cov}(X,Y)=E(XY)-E(X)E(Y)=0$$

$$\rho_{XY}=0$$

即 X,Y 不相关.

(2) 而 $P\left(X>\frac{1}{2},Y>\frac{1}{2}\right)=0$, 但

$$P\left(X>\frac{1}{2}\right)=\int_{\frac{1}{2}}^{1}\mathrm{d}x\int_{x-1}^{1-x}\frac{1}{2}\mathrm{d}y=\frac{1}{8}$$

$$P\left(Y>\frac{1}{2}\right)=\int_{\frac{1}{2}}^{1}\mathrm{d}y\int_{y-1}^{1-y}\frac{1}{2}\mathrm{d}x=\frac{1}{8}$$

故有

$$P\left(X>\frac{1}{2},Y>\frac{1}{2}\right)\neq P\left(X>\frac{1}{2}\right)P\left(Y>\frac{1}{2}\right)$$

所以 X,Y 不相互独立.

该例说明,X,Y 尽管不相关,但它们不独立,也就是说,它们之间还有线性关系之外的某种联系.因此,一般情况下,两个随机变量之间独立一定不相关,不相关不一定独立.

但二维正态分布例外.

定理 4.3.3 设 $(X,Y)\sim N(\mu_1,\mu_2,\sigma_1^2,\sigma_2^2,\rho)$,则 X,Y 不相关与独立等价.

证明: 由例 3.2.9 知,X、Y 相互独立的充要条件是 $\rho=0$,而 $\rho=0$ 就是 X、Y 不相关,因此 X、Y 不相关与独立等价.

上述定理说明,对二维正态分布 (X,Y) 而言,X,Y 之间如果没有线性关系,则 X,Y 相互独立.

4.3.3 其他数字特征

1.矩

矩是期望、方差、协方差的推广. 在保险精算以及可靠性分析中,为了描述破产时间或者生存时间的分布形状时,经常要用到矩的概念.

定义 4.3.3 设 X,Y 为随机变量,

(1) 若 $E|X|^k<+\infty$,则称 $a_k=EX^k$ 为随机变量 X 的 **k 阶原点矩**;

(2) 若 $E|X-EX|^k<+\infty$,则称 $b_k=E(X-EX)^k$ 为随机变量 X 的 **k 阶中心矩**;

(3) 若 $E|X^kY^l|<+\infty$,则称 EX^kY^l 为 X,Y 的 **$k+l$ 阶混合原点矩**;

(4) 若 $E|(X-EX)^k(Y-EY)^l|<+\infty$,则称 $E[(X-EX)^k(Y-EY)^l]$ 为 X、Y 的 **$k+l$ 阶混合中心矩**.

注:(1) 由上述定义可以看出,EX 为随机变量 X 的 1 阶原点矩,DX 为随机变量 X 的 2 阶中心矩,$\mathrm{Cov}(X,Y)$ 为 X、Y 的 $1+1$ 阶混合中心矩.

(2) 中心距和原点矩可以相互表示. 事实上

$$a_k = EX^k = E[(X-EX)+EX]^k = \sum_{i=0}^{k} C_k^i E(X-EX)^i (EX)^{k-i} = \sum_{i=0}^{k} C_k^i b_i a_1^{k-i}$$

同样

$$b_k = E(X-EX)^k = \sum_{i=0}^{k} C_k^i EX^i(-EX)^{k-i} = \sum_{i=0}^{k} C_k^i (-1)^{k-i} a_i a_1^{k-i}$$

(3) 若高阶矩存在,则低阶矩一定存在,因此,在实际应用中通常都只需给出最高阶的矩条件.

例 4.3.6 设随机变量 $X \sim N(0,1)$,求 X 的 k 阶原点矩 α_k(k 取正整数).

解: $\alpha_k = EX^k = \int_{-\infty}^{+\infty} x^k \frac{1}{\sqrt{2\pi}} e^{-\frac{1}{2}x^2} dx$

当 k 为奇数时,利用定积分的对称性知 $\alpha_k = 0$.

当 k 为偶数时,

$$\begin{aligned}\alpha_k &= \sqrt{\frac{2}{\pi}} \int_0^{+\infty} x^k e^{-\frac{1}{2}x^2} dx \qquad (令\ t = \frac{1}{2}x^2,则\ dt = x dx) \\ &= \sqrt{\frac{2}{\pi}} 2^{\frac{k-1}{2}} \int_0^{+\infty} t^{\frac{k-1}{2}} e^{-t} dt \\ &= \sqrt{\frac{2}{\pi}} 2^{\frac{k-1}{2}} \Gamma\left(\frac{k+1}{2}\right) \qquad (利用\ \Gamma(\alpha+1) = \alpha\Gamma(\alpha),\Gamma\left(\frac{1}{2}\right) = \sqrt{\pi}) \\ &= (k-1)(k-3)\cdots 1 \qquad (k = 2,4,6,\cdots)\end{aligned}$$

2.偏度系数与峰度系数

定义 4.3.4 设随机变量 X 的 4 阶矩存在,$X^* = \frac{X-EX}{\sqrt{DX}}$ 为 X 的标准化随机变量,

$$\alpha = E[(X^*)^3]$$
$$\beta = E[(X^*)^4]$$

则称 α 为随机变量 X 的偏度系数或偏度;β 为随机变量 X 的峰度系数或峰度.

α 可用来刻画随机变量取值关于均值的对称程度. 当 X 的取值关于 EX 对称时,$\alpha = 0$.β 用来刻画分布的密度曲线(如果有概率密度函数)的陡峭程度.

例 4.3.7 设随机变量 $X \sim N(\mu,\sigma^2)$,求 X 的偏度 α 和峰度 β.

解: $X^* \sim N(0,1)$,根据例 4.3.6,有

$$E(X^*)^3 = 0, E(X^*)^4 = 3$$

所以,$\alpha = 0,\beta = 3$.

$\alpha = 0$ 说明正态分布关于 EX 完全对称.

如果 $\beta < 3$,则随机变量标准化后的分布形状比标准正态分布更平坦;如果 $\beta = 3$,则随机变量标准化后的分布形状与标准正态分布相当;如果 $\beta > 3$,则随机变量标准化后的分布形状比标准正态分布更尖峭.

正因为标准正态分布的峰度为3,在实际应用中,通常将峰度值做减3处理,使得正态分

布的峰度为 0. 因此,实际应用时,要注意峰度的默认定义.

3.分位数

定义 4.3.5 设 X 是连续型随机变量,概率密度函数为 $p(x)$,$0 < p < 1$. 如果数 α 满足

$$P(X \leqslant \alpha) = \int_{-\infty}^{\alpha} p(x)\mathrm{d}x = p$$

则称 α 为该分布的 p 分位数, 或下侧 p 分位数,记为 α_p;而称满足条件

$$P(X > \beta) = \int_{\beta}^{+\infty} p(x)\mathrm{d}x = p$$

的 β 为该分布的上侧 p 分位数, 记为 β_p.

分位数 α_p 是把概率密度函数与 x 轴之间的面积用直线 $x = \alpha_p$ 分成左右两部分,左边部分的面积为 p. 而上侧分位数 β_p 是右边部分的面积为 p,如图 4.3.1 所示.

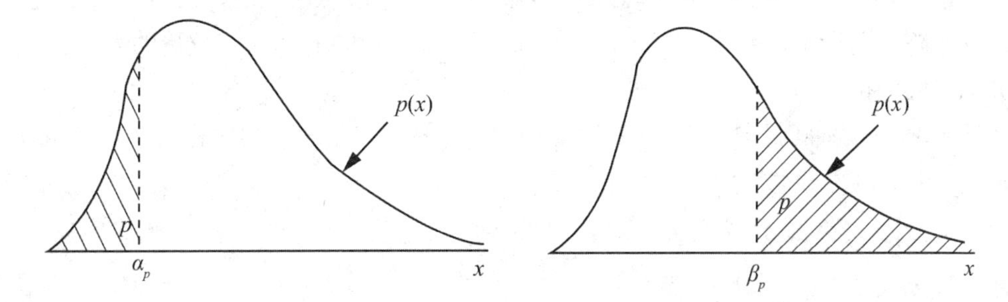

图 4.3.1 分位数及上侧分位数示意图

标准正态分布的 p 分位数记为 u_p.例如,通过查标准正态分布函数表,$\Phi(1.96) = 0.975$,所以 $u_{0.975} = 1.96$.

0.5 分位数又称为**中位数**,中位数就是把概率密度函数与 x 轴之间的面积左右平分的分位数. 最常用的分位数是 0.25 分位数、中位数和 0.75 分位数.

4.众数

定义 4.3.6 (1) 设 X 是离散型随机变量,可能取值为 $x_1, x_2, \cdots$(有限个或可列无限个)如果

$$P(X = x_k) \leqslant P(X = x_i) \qquad (i = 1, 2, \cdots)$$

则称 x_k 是 X 的众数.

(2) 设 X 是连续型随机变量,概率密度函数为 $p(x)$,如果 x_0 是 $p(x)$ 的最大值点,即

$$p(x_0) \leqslant p(x)$$

则称 x_0 是 X 的众数.

对正态分布 $N(\mu, \sigma^2)$ 而言,μ 是它的均值、中位数和众数. 如果 X 服从二项分布 $b(n, p)$,当 $(n+1)p$ 不是整数时,$[(n+1)p]$ 是众数;当 $(n+1)p$ 是整数时,$(n+1)p - 1$ 和 $(n+1)p$ 都是众数.

5.协方差阵

定义 4.3.7　记 n 维随机向量为 $X=(X_1,X_2,\cdots,X_n)^{\mathrm{T}}$，若每个分量的数学期望 $EX_i(i=1,2,\cdots,n)$ 都存在，则称

$$EX=(EX_1,EX_2,\cdots,EX_n)^{\mathrm{T}}$$

为 n 维随机向量 X 的数学期望；称 n 阶方阵

$$\Sigma=E[(X-EX)(X-EX)^{\mathrm{T}}]=\begin{pmatrix} c_{11} & c_{12} & \cdots & c_{1n} \\ c_{21} & c_{22} & \cdots & c_{2n} \\ \vdots & \vdots & & \vdots \\ c_{n1} & c_{n2} & \cdots & c_{nn} \end{pmatrix}$$

为随机向量 X 的协方差阵，其中 $c_{ij}=\mathrm{Cov}(X_i,X_j),i,j=1,2,\cdots,n.$

协方差阵对角线上的元素 $c_{ii}(i=1,2,\cdots,n)$ 是随机向量 X 的第 i 个分量的方差，其他元素是分量之间的协方差.

定理 4.3.4　n 维随机向量 $X=(X_1,X_2,\cdots,X_n)^{\mathrm{T}}$ 的协方差阵 Σ 是对称的非负定矩阵.

证明：根据协方差的性质，$c_{ij}=c_{ji}$，故 $\Sigma=\Sigma^{\mathrm{T}}$.

设 $x=(x_1,x_2,\cdots,x_n)^{\mathrm{T}}$ 为任意 n 维实向量，则

$$\begin{aligned} x^{\mathrm{T}}\Sigma x &= x^{\mathrm{T}}E[(X-EX)(X-EX)^{\mathrm{T}}]x \\ &= E[x^{\mathrm{T}}(X-EX)(X-EX)^{\mathrm{T}}x] \\ &= E\{[(X-EX)^{\mathrm{T}}x]^{\mathrm{T}}[(X-EX)^{\mathrm{T}}x]\} \\ &= E[(X-EX)^{\mathrm{T}}x]^2 \geqslant 0 \end{aligned}$$

所以，Σ 非负定.

协方差阵是实对称阵，因此一定可以用正交变换将其对角化，这一结论导出的一系列结果在随机分析中有重要的应用.

例 4.3.8　求二维正态分布 $(X,Y)\sim N(\mu_1,\mu_2,\sigma_1^2,\sigma_2^2,\rho)$ 的协方差阵.

解：$c_{11}=DX=\sigma_1^2$，

$c_{22}=DY=\sigma_2^2$，

$c_{12}=c_{21}=\mathrm{Cov}(X,Y)=\rho_{XY}\sqrt{DX}\sqrt{DY}=\rho\sigma_1\sigma_2$

所以，协方差阵为

$$\Sigma=\begin{pmatrix} \sigma_1^2 & \rho\sigma_1\sigma_2 \\ \rho\sigma_1\sigma_2 & \sigma_2^2 \end{pmatrix}$$

习题 4.3

1.设二维随机变量 (X,Y) 的联合分布列为

X \ Y	-1	0	1
0	0.07	0.18	0.15
1	0.08	0.32	0.20

试求 X^2 与 Y^2 的协方差.

2. 将一枚硬币重复掷 n 次,以 X 和 Y 分别表示正面朝上和反面朝上的次数,求 $\mathrm{Cov}(X,Y)$.

3. 设随机变量 X 和 Y 独立同服从参数为 λ 的泊松分布,令 $U=2X+Y,V=2X-Y$,求 ρ_{UV}.

4. 已知 X 和 Y 是随机变量,$EX=-2,EY=2,DX=1,DY=4,\rho_{XY}=-0.5$,根据切比雪夫不等式估计 $P(|X+Y|\leqslant 6)$ 的上限.

5. 设二维随机变量(X,Y) 的联合概率密度函数为

$$p(x,y)=\begin{cases}1, & |Y|<x,\quad 0<x<1\\ 0, & \text{其他}\end{cases}$$

求 $\mathrm{Cov}(X,Y)$.

6. 已知 X 和 Y 的相关系数为 ρ,求 $X_1=aX+b,Y_1=cY+d$ 的相关系数,其中 a,b,c,d 均为非零常数.

7. 设 X 和 Y 独立同分布,共同分布为 $N(\mu,\sigma^2)$. $U=aX+bY,V=aX-bY,a,b$ 为非零常数,求 ρ_{UV}.

8. 设二维随机变量$(X,Y)\sim N(0,0,1,1,\rho)$,求 $X-Y$ 与 XY 的相关系数.

9. 设二维随机变量(X,Y) 服从区域 $D=\{(x,y)\mid 0<x<1,0<x<y<1\}$ 上的均匀分布,求 $\mathrm{Cov}(X,Y)$ 和 ρ_{XY}.

10. 设 a 为区间$(0,1)$ 上的一个定点,随机变量 $X\sim U(0,1)$. 以 Y 表示点 X 到 a 的距离,问 a 为何值时 X 与 Y 不相关.

11. 设 $X\sim N(0,1)$,随机变量 Y 各以 0.5 的概率取值 ± 1,且 X 和 Y 独立. 令 $Z=XY$,证明:(1)$Z\sim N(0,1)$;(2)X 和 Z 不相关.

12. 设随机变量 X,Y 不相关,且 $EX=2,EY=1,DX=3$,求 $E[X(X+Y-2)]$.

13. 已知 $X\sim N(1,3^2),Y\sim N(0,4^2)$,且 $\rho_{XY}=-\frac{1}{2}$. 设 $Z=\frac{X}{3}+\frac{Y}{2}$,求(1)$EZ,DZ$;(2)$\rho_{XZ}$.

14. 设二维随机变量(X,Y) 的概率密度函数为

$$p(x,y)=\frac{1}{2}[\varphi_1(x,y)+\varphi_2(x,y)]$$

其中,$\varphi_1(x,y)$ 和 $\varphi_2(x,y)$ 都是二维正态分布的概率密度函数,且它们对应的二维随机变量的相关系数分别为 $\frac{1}{3}$ 和 $-\frac{1}{3}$,它们的边缘概率密度函数对应的随机变量数学期望都是 0,方差都是 1.

(1) 求 X 和 Y 的概率密度函数,以及它们的相关系数 ρ_{XY};

(2) 判断 X 和 Y 是否独立.

15. 设随机变量 X,Y 的概率分布相同,X 的概率分布为 $P(X=0)=\frac{1}{3}$,$P(X=1)=\frac{2}{3}$,且 X,Y 的相关系数 $\rho_{XY}=\frac{1}{2}$.

(1) 求二维随机变量 (X,Y) 的联合概率分布;

(2) 求概率 $P(X+Y\leqslant 1)$.

16. 设随机变量 $X\sim U(a,b)$,求 X 的偏度系数和峰度系数.

17. 求参数为 λ 的指数分布的峰度系数.

4.4 条件数学期望

4.4.1 条件期望的定义

随机变量的数学期望是由分布确定的,条件分布也是一种分布. 条件分布的数学期望称为**条件数学期望**,实际问题中,我们经常要求条件数学期望.

例如,若二维随机变量 (X,Y) 中 X 表示某地人的身高,Y 表示体重,EX 表示该地人的平均身高. 如果我们想知道体重为 y 的人的平均身高,就要求 $Y=y$ 条件下 X 的条件数学期望.

一般地,对二维随机变量 (X,Y),用记号 $E(X\mid Y=y)$ 表示在 $Y=y$ 的条件下随机变量 X 的条件期望,这里我们假设 $E(X\mid Y=y)$ 存在,其定义如下:

定义 4.4.1 (1) 若 (X,Y) 是二维离散型随机变量,分布律为 $P(X=x_i,Y=y_j)=p_{ij}$,$i,j=1,2,\cdots$,则

$$E(X\mid Y=y_j)=\sum_i x_i P(X=x_i\mid Y=y_j)=\sum_i x_i\frac{p_{ij}}{p_{\cdot j}} \tag{4.4.1}$$

(2) 若 (X,Y) 是二维连续型随机变量,联合密度函数为 $p(x,y)$,已知 $Y=y$ 时,随机变量 X 的条件密度为 $p_{X\mid Y}(x\mid y)$,则

$$E(X\mid Y=y)=\int_{-\infty}^{+\infty}xp_{X\mid Y}(x,y)\,\mathrm{d}x=\int_{-\infty}^{+\infty}x\frac{p(x,y)}{p_Y(y)}\mathrm{d}x \tag{4.4.2}$$

类似地,可以定义 $E(Y\mid X=x)$.

条件期望 $E(X\mid Y=y)$ 表示在 $Y=y$ 的条件下,随机变量 X 的期望,其值依赖 y,是 y 的函数. 如果这个函数记为 $g(y)$,则

$$g(y)=E(X\mid Y=y) \tag{4.4.3}$$

$g(Y)$ 是随机变量 Y 的函数,记为 $E(X\mid Y)$,即

$$E(X\mid Y)=g(Y) \tag{4.4.4}$$

$E(X\mid Y)$ 是条件期望中常用的随机变量.

例 4.4.1 若 $(X,Y)\sim N(\mu_1,\mu_2,\sigma_1^2,\sigma_2^2,\rho)$,求条件期望 $E(X\mid Y)$ 和 $E(Y\mid X)$.

解:条件概率密度函数

$$p(x \mid y)=\frac{p(x,y)}{p_X(x)}$$

$$=\frac{\dfrac{1}{2\pi\sigma_1\sigma_2\sqrt{1-\rho^2}}\exp\left\{-\dfrac{1}{2(1-\rho^2)}\left[\dfrac{(x-\mu_1)^2}{\sigma_1^2}-2\rho\dfrac{(x-\mu_1)(y-\mu_2)}{\sigma_1\sigma_2}+\dfrac{(y-\mu_1)^2}{\sigma_2^2}\right]\right\}}{\dfrac{1}{\sqrt{2\pi}}\exp\left\{-\dfrac{(y-\mu_2)^2}{2\sigma_2^2}\right\}}$$

$$=\frac{1}{\sqrt{2\pi}\sigma_1\sqrt{1-\rho^2}}\exp\left\{-\frac{1}{2\sigma_1^2(1-\rho^2)}\left[x-\left(\mu_1+\rho\frac{\sigma_1}{\sigma_2}(y-\mu_2)\right)\right]^2\right\}$$

$p(x \mid y)$ 正好是正态分布 $N\left(\mu_1+\rho\dfrac{\sigma_1}{\sigma_2}(y-\mu_2),\sigma_1^2(1-\rho^2)\right)$ 的概率密度函数，于是

$$E(X \mid Y=y)=\mu_1+\rho\frac{\sigma_1}{\sigma_2}(y-\mu_2)$$

$$E(X \mid Y)=\mu_1+\rho\frac{\sigma_1}{\sigma_2}(Y-\mu_2) \tag{4.4.5}$$

同理，

$$E(Y \mid X)=\mu_2+\rho\frac{\sigma_2}{\sigma_1}(X-\mu_1) \tag{4.4.6}$$

4.4.2 重期望公式

条件期望具有数学期望的一切性质，比如

$$E(aX_1+bX_2 \mid Y=y)=aE(X_1 \mid Y=y)+bE(X_2 \mid Y=y)$$

在此不一一列举.

对于随机变量 Y 的函数 $E(X \mid Y)$，它的期望 $E[E(X \mid Y)]$ 有什么样的结果？比如，对式(4.4.5)而言，$E[E(X \mid Y)]=E\left(\mu_1+\rho\dfrac{\sigma_1}{\sigma_2}(Y-\mu_2)\right)=\mu_1=EX$，即有 $E[E(X \mid Y)]=EX$，这个结果不是偶然的，具有普遍性.

定理 4.4.1 设 (X,Y) 是二维随机变量，EX 存在，则

$$E[E(X \mid Y)]=EX \tag{4.4.7}$$

证明： 设 (X,Y) 是连续型随机变量，联合概率密度函数为 $p(x,y)$. 根据式(4.4.3)、式(4.4.4)，有

$$E[E(X \mid Y)]=Eg(Y)=\int_{-\infty}^{+\infty}g(y)p_Y(y)\,\mathrm{d}y$$

$$=\int_{-\infty}^{+\infty}E(X \mid Y=y)p_Y(y)\,\mathrm{d}y$$

$$=\int_{-\infty}^{+\infty}\int_{-\infty}^{+\infty}x\frac{p(x,y)}{p_Y(y)}p_Y(y)\,\mathrm{d}x\mathrm{d}y$$

$$=\int_{-\infty}^{+\infty}\int_{-\infty}^{+\infty}xp(x,y)\,\mathrm{d}x\mathrm{d}y$$

$$= EX$$

公式(4.4.7) 称为**重期望公式**,揭示了随机变量期望和条件期望的关系：随机变量 X 在各种条件 $Y=y$ 下的平均的平均就是总平均 EX.

如果直接求 EX 比较困难,我们可以引进一个随机变量 Y,先求 $E(X \mid Y=y)$,再利用公式(4.4.7) 对这些条件期望再加权平均,就可得 EX.

(1) 如果 Y 是离散型随机变量,式(4.4.7) 可改写为

$$EX = \sum_j E(X \mid Y=y_j)P(Y=y_j) \tag{4.4.8}$$

(2) 如果 Y 是连续型随机变量,式(4.4.7) 可改写为

$$EX = \int_{-\infty}^{+\infty} E(X \mid Y=y)p_Y(y)\mathrm{d}y \tag{4.4.9}$$

例 4.4.2 一矿工被困在有3个门的矿井里. 第一个门通一坑道,沿此坑道走3小时可到达安全区;第二个门通一坑道,沿此坑道走5小时又回到原处;第三个门通一坑道,沿此坑道走7小时也回到原处. 假定此矿工总是等可能地在3个门中选择1个,试问:他平均要用多少时间才能到达安全区?

解:设该矿工需要 X 小时到达安全区,则 X 的可能取值为

$$3,\quad 5+3,\quad 7+3,\quad 5+5+3,\quad 5+7+3,\quad 7+7+3,\cdots$$

很难写出 X 的分布列,直接用分布列求 EX 困难.引进随机变量 Y,$\{Y=i\}$ 表示选择第 i 个门,则

$$P(Y=i)=\frac{1}{3}\qquad (i=1,2,3)$$

由题意知,$E(X \mid Y=1)=3$,$E(X \mid Y=2)=5+EX$,$E(X \mid Y=3)=7+EX$

根据式(4.4.8),有

$$\begin{aligned} EX &= \frac{1}{3}\{E(X \mid Y=1)+E(X \mid Y=2)+E(X \mid Y=3)\} \\ &= \frac{1}{3}(3+5+EX+7+EX) \\ &= 5+\frac{2}{3}EX \end{aligned}$$

从而,$EX=15$.

例 4.4.3 设 $X_1,X_2,\cdots$ 是独立同分布的随机变量序列,$EX_i=\mu$,$i=1,2,\cdots$,随机变量 N 只取正整数,N 与$\{X_n\}$ 独立,证明:

$$E\Big(\sum_{i=1}^{N} X_i\Big)=(EN)\mu \tag{4.4.10}$$

证明: 根据式(4.4.8),有

$$\begin{aligned} E\Big(\sum_{i=1}^{N} X_i\Big) &= E\Big[E\Big(\sum_{i=1}^{N} X_i \mid N\Big)\Big] \\ &= \sum_{n=1}^{+\infty}\Big[E\Big(\sum_{i=1}^{N} X_i \mid N=n\Big)\Big]P(N=n) \\ &= \sum_{n=1}^{+\infty}\Big[E\Big(\sum_{i=1}^{n} X_i\Big)\Big]P(N=n) \end{aligned}$$

$$= \sum_{n=1}^{+\infty} [nE(X_i)] P(N=n)$$
$$= \mu \sum_{n=1}^{+\infty} nP(N=n)$$
$$= (EN)\mu$$

上例给出了随机个独立同分布的随机变量和的期望公式.

例 4.4.4　设一天内到达某超市的顾客数 $N \sim \pi(\lambda)$,又设顾客之间的消费 X_i 独立同分布,$EX_i = \mu$,求全天营业额 S 的期望.

解:根据式(4.4.10),有

$$ES = E\left(\sum_{i=1}^{N} X_i\right)$$
$$= (EN)(EX_i) = \lambda\mu$$

重期望公式(4.4.7) 可以推广为

$$E[E(g(X) \mid Y)] = E[g(X)] \tag{4.4.11}$$

其中,$g(x)$ 为函数.

4.4.3　条件期望在预测中的应用

实际问题中,我们经常要利用已知信息对变量进行预测. 比如,测得某人的足长(脚趾到脚跟的长度)Y 的值 y,基于 Y 的这个观察值,要对另一个随机变量身高 X 进行预测. 通常用 $g(Y)$ 表示预测值,即当 Y 的观察值为 y 时,$g(y)$ 就是 X 的预测值. 当然,我们希望 $g(Y)$ 接近 X,选择 $g(Y)$ 的一个准则是使 $E[X-g(Y)]^2$ 极小. 现在我们指出,在这个准则下,X 的最好预测值为 $g(Y)=E(X \mid Y)$.

定理 4.4.2　设 (X,Y) 是二维随机变量,所有随机变量的期望都存在,$g(x)$,$h(y)$ 是函数,则

$$E[h(Y)g(X) \mid Y] = h(Y)E[g(X) \mid Y]$$

证明: 由于

$$E[h(Y)g(X) \mid Y=y]$$
$$= E[h(y)g(X) \mid Y=y]$$
$$= h(y)E[g(X) \mid Y=y]$$

所以

$$E[h(Y)g(X) \mid Y] = h(Y)E[g(X) \mid Y] \tag{4.4.12}$$

定理 4.4.3　设 X,Y 是两个随机变量,$EX^2 < +\infty$,$g(Y)=E(X \mid Y)$,则对任何函数 $f(y)$,有

$$E[X-g(Y)]^2 \leqslant E[X-f(Y)]^2$$

证明:　$E[X-f(Y)]^2 = E[X-g(Y)+g(Y)-f(Y)]^2$

$$= E[X-g(Y)]^2 + E[g(Y)-f(Y)]^2 + 2E[X-g(Y)][g(Y)-f(Y)]$$

令 $h(Y)=g(Y)-f(Y)$,根据推广的重期望公式(4.4.12),有

$$E[X-g(Y)][g(Y)-f(Y)] = E[(X-g(Y))h(Y)]$$
$$= E\{E[h(Y)(X-g(Y))] \mid Y\}$$

$$= E\{h(Y)[E(X - g(Y)) \mid Y]\}$$

又

$$E(X - g(Y)) \mid Y = E(X \mid Y) - E[(g(Y) \mid Y] = g(X \mid Y) - g(X \mid Y) = 0$$

所以

$$E[X - g(Y)][g(Y) - f(Y)] = 0$$

因此

$$E[X - f(Y)]^2 = E[X - g(Y)]^2 + E[g(Y) - f(Y)]^2$$

即有

$$E[X - g(Y)]^2 \leqslant E[X - f(Y)]^2$$

根据定理4.4.3,对正态分布而言,由式(4.4.5)、式(4.4.6)知,最佳预测就是最佳线性预测.

我们再来看利用足长预测身高的问题. 一般认为人的身高 X 和足长 Y 可以看成二维正态分布,即 $(X,Y) \sim N(\mu_1,\mu_2,\sigma_1^2,\sigma_2^2,\rho)$,由例4.4.1知,

$$E(X \mid Y = y) = \mu_1 + \rho \frac{\sigma_1}{\sigma_2}(y - \mu_2)$$

用大量的数据估计参数 $\mu_1,\mu_2,\sigma_1^2,\sigma_2^2,\rho$,代入上式即得身高 X 的预测公式.

习题 4.4

1. 设二维离散型随机变量 (X,Y) 的联合分布列为

X \ Y	0	1	2	3
0	0	0.01	0.01	0.01
1	0.01	0.02	0.03	0.02
2	0.03	0.04	0.05	0.04
3	0.05	0.05	0.05	0.06
4	0.07	0.06	0.05	0.06
5	0.09	0.08	0.06	0.05

试求 $E(X \mid Y = 2)$ 和 $E(Y \mid X = 0)$.

2. 设随机变量 X 和 Y 相互独立,分别服从参数为 λ_1 和 λ_2 的泊松分布,试求 $E(X_1 \mid X_1 + X_2 = n)$.

3. 设二维随机变量 (X,Y) 的联合概率密度函数为

$$p(x,y) = \begin{cases} x + y, & 0 < x,y < 1 \\ 0, & \text{其他} \end{cases}$$

求 $E(X \mid Y = 0.5)$.

4. 设二维随机变量 (X,Y) 的联合概率密度函数为

$$p(x,y)=\begin{cases}24(1-x)y, & 0<y<x<1\\ 0, & \text{其他}\end{cases}$$

当 $0<y<1$ 时,求 $E(X\mid Y=y)$.

5. 设随机变量 $X_1 \sim U(0,1)$,X_i 在 $(X_{i-1},X_{i-1}+1)$ 上服从均匀分布,$i=1,2,\cdots,n$,求 EX_n.

6. 一只昆虫一次产卵数 N 服从参数为 λ 的泊松分布,每个卵能成活的概率为 p. 求一只昆虫一次产卵后的平均成活数.

7. 设 EY,$E(h(Y))$ 存在,证明:$E[h(Y)\mid Y]=h(Y)$.

第 5 章　大数定律与中心极限定理

5.1　特征函数

描述随机变量的分布是概率论的基本任务,分布函数很好地描述了随机变量的分布规律.但是,对于相互独立的随机变量和的分布函数通常确定起来比较繁琐,要用到卷积公式.有没有一种其他的描述随机变量分布的方法,处理相互独立随机变量和的分布比较方便呢?这种方法是有的,用本节介绍的特征函数(Characteristic function)来描述随机变量的分布,处理相互独立随机变量和的分布就非常方便.

5.1.1　特征函数的定义

如果随机变量的取值为实数,则称为实随机变量. 若 X,Y 是实随机变量,则称 $Z=X+\mathrm{i}Y$ 为复随机变量,其中 i 为虚数单位,是常数,满足 $\mathrm{i}^2=-1$.根据数学期望的性质,当 $E(X)$, $E(Y)$ 存在时,复随机变量 Z 的数学期望为 $E(Z)=E(X)+\mathrm{i}E(Y)$,是一个复数.

根据欧拉公式 $\mathrm{e}^{\mathrm{i}t}=\cos t+\mathrm{i}\sin t$,对任意实数 t 和实随机变量 X 有

$$\mathrm{e}^{\mathrm{i}tX}=\cos(tX)+\mathrm{i}\sin(tX)$$

$\mathrm{e}^{\mathrm{i}tX}$ 是随机变量 X 的一个函数,是复随机变量,它的数学期望 $E(\mathrm{e}^{\mathrm{i}tX})$ 是 t 的函数,由 X 的分布确定,这个关于 t 的函数 $E(\mathrm{e}^{\mathrm{i}tX})$ 就称为随机变量 X 的特征函数.

定义 5.1.1　设 X 是一个随机变量,称

$$\varphi(t)=E(\mathrm{e}^{\mathrm{i}tX})\qquad(-\infty<t<+\infty)\tag{5.1.1}$$

为随机变量 X 的特征函数.

由于 $\varphi(t)=E(\mathrm{e}^{\mathrm{i}tX})=E(\cos tX)+\mathrm{i}E(\sin tX)$, $\cos tX$, $\sin tX$ 均为连续有界函数,故 $E(\cos tX)$, $E(\sin tX)$ 均存在. 因此,任一随机变量的特征函数总是存在的. 特征函数是一个实变量的复值函数,求特征函数时通常要进行复数运算.

根据随机变量函数的数学期望计算公式,当离散型随机变量 X 的分布列为 $p_k=P(X=x_k)$, $k=1,2,\cdots$, 则 X 的特征函数为

$$\varphi(t)=\sum_{k=1}^{+\infty}\mathrm{e}^{\mathrm{i}tx_k}p_k\tag{5.1.2}$$

当连续型随机变量 X 的概率密度函数为 $p(x)$,则 X 的特征函数为

$$\varphi(t)=\int_{-\infty}^{+\infty}\mathrm{e}^{\mathrm{i}tx}p(x)\,\mathrm{d}x\tag{5.1.3}$$

这时,特征函数是概率密度函数 $p(x)$ 的傅里叶变换.

随机变量的特征函数只依赖于随机变量的分布,分布相同的随机变量的特征函数一定

相同,因此,也称特征函数为某分布的特征函数.

例 5.1.1 求常用分布的特征函数

(1) 单点分布: $P(X=a)=1$

特征函数 $\varphi(t)=E(\mathrm{e}^{\mathrm{i}tX})=\mathrm{e}^{\mathrm{i}ta}$

(2) 0-1 分布: $P(X=1)=p, P(X=0)=1-p$

特征函数 $\varphi(t)=E(\mathrm{e}^{\mathrm{i}tX})=\mathrm{e}^{\mathrm{i}t\cdot 1}P(X=1)+\mathrm{e}^{\mathrm{i}t\cdot 0}P(X=0)=p\mathrm{e}^{\mathrm{i}t}+q$

其中, $q=1-p$.

(3) 泊松分布:

$$P(X=k)=\frac{\lambda^k\mathrm{e}^{-\lambda}}{k!}\qquad(k=0,1,2,\cdots)$$

特征函数

$$\varphi(t)=\sum_{k=0}^{+\infty}\mathrm{e}^{\mathrm{i}tk}P(X=k)=\sum_{k=0}^{+\infty}\mathrm{e}^{\mathrm{i}tk}\frac{\lambda^k}{k!}\mathrm{e}^{-\lambda}=\mathrm{e}^{-\lambda}\sum_{k=0}^{+\infty}\frac{(\lambda\mathrm{e}^{\mathrm{i}t})^k}{k!}$$
$$=\mathrm{e}^{-\lambda}\mathrm{e}^{\lambda\mathrm{e}^{\mathrm{i}t}}=\mathrm{e}^{\lambda(\mathrm{e}^{\mathrm{i}t}-1)}$$

(4) 均匀分布:

$$p(x)=\begin{cases}\dfrac{1}{b-a}, & a<x<b\\ 0, & \text{其他}\end{cases}$$

特征函数 $\varphi(t)=E(\mathrm{e}^{\mathrm{i}tX})=\int_{-\infty}^{+\infty}\mathrm{e}^{\mathrm{i}tx}p(x)\mathrm{d}x=\int_a^b\mathrm{e}^{\mathrm{i}tx}\frac{1}{b-a}\mathrm{d}x=\frac{\mathrm{e}^{ibt}-\mathrm{e}^{iat}}{\mathrm{i}t(b-a)}$.

(5) 标准正态分布:

$$p(x)=\frac{1}{\sqrt{2\pi}}\mathrm{e}^{-\frac{x^2}{2}}$$

特征函数

$$\varphi(t)=E(\mathrm{e}^{\mathrm{i}tX})=\int_{-\infty}^{+\infty}\mathrm{e}^{\mathrm{i}tx}p(x)\mathrm{d}x$$
$$=\int_{-\infty}^{+\infty}\frac{1}{\sqrt{2\pi}}\mathrm{e}^{\mathrm{i}tx-\frac{x^2}{2}}\mathrm{d}x=\frac{1}{\sqrt{2\pi}}\mathrm{e}^{-\frac{t^2}{2}}\int_{-\infty}^{+\infty}\mathrm{e}^{-\frac{(x-\mathrm{i}t)^2}{2}}\mathrm{d}x$$
$$=\frac{1}{\sqrt{2\pi}}\mathrm{e}^{-\frac{t^2}{2}}\int_{-\infty-\mathrm{i}t}^{+\infty-\mathrm{i}t}\mathrm{e}^{-\frac{z^2}{2}}\mathrm{d}z=\mathrm{e}^{-\frac{t^2}{2}}$$

其中, $\int_{-\infty-\mathrm{i}t}^{+\infty-\mathrm{i}t}\mathrm{e}^{-\frac{z^2}{2}}\mathrm{d}z=\sqrt{2\pi}$ 用到了复变函数中的围道积分.

(6) 指数分布:

$$p(x)=\begin{cases}\lambda\mathrm{e}^{-\lambda x}, x>0\\ 0, x\leqslant 0\end{cases}$$

特征函数

$$\varphi(t)=\int_0^{+\infty}\mathrm{e}^{\mathrm{i}tx}\lambda\mathrm{e}^{-\lambda x}\mathrm{d}x$$
$$=\lambda\left(\int_0^{+\infty}\cos(tx)\mathrm{e}^{-\lambda x}\mathrm{d}x+i\int_0^{+\infty}\sin(tx)\mathrm{e}^{-\lambda x}\mathrm{d}x\right)$$
$$=\lambda\left(\frac{\lambda}{\lambda^2+t^2}+i\frac{t}{\lambda^2+t^2}\right)=\left(1-\frac{\mathrm{i}t}{\lambda}\right)^{-1}$$

5.1.2 特征函数的性质

设 $\varphi(t)$ 是随机变量 X 的特征函数,则 $\varphi(t)$ 有如下基本性质. 以下只就连续型随机变量给予证明,并设 X 的概率密度函数为 $p(x)$.

性质 5.1.1 $\varphi(0)=1,\ |\varphi(t)|\leqslant\varphi(0)$ (5.1.4)

证明:$\varphi(t)=\int_{-\infty}^{+\infty}\mathrm{e}^{\mathrm{i}tx}p(x)\mathrm{d}x,\varphi(0)=\int_{-\infty}^{+\infty}\mathrm{e}^{\mathrm{i}x0}p(x)\mathrm{d}x=\int_{-\infty}^{+\infty}p(x)\mathrm{d}x=1$

$$|\varphi(t)|=\left|\int_{-\infty}^{+\infty}\mathrm{e}^{\mathrm{i}tx}p(x)\mathrm{d}x\right|\leqslant\int_{-\infty}^{+\infty}|\mathrm{e}^{\mathrm{i}tx}|p(x)\mathrm{d}x$$
$$=\int_{-\infty}^{+\infty}p(x)\mathrm{d}x=1$$

性质 5.1.2 $\varphi(-t)=\overline{\varphi(t)}$ (5.1.5)

其中,$\overline{\varphi(t)}$ 表示 $\varphi(t)$ 的共轭.

证明:$\varphi(-t)=\int_{-\infty}^{+\infty}\mathrm{e}^{-\mathrm{i}tx}p(x)\mathrm{d}x=\overline{\int_{-\infty}^{+\infty}\mathrm{e}^{\mathrm{i}tx}p(x)\mathrm{d}x}=\overline{\varphi(t)}.$

性质 5.1.3 若 $Y=aX+b$,其中 a,b 是常数,则

$$\varphi_Y(t)=\mathrm{e}^{ibt}\varphi_X(at) \tag{5.1.6}$$

证明:$\varphi_Y(t)=E(\mathrm{e}^{\mathrm{i}t(aX+b)})=\mathrm{e}^{ibt}E(\mathrm{e}^{\mathrm{i}atX})=\mathrm{e}^{ibt}\varphi(at)$.

性质 5.1.3 给出了随机变量经过线性运算后特征函数的变化.

性质 5.1.4 独立随机变量和的特征函数等于它们的特征函数的积,即设随机变量 X 与 Y 相互独立,则

$$\varphi_{X+Y}(t)=\varphi_X(t)\varphi_Y(t) \tag{5.1.7}$$

证明:因为 X 与 Y 相互独立,所以 $\mathrm{e}^{\mathrm{i}tX}$ 与 $\mathrm{e}^{\mathrm{i}ty}$ 也相互独立,根据数学期望的性质,有

$$E(\mathrm{e}^{\mathrm{i}t(X+Y)})=E(\mathrm{e}^{\mathrm{i}tx}\mathrm{e}^{\mathrm{i}tY})=E(\mathrm{e}^{\mathrm{i}tX})E(\mathrm{e}^{\mathrm{i}tY})=\varphi_X(t)\varphi_Y(t)$$

性质 5.1.5 若 $E(X^l)$ 存在,则 X 的特征函数 $\varphi(t)$ 可 l 次求导,且对 $1\leqslant k\leqslant l$ (k,l 均为正整数),有

$$\varphi^{(k)}(0)=\mathrm{i}^kE(X^k) \tag{5.1.8}$$

证明:由于 $E(X^l)$ 存在,即

$$\int_{-\infty}^{+\infty}|x|^lp(x)\mathrm{d}x<+\infty$$
$$|(\mathrm{e}^{\mathrm{i}tx})^{(l)}|=|i^lx^l\mathrm{e}^{\mathrm{i}tx}|\leqslant|x|^l$$

于是,含参变量 t 的广义积分$\int_{-\infty}^{+\infty}\mathrm{e}^{\mathrm{i}tx}p(x)\mathrm{d}x$ 可以作积分下的微分,对 t 求导 l 次. 对 $1\leqslant k\leqslant l$,有

$$\varphi^{(k)}(t)=\int_{-\infty}^{+\infty}i^kx^k\mathrm{e}^{\mathrm{i}tx}p(x)\mathrm{d}x=i^kE(X^k\mathrm{e}^{\mathrm{i}tX})$$

取 $t=0$,即

$$\varphi^{(k)}(0)=i^kE(X^k)$$

利用性质 5.1.5 可以方便地求随机变量的各阶矩. 比如取 $k=1$,得到数学期望的公式

$$E(X)=\frac{\varphi'(0)}{i}$$

取 $k=2$,得 $E(X^2)=-\varphi''(0)$,从而有如下方差计算公式:

$$D(X)=E(X^2)-[E(X)]^2=-\varphi''(0)+[\varphi'(0)]^2$$

下列是常用分布的特征函数:

1.二项分布

设 $X \sim b(n,p)$,则

$$X = X_1 + X_2 + \cdots + X_n$$

其中, $X_i \sim b(1,p), i = 1,2,\cdots,n$,且相互独立.由例 5.1.1 知

$$\varphi_{X_i}(t) = p\mathrm{e}^{\mathrm{i}t} + q$$

根据性质 5.1.4,得

$$\varphi_Y(t) = \prod_{i=1}^{n} \varphi_{X_i}(t) = (p\mathrm{e}^{\mathrm{i}t} + q)^n$$

2.正态分布

设 $X \sim N(\mu,\sigma^2)$,则 $Y = \dfrac{X-\mu}{\sigma} \sim N(0,1)$.由例 5.1.1 知

$$\varphi_Y(t) = \mathrm{e}^{-\frac{t^2}{2}}$$

又 $X = \sigma Y + \mu$,根据性质 5.1.3,有

$$\varphi_X(t) = \varphi_{\sigma Y+\mu}(t) = \mathrm{e}^{\mathrm{i}\mu t}\varphi_Y(\sigma t) = \mathrm{e}^{\mathrm{i}\mu t - \frac{\sigma^2 t^2}{2}}$$

3.伽玛分布

设 $X \sim \Gamma(n,\lambda)$,则

$$X = X_1 + X_2 + \cdots + X_n$$

其中, $X_i(i = 1,2,\cdots,n)$ 服从参数为 λ 的指数分布.由例 5.1.1 知指数分布的特征函数为

$$\varphi_{X_i}(t) = \left(1 - \frac{\mathrm{i}t}{\lambda}\right)^{-1}$$

根据性质 5.1.4,得

$$\varphi_X(t) = (\varphi_{X_i}(t))^n = \left(1 - \frac{\mathrm{i}t}{\lambda}\right)^{-n}$$

更一般地,如果 $X \sim \Gamma(\alpha,\lambda)$, α 为正的实数,也可以得到 X 的特征函数为

$$\varphi_X(t) = \left(1 - \frac{\mathrm{i}t}{\lambda}\right)^{-\alpha}$$

常用分布的特征函数列于表 5.1.1.

表 5.1.1 **常用分布的特征函数**

分布	分布列或概率密度函数	特征函数
单点分布	$P(X = a) = 1$	$\mathrm{e}^{\mathrm{i}ta}$
0 - 1 分布	$P(X = 1) = p, P(X = 0) = q$	$p\mathrm{e}^{\mathrm{i}t} + q$
二项分布	$P(X = k) = C_n^k p^k q^{n-k}, k = 0,1,\cdots,n$	$(p\mathrm{e}^{\mathrm{i}t} + q)^n$

续表

分布	分布列或概率密度函数	特征函数
泊松分布	$P(X=k)=\dfrac{\lambda^k}{k!}e^{-\lambda},k=0,1,\cdots$	$e^{\lambda(e^{it}-1)}$
几何分布	$P(X=k)=(1-p)^{k-1}p,k=1,2,\cdots$	$\dfrac{pe^{it}}{1-qe^{it}},q=1-p$
均匀分布	$p(x)=\begin{cases}\dfrac{1}{b-a}, & a<x<b\\ 0, & \text{其他}\end{cases}$	$\dfrac{e^{ibt}-e^{iat}}{it(b-a)}$
正态分布	$p(x)=\dfrac{1}{\sqrt{2\pi}}e^{-\frac{(x-\mu)^2}{2\sigma^2}}$	$e^{i\mu t-\frac{\sigma^2t^2}{2}}$
指数分布	$p(x)=\lambda e^{-\lambda x},x>0$	$\left(1-\dfrac{it}{\lambda}\right)^{-1}$
伽玛分布	$p(x)=\dfrac{\lambda^\alpha}{\Gamma(\alpha)}x^{\alpha-1}e^{-\lambda x},x\geqslant 0$	$\left(1-\dfrac{it}{\lambda}\right)^{-\alpha}$
$\chi^2(n)$ 分布	$p(x)=\dfrac{x^{\frac{n}{2}-1}e^{-\frac{x}{2}}}{\Gamma(\frac{n}{2})2^{\frac{n}{2}}},x>0$	$(1-2it)^{-\frac{n}{2}}$

例 5.1.2 利用几何分布的特征函数求其数学期望和方差.

解:设 X 服从参数为 p 的几何分布,其特征函数为

$$\varphi(t)=\frac{pe^{it}}{1-qe^{it}}$$

$$\varphi'(t)=\frac{ipe^{it}(1-qe^{it})+ipqe^{it}e^{it}}{(1-qe^{it})^2}=\frac{ipe^{it}}{(1-qe^{it})^2}$$

$$\varphi''(t)=\frac{-pe^{it}(1-qe^{it})^2-2pe^{it}(1-qe^{it})qe^{it}}{(1-qe^{it})^4}$$

$$\varphi'(0)=\frac{ip(1-q)+ipq}{(1-q)^2}=\frac{i}{p}$$

$$\varphi''(0)=\frac{p-2}{p^2}$$

所以,

$$E(X)=\frac{\varphi'(0)}{i}=\frac{1}{p}$$

$$D(X)=E(X^2)-[E(X)]^2$$

$$=-\varphi''(0)-\frac{1}{p^2}=\frac{2-p}{p^2}-\frac{1}{p^2}=\frac{q}{p^2}$$

5.1.3 逆转公式与唯一性定理

由特征函数的定义可知,随机变量的分布唯一地确定了它的特征函数;反过来,我们可以证明特征函数也可以完全决定随机变量的分布,即分布函数与特征函数可以互相决定,从而特征函数像分布函数一样,也是一种描述随机变量分布的工具.

下面的逆转公式给出了由特征函数确定分布函数的公式. 介绍逆转公式前,先看两个引理.

引理 5.1.1 对任意的实数 a ,有

$$|e^{ia}-1|\leqslant|a| \tag{5.1.9}$$

证明: 当 $a\geqslant 0$ 有

$$|e^{ia}-1|=\left|\int_0^a e^{ix}dx\right|\leqslant\int_0^a|e^{ix}|dx=a$$

当 $a<0$,有

$$|e^{ia}-1|=|e^{ia}(e^{i|a|}-1)|=|e^{i|a|}-1|\leqslant|a|$$

故 $|e^{ia}-1|\leqslant|a|$ 总是成立.

引理 5.1.2 设 $x_1<x_2$,记

$$g(T,x,x_1,x_2)=\frac{1}{\pi}\int_0^T\left[\frac{\sin t(x-x_1)}{t}-\frac{\sin t(x-x_2)}{t}\right]dt$$

则

$$\lim_{T\to\infty}g(T,x,x_1,x_2)=\begin{cases}0,x<x_1\text{ 或 }x>x_2\\ \dfrac{1}{2},x=x_1\text{ 或 }x=x_2\\ 1,x_1<x<x_2\end{cases} \tag{5.1.10}$$

证明: 从数学分析中知道狄利克雷积分

$$D(a)=\frac{1}{\pi}\int_0^{+\infty}\frac{\sin at}{t}dt=\begin{cases}\dfrac{1}{2},a>0\\ 0,a=0\\ -\dfrac{1}{2},a<0\end{cases}$$

而

$$\lim_{T\to\infty}g(T,x,x_1,x_2)=D(x-x_1)-D(x-x_2)$$

分别考察 x 在区间(x_1,x_2)的端点及内外时相应的狄利克雷积分即得式(5.1.10).

定理 5.1.1(逆转公式) 设 $F(x)$ 和 $\varphi(t)$ 分别为随机变量 X 的分布函数和特征函数,则对 $F(x)$ 的任意两个连续点 $x_1<x_2$,有

$$F(x_2)-F(x_1)=\lim_{T\to\infty}\frac{1}{2\pi}\int_{-T}^{T}\frac{e^{-itx_1}-e^{-itx_2}}{it}\varphi(t)dt$$

证明: 不妨设 X 为连续型随机变量,概率密度函数为 $p(x)$. 记

$$J_T = \frac{1}{2\pi}\int_{-T}^{T}\frac{e^{-itx_1}-e^{-itx_2}}{it}\varphi(t)dt$$
$$= \frac{1}{2\pi}\int_{-T}^{T}\left[\int_{-\infty}^{+\infty}\frac{e^{-itx_1}-e^{itx_2}}{it}e^{itx}p(x)dx\right]dt$$

根据式(5.1.9),有

$$\left|\frac{e^{-itx_1}-e^{itx_2}}{it}e^{itx}\right| = \left|\frac{e^{-itx_2}(e^{-it(x_1-x_2)}-1)}{it}e^{itx}\right| \leqslant x_2 - x_1$$

即 J_T中被积函数有界,所以可以交换积分次序,从而得

$$J_T = \frac{1}{2\pi}\int_{-\infty}^{+\infty}\left[\int_{-T}^{T}\frac{e^{-itx_1}-e^{itx_2}}{it}e^{itx}dt\right]p(x)dx$$
$$= \frac{1}{2\pi}\int_{-\infty}^{+\infty}\left[\int_{0}^{T}\frac{e^{it(x-x_1)}-e^{-it(x-x_1)}-e^{it(x-x_2)}+e^{-it(x-x_2)}}{it}dt\right]p(x)dx$$
$$= \frac{1}{\pi}\int_{-\infty}^{+\infty}\left[\int_{0}^{T}\left(\frac{\sin t(x-x_1)}{t}-\frac{\sin t(x-x_2)}{t}\right)dt\right]p(x)dx$$
$$= \int_{-\infty}^{+\infty}g(T,x,x_1,x_2)p(x)dx$$

根据式(5.1.10), $|g(T,x,x_1,x_2)|$ 有界,所以

$$\lim_{T\to+\infty}J_T = \lim_{T\to+\infty}\int_{-\infty}^{+\infty}g(T,x,x_1,x_2)p(x)dx$$
$$= \int_{-\infty}^{+\infty}\lim_{T\to+\infty}g(T,x,x_1,x_2)p(x)dx$$
$$= \int_{x_1}^{x_2}p(x)dx = F(x_2) - F(x_1)$$

定理 5.1.2(唯一性定理) 随机变量的分布函数由其特征函数唯一决定.

证明: 对 $F(x)$ 的每一个连续点 x ,当 y 沿着 $F(x)$ 的连续点趋向于 $-\infty$ 时,由逆转公式得

$$F(x) = F(x) - F(-\infty) = \lim_{y\to-\infty}\lim_{T\to+\infty}\frac{1}{2\pi}\int_{-T}^{T}\frac{e^{-ity}-e^{-itx}}{it}\varphi(t)dt \tag{5.1.11}$$

而分布函数由其连续点上的值唯一决定,故结论成立.

由唯一性定理可知,特征函数也完整地描述了随机变量的分布.

特别当 X 为连续型随机变量时,有如下更强的结果:

定理 5.1.3 若 X 为连续型随机变量,其概率密度函数为 $p(x)$,特征函数为 $\varphi(t)$,如果 $\int_{-\infty}^{+\infty}|\varphi(t)|dt < +\infty$,则

$$p(x) = \frac{1}{2\pi}\int_{-\infty}^{+\infty}e^{-itx}\varphi(t)dt \tag{5.1.12}$$

证明: 设 X 的分布函数为 $F(x)$,由逆转公式知

$$p(x) = \lim_{\Delta x\to 0}\frac{F(x+\Delta x)-F(x)}{\Delta x}$$

$$= \lim_{\Delta x \to 0} \frac{1}{2\pi} \int_{-\infty}^{+\infty} \frac{e^{-itx} - e^{-it(x+\Delta x)}}{it\Delta x} \varphi(t)\,dt$$

由式(5.1.9),有

$$\left| \frac{e^{-itx} - e^{-it(x+\Delta x)}}{it\Delta x} \right| = \left| \frac{e^{-itx}(1 - e^{-it\Delta x})}{it\Delta x} \right| \leqslant \frac{|t\Delta x|}{|t\Delta x|} = 1$$

又因$\int_{-\infty}^{+\infty} |\varphi(t)|\,dt < +\infty$,所以可以交换极限与积分次序,得

$$p(x) = \frac{1}{2\pi} \int_{-\infty}^{+\infty} \lim_{\Delta x \to 0} \frac{e^{-itx} - e^{-it(x+\Delta x)}}{it\Delta x} \varphi(t)\,dt$$

$$= \frac{1}{2\pi} \int_{-\infty}^{+\infty} e^{-itx} \varphi(t)\,dt$$

定理得证.

式(5.1.12)也称为傅里叶逆变换,所以式(5.1.3)

$$\varphi(t) = \int_{-\infty}^{+\infty} e^{itx} p(x)\,dx$$

和式(5.1.12)

$$p(x) = \frac{1}{2\pi} \int_{-\infty}^{+\infty} e^{-itx} \varphi(t)\,dt$$

是一对互逆变换,即特征函数是概率密度函数的傅里叶变换,而概率密度函数是特征函数的傅里叶逆变换.

由于特征函数具有性质 5.1.4,使得特征函数在概率论中占有重要地位. 独立随机变量和的特征函数可以方便地用各个随机变量的特征函数相乘得到,而独立随机变量和的分布函数要用卷积这种复杂的运算得到. 在处理独立随机变量和的问题时,用特征函数比用分布函数方便得多.

例 5.1.3 证明二项分布有可加性,即设 $X \sim b(m,p)$, $Y \sim b(n,p)$,且 X,Y 相互独立,则 $Z = X + Y \sim b(m+n,p)$.

证明: X,Y 的特征函数分别为

$$\varphi_X(t) = (pe^{it} + q)^m$$

$$\varphi_Y(t) = (pe^{it} + q)^n$$

根据性质 5.1.4,有

$$\varphi_Z(t) = \varphi_X(t)\varphi_Y(t) = (pe^{it} + q)^{m+n}$$

$\varphi_Z(t)$ 即为 $b(m+n,p)$ 的特征函数. 由特征函数的唯一性定理,得

$$Z = X + Y \sim b(m+n,p).$$

例 5.1.4 已知连续型随机变量的特征函数为 $\varphi(t) = e^{-|t|}$,求其概率密度函数 $p(x)$.

解:由式(5.1.12)知

$$p(x) = \frac{1}{2\pi} \int_{-\infty}^{+\infty} e^{-itx} \cdot e^{-|t|}\,dt$$

$$= \frac{1}{2\pi}\int_0^{+\infty} e^{-(1+ix)t}dt + \frac{1}{2\pi}\int_{-\infty}^0 e^{(1-ix)t}dt$$

$$= \frac{1}{2\pi}\left(\frac{1}{1+ix} + \frac{1}{1-ix}\right) = \frac{1}{\pi(1+x^2)}$$

这是柯西分布的概率密度函数.

习题 5.1

1. 设离散型随机变量 X 的分布列如下:

X	0	1	2	3
p	0.4	0.3	0.2	0.1

试求 X 的特征函数.

2. 设离散型随机变量服从几何分布

$$P(X=k)=(1-p)^{k-1}p \qquad (k=1,2,\cdots)$$

试求 X 的特征函数.

3. 设离散型随机变量服从巴斯卡分布

$$P(X=k)=C_{k-1}^{r-1}p^r(1-p)^{k-r} \qquad (k=r,r+1,\cdots)$$

试求 X 的特征函数.

4. 求下列分布函数的特征函数,并由特征函数计算其数学期望和方差.

(1) $F(x)=\dfrac{a}{2}\displaystyle\int_{-\infty}^{x} e^{-a|t|}dt,\ a>0$;

(2) $F(x)=\dfrac{a}{\pi}\displaystyle\int_{-\infty}^{x}\frac{1}{t^2+a^2}dt,\ a>0$.

5. 设 $X\sim N(\mu,\sigma^2)$,用特征函数的方法求 X 的3阶及4阶中心矩.

6. 用特征函数的方法证明正态分布的可加性:$X\sim N(\mu_1,{\sigma_1}^2)$,$Y\sim N(\mu_2,{\sigma_2}^2)$,且 X,Y 相互独立,则 $X+Y\sim N(\mu_1+\mu_2,{\sigma_1}^2+\sigma_2^2)$.

7. 用特征函数的方法证明泊松分布的可加性:若 $X\sim P(\lambda_1)$,$Y\sim P(\lambda_2)$,且 X,Y 相互独立,则 $X+Y\sim P(\lambda_1+\lambda_2)$.

8. 用特征函数的方法证明伽玛分布的可加性:若 $X\sim \Gamma(\alpha_1,\lambda)$,$Y\sim \Gamma(\alpha_2,\lambda)$,且 X,Y 相互独立,则 $X+Y\sim \Gamma(\alpha_1+\alpha_2,\lambda)$.

9. 用特征函数的方法证明χ^2分布的可加性:若 $X\sim\chi^2(m)$,$Y\sim\chi^2(n)$,且 X,Y 相互独立,则 $X+Y\sim\chi^2(m+n)$.

10. 设 X_i 独立同分布,且 $X_i\sim \mathrm{Exp}(\lambda)$,$i=1,2,\cdots,n$. 试用特征函数的方法证明 $Y_n=\sum_{i=1}^{n}X_i\sim\Gamma(n,\lambda)$.

11. 设连续型随机变量 X 服从柯西分布,其概率密度函数为

$$p(x)=\frac{1}{\pi}\frac{1}{\lambda^2+(x-\mu)^2}\qquad(-\infty<x<+\infty)$$

其中,参数 $\lambda>0,\ -\infty<\mu<+\infty$.

(1) 试证:X 的特征函数为 $\exp\{i\mu t-\lambda|t|\}$,利用此结果证明柯西分布的可加性;

(2) 当 $\mu=0,\lambda=1$ 时,记 $Y=X$,试证 $\varphi_{X+Y}(t)=\varphi_X(t)\varphi_Y(t)$,但 X 与 Y 不独立;

(3) 若 $X_1,\cdots,X_n$ 相互独立,且服从同一柯西分布,试证 $\frac{1}{n}\sum_{i=1}^{n}X_i$ 与 X_i 同分布.

12. 设连续型随机变量 X 的概率密度函数为 $p(x)$,试证:$p(x)$ 关于原点对称的充要条件是它的特征函数是实的偶函数.

13. 设 $X_1,\cdots,X_n$ 独立同分布,都服从 $N(\mu,\sigma^2)$ 分布,试求:$\bar{X}=\frac{1}{n}\sum_{i=1}^{n}X_i$ 的分布.

5.2 随机变量序列的收敛性

我们知道,对于数列$\{x_n\}$,可以研究它的收敛性. 如果存在常数 a,对任意$\varepsilon>0$,存在 $N>0$,当 $n>N$ 时总有 $|x_n-a|<\varepsilon$,就称 $x_n\to a$.

对于随机变量序列,也常常要讨论它的收敛性. 随机变量序列的收敛性有多种,本节讨论两种常见的收敛性:依概率收敛和按分布收敛.

5.2.1 依概率收敛

对随机变量序列$\{Y_n\}$,如果完全套用数列收敛的定义就有:Y 为一随机变量,对任意 $\varepsilon>0$,存在 $N>0$,当 $n>N$ 时总有 $|Y_n-Y|<\varepsilon$,就称为 $Y_n\to Y$. 这种套用是行不通的,因为 $|Y_n-Y|<\varepsilon$ 是随机事件,要使 $|Y_n-Y|<\varepsilon$ 总是成立,除非是必然事件. 一般情况下,随机事件 $|Y_n-Y|<\varepsilon$ 发生,只能谈概率. 由于概率是数,故 $P(|Y_n-Y|<\varepsilon)(n=1,2,\cdots)$ 是数列,可以讨论它的极限. 如果 $\lim\limits_{n\to\infty}P(|Y_n-Y|<\varepsilon)=1$,意味着随着 n 的无限增加,随机变量 Y_n 与 Y 的取值越来越无限接近的概率趋于1,我们把随机变量序列的这种收敛性,称为**依概率收敛**.

定义 5.2.1 设$\{Y_n\}$为一随机变量序列,Y 为一随机变量. 如果对任意的 $\varepsilon>0$,有

$$\lim_{n\to\infty}P(|Y_n-Y|<\varepsilon)=1\tag{5.2.1}$$

则称$\{Y_n\}$依概率收敛于 Y,记作 $Y_n\xrightarrow{P}Y$.

式(5.2.1)也可等价地写成

$$\lim_{n\to\infty}P(|Y_n-Y|\geqslant\varepsilon)=0$$

当随机变量 Y 取常数 a 时,得到定义 5.2.1 的特殊情况,即:若对任意 $\varepsilon>0$,有

$$\lim_{n\to\infty}P\{|Y_n-a|<\varepsilon\}=1\tag{5.2.2}$$

则称$\{Y_n\}$依概率收敛于 a,记为 $Y_n\xrightarrow{P}a$.

依概率收敛具有如下性质:

定理 5.2.1 若 $g(x,y)$ 在(a,b)处连续,$X_n\xrightarrow{P}a,Y_n\xrightarrow{P}b$,则

$$g(X_n,Y_n) \xrightarrow{P} g(a,b) \tag{5.2.3}$$

证明：由 $g(x,y)$ 在 (a,b) 处连续知，对任意 $\varepsilon > 0$，必存在 $\delta > 0$，使得当 $|x-a| + |y-b| < \delta$ 时有 $|g(x,y) - g(a,b)| < \varepsilon$，于是

$$(|g(X_n,Y_n) - g(a,b)| \geqslant \varepsilon) \subset (|X_n - a| + |Y_n - b| \geqslant \delta)$$

$$\subset \left(|X_n - a| \geqslant \frac{\delta}{2}\right) \cup \left(|Y_n - b| \geqslant \frac{\delta}{2}\right)$$

所以 $P(|g(X_n,Y_n) - g(a,b)| \geqslant \varepsilon) \leqslant P\left(|X_n - a| \geqslant \frac{\delta}{2}\right) + P\left(|Y_n - b| \geqslant \frac{\delta}{2}\right)$

又
$$X_n \xrightarrow{P} a, Y_n \xrightarrow{P} b,$$

故
$$\lim_{n\to\infty} P\left(|X_n - a| \geqslant \frac{\delta}{2}\right) + P\left(|Y_n - b| \geqslant \frac{\delta}{2}\right) = 0$$

所以
$$\lim_{n\to\infty} P(|g(X_n,Y_n) - g(a,b)| \geqslant \varepsilon) = 0$$

即
$$g(X_n,Y_n) \xrightarrow{P} g(a,b)$$

特别地，若 $X_n \xrightarrow{P} a, Y_n \xrightarrow{P} b$，根据式(5.2.3)，则有依概率收敛的四则运算性质：

$$X_n \pm Y_n \xrightarrow{P} a \pm b$$

$$X_n Y_n \xrightarrow{P} ab$$

$$\frac{X_n}{Y_n} \xrightarrow{P} \frac{a}{b} (b \neq 0)$$

5.2.2 按分布收敛

分布函数全面描述了随机变量的分布规律，通过讨论随机变量序列对应的分布函数序列的收敛性，也可以研究随机变量序列的收敛性.

定义 5.2.2 设随机变量 $X, X_1, X_2, \cdots$ 的分布函数分别为 $F(x), F_1(x), F_2(x), \cdots$，若对 $F(x)$ 的任意连续点 x，都有

$$\lim_{n\to\infty} F_n(x) = F(x)$$

则称 $\{F_n(x)\}$ 弱收敛于 $F(x)$，记作

$$F_n(x) \xrightarrow{W} F(x)$$

也称 $\{X_n\}$ 按分布收敛于 X，记作

$$X_n \xrightarrow{L} X$$

所谓弱收敛，指的是函数序列 $\{F_n(x)\}$ 只在 $F(x)$ 的连续点收敛，而不是在 $F(x)$ 的所有点收敛(点点收敛). 如果 $F(x)$ 是连续函数，则弱收敛就是点点收敛.

5.2.3 判断弱收敛的方法

如何判断一个分布函数列是否弱收敛某个分布函数呢？通常用特征函数. 分布函数序列的弱收敛性与相应的特征函数序列的点点收敛是等价的.

定理 5.2.2 分布函数序列 $\{F_n(x)\}$ 弱收敛于分布函数 $F(x)$ 的充要条件是 $\{F_n(x)\}$ 对

应的特征函数序列$\{\varphi_n(t)\}$收敛于$F(x)$的特征函数$\varphi(t)$.

定理的证明涉及数学分析的一些结果,比较冗长(可参阅参考文献[1]),故证明从略.

例 5.2.1 设X_λ服从参数为λ的泊松分布,证明:

$$\lim_{\lambda\to+\infty} P\left(\frac{X_\lambda-\lambda}{\sqrt{\lambda}}\leqslant x\right)=\frac{1}{\sqrt{2\pi}}\int_{-\infty}^{x} e^{-\frac{t^2}{2}}dt$$

证明:X_λ的特征函数$\varphi_\lambda(t)=\exp\{\lambda(e^{it}-1)\}$,故$Y_\lambda=\dfrac{X_\lambda-\lambda}{\sqrt{\lambda}}$的特征函数为

$$g_\lambda(t)=\varphi_\lambda\left(\frac{t}{\sqrt{\lambda}}\right)\exp\{-i\sqrt{\lambda}t\}=\exp\left\{\lambda\left(e^{i\frac{t}{\sqrt{\lambda}}}-1\right)-i\sqrt{\lambda}t\right\}$$

对任意的t,有

$$\exp\left\{i\frac{t}{\sqrt{\lambda}}\right\}=1+\frac{it}{\sqrt{\lambda}}-\frac{t^2}{2!\ \lambda}+o\left(\frac{1}{\lambda}\right)$$

于是

$$\lambda\left(e^{i\frac{t}{\sqrt{\lambda}}}-1\right)-i\sqrt{\lambda}t=-\frac{t^2}{2}+\lambda\cdot o\left(\frac{1}{\lambda}\right)\to-\frac{t^2}{2}\qquad(\lambda\to+\infty)$$

从而有

$$\lim_{\lambda\to+\infty} g_\lambda(t)=e^{-\frac{t^2}{2}}$$

$e^{-\frac{t^2}{2}}$是标准正态分布$N(0,1)$的特征函数,由定理5.2.2知结论成立.

5.2.4 依概率收敛与按分布收敛的关系

依概率收敛是一种比依分布收敛更强的收敛,它们之间有如下关系:

定理 5.2.3 $X_n\xrightarrow{P}X\Rightarrow X_n\xrightarrow{L}X$

证明:设随机变量$X,X_1,X_2,\cdots$的分布函数分别为$F(x),F_1(x),F_2(x),\cdots$,为证$X_n\xrightarrow{L}X$,即证$F_n(x)\xrightarrow{W}F(x)$,只需证明对所有的$x$,有

$$F(x-0)\leqslant\varliminf_{n\to+\infty}F_n(x)\leqslant\varlimsup_{n\to+\infty}F_n(x)\leqslant F(x+0)\tag{5.2.4}$$

因为,若上式成立,则当x是$F(x)$的连续点时,有$F(x-0)=F(x+0)$,式(5.2.4)就成为$\lim\limits_{n\to\infty}F_n(x)=F(x)$,即$F_n(x)\xrightarrow{W}F(x)$.

为证式(5.2.4),先令$x'<x$,则

$$\begin{aligned}\{X\leqslant x'\}&=\{X_n\leqslant x,X\leqslant x'\}\cup\{X_n>x,X\leqslant x'\}\\&\subset\{X_n\leqslant x\}\cup\{X_n>x,X\leqslant x'\}\\&\subset\{X_n\leqslant x\}\cup\{|X_n-X|\geqslant x-x'\}\end{aligned}$$

从而有

$$F(x')\leqslant F_n(x)+P(|X_n-X|\geqslant x-x')$$

由$X_n\xrightarrow{P}X$,得$P(|X_n-X|\geqslant x-x')\to0\ (n\to+\infty)$.所以有

$$F(x')\leqslant\varliminf_{n\to+\infty}F_n(x)$$

令 $x' \to x$,即得

$$F(x-0) \leqslant \underline{\lim}_{n \to +\infty} F_n(x)$$

同理可证,当 $x'' > x$ 时,有

$$\overline{\lim}_{n \to +\infty} F_n(x) \leqslant F(x'')$$

令 $x'' \to x$,得

$$\overline{\lim}_{n \to +\infty} F_n(x) \leqslant F(x+0)$$

定理5.2.3得证.

注意,以上定理的逆命题不成立,即按分布收敛得不出依概率收敛.

例 5.2.2 设随机变量 X 的分布列为 $P(X=-1)=P(X=1)=\dfrac{1}{2}$.

令 $X_n=-X$,则 X_n与 X 同分布,故 $X_n \xrightarrow{L} X$.

但对任意的 $0<\varepsilon<2$,有

$$P(|X_n - X| \geqslant \varepsilon) = P(2|X| \geqslant \varepsilon) = 1$$

即 X_n不依概率收敛于 X .

以上例子说明,一般情况下按分布收敛弱于依概率收敛. 但当极限随机变量 X 为常数时,按分布收敛和依概率收敛是等价的.

定理 5.2.4 若 c 为常数,则 $X_n \xrightarrow{P} c$ 的充要条件是 $X_n \xrightarrow{L} c$.

证明: 必要性由定理5.2.3知必然,只需证充分性.

设 X_n的分布函数为 $F_n(x)$,$n=1,2,\cdots$,常数 c 的分布函数为

$$F(x)=\begin{cases}0, & x<c \\ 1, & x \geqslant c\end{cases}$$

对任意的 $\varepsilon>0$,有

$$\begin{aligned} P(|X_n - c| \geqslant \varepsilon) &= P(X_n \geqslant c+\varepsilon) + P(X_n \leqslant c-\varepsilon) \\ &\leqslant P\left(X_n > c+\frac{\varepsilon}{2}\right) + P(X_n \leqslant c-\varepsilon) \\ &= 1 - F_n\left(c+\frac{\varepsilon}{2}\right) + F_n(c-\varepsilon) \end{aligned}$$

由于 $x=c+\dfrac{\varepsilon}{2}$ 和 $x=c-\varepsilon$ 均为 $F(x)$ 的连续点,又已知 $X_n \xrightarrow{L} c$,即 $F_n(x) \xrightarrow{W} F(x)$,所以 $n \to +\infty$ 时,有

$$F_n(c+\frac{\varepsilon}{2}) \to F(c+\frac{\varepsilon}{2}) = 1,\ F_n(c-\varepsilon) \to F(c-\varepsilon) = 0$$

由此得

$$P(|X_n - c| \geqslant \varepsilon) \to 0$$

即 $X_n \xrightarrow{P} c$,充分性得证.

习题 5.2

1. 如果 $X_n \xrightarrow{P} X$, 且 $X_n \xrightarrow{P} Y$, 试证: $P(X = Y) = 1$.

2. 如果 $X_n \xrightarrow{P} X$, $g(x)$ 是连续函数, 试证: $g(X_n) \xrightarrow{P} g(X)$.

3. 设 $D(x)$ 为退化分布,

$$D(x) = \begin{cases} 0, x < 0 \\ 1, x \geqslant 0 \end{cases}$$

试问: 下列分布函数列的极限函数是否仍是分布函数? 其中 $n = 1,2,\cdots$.

(1) $\{D(x+n)\}$; (2) $\left\{D(x+\frac{1}{n})\right\}$; (3) $\left\{D(x-\frac{1}{n})\right\}$.

4. 利用特征函数的方法证明泊松定理: 设有一列二项分布 $\{b(k,n,p_n)\}$, 若 $\lim\limits_{n\to+\infty} np_n = \lambda > 0$, 则

$$\lim_{n\to+\infty} \{b(k,n,p_n)\} = \frac{\lambda^k e^{-\lambda}}{k!}$$

5. 设随机变量 X_n 服从柯西分布, 其概率密度函数为

$$p_n(x) = \frac{n}{\pi(1+n^2x^2)}, \quad -\infty < x < +\infty$$

试证: $X_n \xrightarrow{P} 0$.

6. 设随机变量序列 $\{X_n\}$ 独立同分布, 其概率密度函数为

$$p(x) = \begin{cases} \dfrac{1}{\beta}, & 0 < x < \beta \\ 0, & \text{其他} \end{cases}$$

其中, 常数 $\beta > 0$, 令 $Y_n = \max(X_1,\cdots,X_n)$. 试证: $Y_n \xrightarrow{P} \beta$.

7. 设随机变量序列 $\{X_n\}$ 独立同分布, 其概率密度函数为

$$p(x) = \begin{cases} e^{-(x-\alpha)}, x \geqslant \alpha \\ 0, x < \beta \end{cases}$$

令 $Y_n = \min(X_1,\cdots,X_n)$, 试证: $Y_n \xrightarrow{P} \alpha$.

8. 设随机变量序列 $\{X_n\}$ 独立同分布, 数学期望、方差均存在, $E(X_n) = \mu$, $D(X_n) = \sigma^2$, 试证:

$$\frac{2}{n(n+1)} \sum_{k=1}^{n} kx_k \xrightarrow{P} \mu$$

9. 设随机变量 $X \sim \Gamma(\alpha,\lambda)$, 试证: 当 $\alpha \to +\infty$ 时, 随机变量 $\dfrac{\lambda X - \alpha}{\sqrt{\alpha}}$ 按分布收敛于标准正态分布.

5.3　大数定律

在实际应用中,我们经常会碰到求若干个随机变量的算术平均值问题.比如,称量一个物体的质量时会称量若干次,每次称量的结果是一个随机变量,共得到若干个称量结果 $X_1,\cdots,X_n$. 往往用 $\bar{X}=\frac{1}{n}\sum_{i=1}^{n}X_i$ 作为该物体质量的测量值. 是不是称量的次数 n 越大,用 $\bar{X}$ 作为称量结果效果就会越好呢? 这需要研究 n 的变化对 $\bar{X}$ 的取值的影响.大数定律正是用来讨论该类问题的.

5.3.1　大数定律

定义 5.3.1　设 $\{X_n\}$ 为随机变量序列,若对任意 $\varepsilon>0$,有

$$\lim_{n\to\infty}P\left\{\left|\frac{1}{n}\sum_{i=1}^{n}X_i-\frac{1}{n}\sum_{i=1}^{n}EX_i\right|<\varepsilon\right\}=1 \tag{5.3.1}$$

即

$$\frac{1}{n}\sum_{i=1}^{n}X_i\xrightarrow{P}E\left(\frac{1}{n}\sum_{i=1}^{n}X_i\right)$$

则称 $\{X_n\}$ 服从大数定律.

特别地,若 $EX_n=a,n=1,2,\cdots,\{X_n\}$ 服从大数定律是指

$$\frac{1}{n}\sum_{i=1}^{n}X_i\xrightarrow{P}a \tag{5.3.2}$$

式(5.3.2)的直观解释是:虽然每个随机变量的取值都相对于它们的期望 a 有一定的正负偏差,但是取了算术平均值以后的随机变量序列,其正负偏差在很大程度上得到了抵消,从而稳定在期望 a 的附近.

设 $\{X_i\}$ 是称量某物体质量得到的随机变量序列,由于 $X_i(i=1,2,\cdots)$ 的期望都为物体的真实质量 a,如果 $\{X_i\}$ 服从大数定律的话,则随着 n 的增加,$\bar{X}=\frac{1}{n}\sum_{i=1}^{n}X_i$ 的取值任意接近 a 的概率趋于1,因此,用 $\bar{X}$ 的取值作为物体的质量 a 的近似值会随着 n 的增加而提高精度. 随机变量序列 $\{X_n\}$ 满足什么条件才会服从大数定律呢? 下面给出常用的一些大数定律.

5.3.2　常用的大数定律

1.切比雪夫大数定律

定理 5.3.1(切比雪夫大数定律)　设随机变量序列 $\{X_n\}$ 满足

(1) 两两不相关;

(2) $DX_i\leqslant C,i=1,2,\cdots$

则 $\{X_n\}$ 服从大数定律. 即对任意 $\varepsilon>0,\lim\limits_{n\to\infty}P\left\{\left|\frac{1}{n}\sum_{i=1}^{n}X_i-\frac{1}{n}\sum_{i=1}^{n}EX_i\right|<\varepsilon\right\}=1$

证明: 因为 $\{X_n\}$ 两两不相关,故

$$D\left(\frac{1}{n}\sum_{i=1}^{n}X_i\right)=\frac{1}{n^2}\sum_{i=1}^{n}D(X_i)\leqslant\frac{C}{n}$$

根据切比雪夫不等式,对任意 $\varepsilon>0$,有

$$P\left\{\left|\frac{1}{n}\sum_{i=1}^{n}X_i-\frac{1}{n}\sum_{i=1}^{n}EX_i\right|<\varepsilon\right\}\geqslant 1-\frac{D\left(\frac{1}{n}\sum_{i=1}^{n}X_i\right)}{\varepsilon^2}\geqslant 1-\frac{C}{n\varepsilon^2}$$

令 $n\to+\infty$,有

$$\lim_{n\to\infty}P\left\{\left|\frac{1}{n}\sum_{i=1}^{n}X_i-\frac{1}{n}\sum_{i=1}^{n}EX_i\right|<\varepsilon\right\}=1$$

称量物体质量时,每次称量得到的随机变量 $X_i(i=1,2,\cdots)$ 之间相互独立,且 $DX_i\leqslant C$,$i=1,2,\cdots$, 因此根据定理5.1.1,随机变量序列 $\{X_i\}$ 服从大数定律,即 $\bar{X}=\frac{1}{n}\sum_{i=1}^{n}X_i\xrightarrow{P}a$,其中 a 为物体的真实质量.所以,使用多次称量结果的算术平均 $\bar{X}=\frac{1}{n}\sum_{i=1}^{n}X_i$ 作为物体质量的测量值效果更好.

例 5.3.1 设 $\{X_n\}$ 是独立同分布的随机变量序列,$E(X_n^4)<+\infty$,若 $E(X_n)=\mu$,$D(X_n)=\sigma^2$,$Y_n=(X_n-\mu)^2$,$n=1,2,\cdots$,证明随机变量序列 $\{Y_n\}$ 服从大数定律,即对任意 $\varepsilon>0$,有

$$\lim_{n\to+\infty}P\left\{\left|\frac{1}{n}\sum_{i=1}^{n}(X_i-\mu)^2-\sigma^2\right|\geqslant\varepsilon\right\}=0$$

证明: 因为 $\{X_n\}$ 是独立同分布的随机变量序列,所以 $\{Y_n\}$ 也是独立同分布的随机变量序列.

$$\begin{aligned}D(Y_n)&=D(X_n-\mu)^2=E(X_n-\mu)^4-[E(X_n-\mu)^2]^2\\&=E(X_n-\mu)^4-D(X_n)=E(X_n-\mu)^4-\sigma^4\end{aligned}$$

由于 $E(X_n^4)<+\infty$,故 $E(X_n^4-\mu)^4<+\infty$,即 $D(Y_n)\leqslant C$,$\{Y_n\}$ 满足切比雪夫大数定律的条件,故 $\{Y_n\}$ 服从大数定律.又 $E(Y_n)=E(X_n-\mu)^2=D(X_n)=\sigma^2$,所以

$$\lim_{n\to+\infty}P\left\{\left|\frac{1}{n}\sum_{i=1}^{n}(X_i-\mu)^2-\sigma^2\right|\geqslant\varepsilon\right\}=0$$

2.伯努利大数定律

这是一个切比雪夫大数定律的特殊情形.

定理 5.3.2(伯努利大数定律) 设 n_A 为 n 重伯努利试验中事件 A 发生的次数,p 为每次试验中 A 发生的概率,则对任意 $\varepsilon>0$,有

$$\lim_{n\to\infty}P\left\{\left|\frac{n_A}{n}-p\right|<\varepsilon\right\}=1$$

即

$$\frac{n_A}{n}\xrightarrow{P}p \tag{5.3.3}$$

证明: $n_A\sim b(n,p)$,若记 $n_A=X_1+X_2+\cdots+X_n$,$X_i(i=1,2,\cdots,n)$ 为相互独立的参数为

p 的 0-1 分布,则随机变量序列$\{X_i\}$满足切比雪夫大数定律的条件,故服从大数定律.

$$\bar{X} = \frac{1}{n}\sum_{i=1}^{n} X_i = \frac{n_A}{n}, E(\bar{X}) = p, \text{ 即 } \quad \frac{n_A}{n} \xrightarrow{P} p$$

$\frac{n_A}{n}$ 就是事件 A 发生的频率,p 为事件 A 发生的概率,伯努利大数定律从理论上证明了频率与概率的关系,即随着实验次数 n 的增加频率会依概率收敛于概率. 故频率具有稳定性,概率是频率的稳定值.

3.马尔科夫大数定律

在证明切比雪夫大数定律时,只要有

$$D(\bar{X}) = \frac{1}{n^2} D\left(\sum_{i=1}^{n} X_i\right) \to 0 \tag{5.3.4}$$

成立,则大数定律成立,这个条件称为马尔科夫条件.

定理 5.3.3(马尔科夫大数定律) 对随机变量序列$\{X_n\}$,若马尔科夫条件式(5.3.4)成立,则$\{X_n\}$服从大数定律.

证明: 对任意 $\varepsilon > 0$,对 $\bar{X} = \frac{1}{n}\sum_{i=1}^{n} X_i$ 使用切比雪夫不等式,再由马尔科夫条件式(5.3.4),得

$$P\left\{\left|\frac{1}{n}\sum_{i=1}^{n} X_i - \frac{1}{n}\sum_{i=1}^{n} EX_i\right| < \varepsilon\right\} \geqslant 1 - \frac{D(\bar{X})}{\varepsilon^2} \to 0$$

即$\{X_n\}$服从大数定律.

马尔科夫大数定律使用非常方便,只需要验证马尔科夫条件,不需要随机变量序列相互独立、不相关等其他条件. 显然,切比雪夫大数定律可由马尔科夫大数定律推出.

例 5.3.2 设$\{X_n\}$为一同分布、方差存在的随机变量序列,且 X_n 仅与其相邻的 X_{n-1} 和 X_{n+1} 相关,而与其他的 X_i 不相关. 试问:该随机变量序列是否服从大数定律?

解: 考虑马尔科夫条件

$$\frac{1}{n^2} D\left(\sum_{i=1}^{n} X_i\right) = \frac{1}{n^2}\left[\sum_{i=1}^{n} D(X_i) + 2\sum_{i=1}^{n-1} \mathrm{Cov}(X_i, X_{i-1})\right]$$

因为$\{X_n\}$同分布,记 $D(X_i) = \sigma^2$,则 $\mathrm{Cov}(X_i, X_j) \leqslant \sigma^2$,于是

$$\frac{1}{n^2} D\left(\sum_{i=1}^{n} X_i\right) \leqslant \frac{1}{n^2}[n\sigma^2 + 2(n-1)\sigma^2] \to 0 \qquad (n \to +\infty)$$

即马尔科夫条件成立,故$\{X_n\}$服从大数定律.

4.辛钦大数定律

切比雪夫大数定律和马尔科夫大数定律都对随机变量序列的方差提出了要求,而下面的辛钦大数定律则不需要方差的任何条件.

定理 5.3.4(辛钦大数定律) 随机变量序列$\{X_n\}$满足:

(1)$X_i(i = 1, 2, \cdots)$独立同分布;

(2) $EX_i(i=1,2,\cdots)$ 存在，
则 $\{X_n\}$ 服从大数定律.

证明： 设 $EX_i=a$ 并记 $Y_n=\frac{1}{n}\sum_{i=1}^{n}X_i$，要证 $\{X_n\}$ 服从大数定律，即证 $Y_n\xrightarrow{P}a$.根据定理 5.2.4，只需证 $Y_n\xrightarrow{L}a$，又由定理 5.2.2，只需证 Y_n 的特征函数

$$\varphi_{Y_n}(t)\to e^{iat}(n\to+\infty)$$

由于 $\{X_n\}$ 同分布，$X_i(i=1,2,\cdots)$ 有相同的特征函数，记为 $\varphi(t)$.

由 $EX_i=a\Rightarrow\frac{\varphi'(0)}{i}=a$，所以 $\varphi(t)$ 在 $t=0$ 点的展开式为

$$\varphi(t)=\varphi(0)+\varphi'(0)t+o(t)=1+iat+o(t)$$

又 $\{X_n\}$ 相互独立，根据特征函数的性质 5.1.3 知

$$\varphi_{Y_n}(t)=\left[\varphi\left(\frac{t}{n}\right)\right]^n=\left[1+ia\frac{t}{n}+o\left(\frac{1}{n}\right)\right]^n$$

对任意 t，有

$$\lim_{n\to+\infty}\varphi_{Y_n}(t)=\lim_{n\to+\infty}\left[1+ia\frac{t}{n}+o\left(\frac{1}{n}\right)\right]^n=e^{iat}$$

e^{iat} 是常数 a 的特征函数，因此 $Y_n\xrightarrow{P}a$，定理得证.

辛钦大数定律的应用非常广泛. 实际问题中的随机变量 X 的期望 a 通常是未知的，根据辛钦大数定律，我们可以对随机变量 X 的取值独立地观测多次，然后用这些观测值的算术平均值估计 a，这是数理统计中参数估计的重要理论依据之一.

例 5.3.3 设 $\{X_n\}$ 为独立同分布的随机变量序列，$E(X_i^k)=\alpha_k, i=1,2,\cdots$，其中 k 为不小于 1 的正整数，证明 $\frac{1}{n}\sum_{i=1}^{n}X_i^k\xrightarrow{P}\alpha_k(n\to+\infty)$.

证明： 由于 $\{X_n\}$ 为独立同分布的随机变量序列，因此 $\{X_n^k\}$ 也是独立同分布的随机变量序列. 又 $E(X_i^k)=\alpha_k$，故随机变量序列 $\{X_n^k\}$ 满足辛钦大数定律的条件.

记 $A_k=\frac{1}{n}\sum_{i=1}^{n}X_i^k$，根据辛钦大数定律，有 $A_k\xrightarrow{P}\alpha_k(n\to+\infty)$.

这说明，当 n 充分大时，随机变量 $A_k=\frac{1}{n}\sum_{i=1}^{n}X_i^k$ 将几乎变为一个常数 α_k.

习题 5.3

1. 设 $\{X_n\}$ 为独立随机变量序列，且

$$P(X_k=\pm\sqrt{\ln k})=\frac{1}{2}\qquad(k=1,2,\cdots)$$

证明 $\{X_n\}$ 服从大数定律.

2. 设 $\{X_n\}$ 为独立随机变量序列，且

$$P(X_k=\pm 2^k)=\frac{1}{2^{2k+1}},\quad P(X_k=0)=1-\frac{1}{2^{2k}}\qquad(k=1,2,\cdots)$$

证明$\{X_n\}$服从大数定律.

3. 设$\{X_n\}$为独立随机变量序列,且

$$P(X_1=0)=1\ ,P(X_n=\pm\sqrt{n})=\frac{1}{n},P(X_n=0)=1-\frac{2}{n}\qquad(n=2,3,\cdots)$$

证明$\{X_n\}$服从大数定律.

4. 在伯努利实验中,事件A出现的概率为p,令

$$X_n=\begin{cases}1,\text{若在第 } n \text{ 次及第 } n+1 \text{ 次试验中 } A \text{ 都出现}\\0,\text{其他}\end{cases}$$

证明$\{X_n\}$服从大数定律.

5. 设$\{X_n\}$为独立随机变量序列,且

$$P(X_n=1)=p_n,P(X_n=0)=1-p_n\qquad(n=1,2,\cdots)$$

证明$\{X_n\}$服从大数定律.

6. 设$\{X_n\}$为独立同分布的随机变量序列,其共同分布为

$$P\left(X_k=\frac{2^k}{k^2}\right)=\frac{1}{2^k}\qquad(k=1,2,\cdots)$$

证明$\{X_n\}$服从大数定律.

7. 设$\{X_n\}$为独立同分布的随机变量序列,其中X_n服从参数为$\sqrt{n}$的泊松分布,证明$\{X_n\}$服从大数定律.

8. 设$\{X_n\}$为独立随机变量序列,证明:若X_n的方差一致有界,即存在常数c,使得$D(X_n)\leqslant c,\ n=1,2,\cdots$,则$\{X_n\}$服从大数定律.

9. 设$\{X_n\}$为独立同分布的随机变量序列,方差存在.又设$\sum\limits_{n=1}^{+\infty}a_n$为绝对收敛级数,令$Y_n=\sum\limits_{i=1}^{n}X_i$,证明$\{a_nY_n\}$服从大数定律.

5.4 中心极限定理

在实际问题中,我们经常会遇到求若干随机变量的和的分布问题.在误差分析中,大量的研究表明,误差的产生是由大量微小的、相互独立的随机因素叠加而成的.比如,用机床加工出来的机械轴与规定要求总有一定的误差,因为加工过程中总会受到一些随机因素的影响,如机床震动与转速的影响、道具的影响、材料的影响、操作者的注意力的影响、测量量具的影响等.这些因素的综合影响会导致每个机械轴的直径产生误差.每个影响产生一个微小的随机波动$X_i,i=1,2,\cdots,n$,这些X_i之间往往相互独立,最后的误差Y_n就是这些随机波动的叠加,即

$$Y_n=X_1+X_2+\cdots+X_n$$

如果随着n的增大,Y_n的分布有什么变化规律呢?

中心极限定理就是讨论像这样的独立随机变量和$Y_n=\sum\limits_{i=1}^{n}X_i$当$n\to+\infty$时的极限分布的.

因为 $EY_n = \sum_{i=1}^{n} EX_i, DY_n = \sum_{i=1}^{n} \mathrm{d}x_i$，当 $n \to +\infty$ 时，EY_n, DY_n 可能趋向 $+\infty$，这种情况下就没什么讨论意义了.为了克服这个缺点，在中心极限定理的研究中均对 Y_n 进行标准化，即

$$Y_n^* = \frac{Y_n - EY_n}{\sqrt{DY_n}}$$

再来讨论 Y_n^* 的极限分布.

下面给出一些常见的中心极限定理.

5.4.1 独立同分布下的中心极限定理

定理 5.4.1(林德贝格 - 勒维中心极限定理) 设随机变量序列$\{X_n\}$满足：

(1)$X_n(n = 1,2,\cdots)$ 独立同分布；

(2)$EX_n = \mu, DX_n = \sigma^2 > 0(n = 1,2,\cdots)$.

记 $Y_n = \sum_{i=1}^{n} X_i$，则 Y_n 标准化之后的随机变量

$$Y_n^* = \frac{Y_n - EY_n}{\sqrt{DY_n}} = \frac{\sum_{i=1}^{n} X_i - n\mu}{\sqrt{n}\sigma}$$

的分布函数 $F_n(x)$ 对于任意的 x 满足：

$$\lim_{n\to\infty} F_n(x) = \Phi(x)$$

即

$$\lim_{n\to\infty} P(Y_n^* \leqslant x) = \int_{-\infty}^{x} \frac{1}{\sqrt{2\pi}} \mathrm{e}^{-\frac{1}{2}x^2} \mathrm{d}x \tag{5.4.1}$$

其中，$\Phi(x)$ 为标准正态分布的分布函数.

证明： 为证定理 5.4.1，只需证$\{Y_n^*\}$ 的特征函数列收敛于标准正态分布的特征函数.

设 $X_n - \mu$ 的特征函数为 $\varphi(t)$，则 Y_n^* 的特征函数为

$$\varphi_{Y_n^*}(t) = \left[\varphi\left(\frac{t}{\sigma\sqrt{n}}\right)\right]^n$$

因为 $E(X_n - \mu) = 0, D(X_n - \mu) = \sigma^2$，所以

$$\varphi'(0) = 0, \varphi''(0) = -\sigma^2$$

所以，$\varphi(t)$ 可展开为

$$\begin{aligned}\varphi(t) &= \varphi(0) + \varphi'(0)t + \varphi''(0)\frac{t^2}{2} + o(t^2) \\ &= 1 - \frac{1}{2}\sigma^2 t^2 + o(t^2)\end{aligned}$$

因此，有

$$\lim_{n\to+\infty} \varphi_{Y_n^*}(t) = \lim_{n\to+\infty} \left[1 - \frac{t^2}{2n} + o\left(\frac{t^2}{n}\right)\right]^n = \mathrm{e}^{-\frac{t^2}{2}}$$

而 $\mathrm{e}^{-\frac{t^2}{2}}$ 正是标准正态分布 $N(0,1)$ 的特征函数，定理得证.

定理 5.4.1 有着广泛的应用，只要随机变量序列$\{X_n\}$满足独立同分布、方差存在，不管原来 X_n 的分布是什么，只要 n 充分大，就可以用正态分布近似 $Y_n = \sum_{i=1}^{n} X_i$ 的分布，即有

$$\frac{\sum_{i=1}^{n} X_i - n\mu}{\sqrt{n}\sigma} \overset{\text{近似}}{\sim} N(0,1) \tag{5.4.2}$$

或者

$$Y_n = \sum_{i=1}^{n} X_i \overset{\text{近似}}{\sim} N(n\mu, n\sigma^2) \tag{5.4.3}$$

或者

$$\bar{X} = \frac{1}{n}\sum_{i=1}^{n} X_i \overset{\text{近似}}{\sim} N\left(\mu, \frac{\sigma^2}{n}\right) \tag{5.4.4}$$

例 5.4.1 设$\{X_n\}$为独立同分布的随机变量序列，共同分布为区间(0,1) 上的均匀分布. 记 $Y_n = \sum_{i1}^{n} X_i, p_n(y)$ 为 Y_n 的概率密度函数. 这时定理5.4.1的条件得到满足，Y_n 渐近于正态分布. 取 $n = 1,2,3,4$ ，用卷积得到的 $p_n(y)$ 曲线如图 5.4.1 所示. Y_4 与正态分布的近似程度就很好了. 在一些实际应用中，通常取 $n = 12$ ，用来产生正态随机变量.

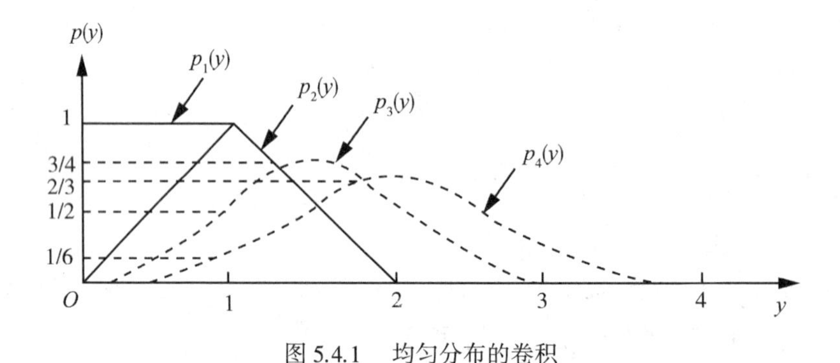

图 5.4.1 均匀分布的卷积

例 5.4.2 计算机进行加法计算时，把每个加数取为最接近于它的整数来计算，设所有取整误差是相互独立的随机变量，且服从[- 0.5,0.5] 上的均匀分布，求 300 个数相加时误差总和 X 的绝对值小于 10 的概率.

解：设 $X_i, i = 1,2,\cdots,300$ 为第 i 个加数的取整误差，则 $X_i \sim U[-0.5,0.5]$.

$$EX_i = 0,\ DX_i = \frac{1}{12}, X = \sum_{i=1}^{300} X_i,\ EX = 0,\ DX = \frac{300}{12}$$

因为 $X_i(i = 1,2,\cdots,300)$ 独立同分布，根据定理 5.4.1，X 近似服从正态分布 $N\left(0,\frac{300}{12}\right)$.

所以，
$$\begin{aligned} P(|X| < 10) &= P(-10 < X < 10) \\ &\approx \Phi\left(\frac{10}{\sqrt{300/12}}\right) - \Phi\left(\frac{-10}{\sqrt{300/12}}\right) \\ &= \Phi(2) - \Phi(-2) = 2\Phi(2) - 1 = 0.9544. \end{aligned}$$

例 5.4.3 用某种方法对某物体的质量进行测量,共进行 n 次观测得 $X_1,\cdots,X_n$.设物体的质量为 a, 又假设 $D(X_i)=0.1, i=1,2,\cdots,n$.用$\overline{X_n}=\frac{1}{n}\sum_{i=1}^{n}X_i$作为物体质量 a 的估计,为使估计的误差在 ± 0.25 之间的概率大于 0.98,问:观测次数 n 至少要取多少?

解:由题设 $X_1,\cdots,X_n$ 独立同分布,又

$$E(\overline{X_n})=\frac{1}{n}\sum_{i=1}^{n}E(X_i)=a\ ,D(\overline{X_n})=\frac{1}{n}\sum_{i=1}^{n}D(X_i)=\frac{0.1}{n}$$

根据式(5.44)

$$\bar{X}_n=\frac{1}{n}\sum_{i=1}^{n}X_i\overset{\text{近似}}{\sim}N(a,\frac{0.1}{n})$$

要求

$$P(-0.25\leqslant\bar{X}_n-a\leqslant0.25)\geqslant0.98$$

$$\Leftrightarrow P\left(\left|\frac{\bar{X}_n-a}{\sqrt{\frac{0.1}{n}}}\right|\leqslant\frac{0.25}{\sqrt{\frac{0.1}{n}}}\right)\geqslant0.98$$

而

$$P\left(\left|\frac{\bar{X}_n-a}{\sqrt{\frac{0.1}{n}}}\right|\leqslant\frac{0.25}{\sqrt{\frac{0.1}{n}}}\right)\approx2\Phi\left(\frac{0.25}{\sqrt{\frac{0.1}{n}}}\right)-1\geqslant0.98$$

即要求

$$\Phi\left(\frac{0.25}{\sqrt{\frac{0.1}{n}}}\right)\geqslant0.99$$

查标准正态分布函数表得 $\Phi(2.33)=0.99$,故 n 要满足$\frac{0.25}{\sqrt{\frac{0.1}{n}}}\geqslant2.33$. 即 $n\geqslant8.68$,故观测次数至少要 9 次才能满足要求.

独立同分布中心极限定理的一个特殊情形是下面关于二项分布的中心极限定理.

定理 5.4.2(棣莫弗-拉普拉斯中心极限定理) 设 n 重伯努利试验中事件 A 在每次试验中出现的概率为 $p(0<p<1)$,μ_n 为 n 次试验中事件 A 出现的次数,即$\mu_n\sim B(n,p)$,记μ_n标准化之后的随机变量为

$$Y_n^*=\frac{\mu_n-np}{\sqrt{np(1-p)}}$$

则 Y_n^* 的分布函数 $F_n(x)$ 对于任意的 x 满足:

$$\lim_{n\to\infty}F_n(x)=\lim_{n\to\infty}P(Y_n^*\leqslant x)=\int_{-\infty}^{x}\frac{1}{\sqrt{2\pi}}\mathrm{e}^{-\frac{1}{2}x^2}\mathrm{d}x=\Phi(x)$$

证明： 定义 $X_i=\begin{cases}0,\text{第 } i \text{ 次试验 } A \text{ 不发生}\\1,\text{第 } i \text{ 次试验 } A \text{ 发生}\end{cases}$，$i=1,2,\cdots,n$，则 X_i 独立同分布.

而

$$\mu_n = X_1 + X_2 + \cdots + X_n$$

显然随机变量序列$\{X_i\}$满足定理 5.4.1 的条件，又

$$E(\mu_n)=np, D(\mu_n)=np(1-p)$$

根据式(5.4.1)即有本定理的结果.

棣莫弗-拉普拉斯中心极限定理给出了二项分布的极限分布为正态分布，因此二项分布可用正态近似，即当 $X\sim b(n,p)$，n 充分大时，有

$$X \overset{\text{近似}}{\sim} N(np,np(1-p))$$

或

$$\frac{X-np}{\sqrt{np(1-p)}} \overset{\text{近似}}{\sim} N(0,1)$$

从而

$$P(a \leqslant X \leqslant b) \approx \Phi\left(\frac{b-np}{\sqrt{np(1-p)}}\right)-\Phi\left(\frac{a-np}{\sqrt{np(1-p)}}\right) \tag{5.4.5}$$

例 5.4.4 一复杂系统由 100 个相互独立工作的部件组成，每个部件正常工作的概率为 0.9. 已知整个系统中至少有 85 个部件正常工作，系统工作才能正常，试求系统正常工作的概率.

解： 设 X 为 100 个部件中正常工作的部件数，则

$$X\sim b(100,0.9), EX=np=90,\ DX=np(1-p)=9$$

根据定理 5.4.2，$X \overset{\text{近似}}{\sim} N(90,9)$

所以系统正常工作的概率 $P(X\geqslant 85)\approx 1-\Phi\left(\dfrac{85-90}{3}\right)=0.9525$.

例 5.4.5 某车间有同型号的机床 200 台，在 1 小时内每台机床约有 70% 的时间是工作的. 假定各机床工作是相互独立的，工作时每台机床要消耗电能 15kW. 问：至少要多少电能，才能有 95% 的可能性保证此车间正常生产？

解： 设 X 为 200 台机床中同时工作的机床数，则 $X\sim b(200,0.7)$，$EX=140$，$DX=42$，设供电数为 x(kW)，则正常生产时须有 $15X\leqslant x$，由题设

$$P(15X\leqslant x)\geqslant 0.95$$

根据定理 5.4.2，
$$P(15X\leqslant x)=P\left(X\leqslant \frac{x}{15}\right)\approx \Phi\left(\frac{\frac{x}{15}-140}{\sqrt{42}}\right)\geqslant 0.95$$

查正态分布函数表，$\Phi(1.645)=0.95$，故

$$\frac{\frac{x}{15}-140}{\sqrt{42}}\geqslant 1.645$$

解得 $x\geqslant 2260$.

所以,至少需要 2260kW 电能,才能有 95% 的可能性保证此车间正常生产.

对 $X \sim b(n,p)$ 求概率问题可分别用二项分布、泊松分布、正态分布. 用二项分布最精确,但计算往往繁琐;用泊松分布近似,要求 n 较大,p 较小;而用正态分布近似最方便,特别是 n 较大,X 的取值范围较广时.

5.4.2 独立不同分布下的中心极限定理

独立同分布中心极限定理要求随机变量 X_i 之间不但相互独立,而且同分布. 在很多实际问题中,X_i 之间相互独立容易满足,但同分布却相对较难. 下面给出了不要求同分布的中心极限定理.

定理 5.4.3 (李雅普诺夫中心极限定理) 设$\{X_n\}$为独立随机变量序列,

$$E(X_i)=\mu_i, D(X_i)=\sigma_i^2 \qquad (i=1,2,\cdots)$$

记

$$B_n^2 = D\left(\sum_{i=1}^{n} X_i\right) = \sum_{i=1}^{n} \sigma_i^2$$

若存在 $\delta > 0$,满足

$$\lim_{n\to+\infty} \frac{1}{B_n^{2+\delta}} \sum_{i=1}^{n} E(|X_i - \mu_i|^{2+\delta}) = 0 \tag{5.4.6}$$

则随机变量之和 $\sum_{i=1}^{n} X_i$ 的标准化随机变量

$$Y_n^* = \frac{\sum_{i=1}^{n} X_i - E\left(\sum_{i=1}^{n} X_i\right)}{\sqrt{D\left(\sum_{i=1}^{n} X_i\right)}} = \frac{\sum_{i=1}^{n} X_i - \sum_{i=1}^{n} \mu_i}{B_n}$$

的分布函数 $F_n(x)$ 对于任意的 x 满足:

$$\lim_{n\to+\infty} F_n(x) = \lim_{n\to+\infty} P\left\{\frac{1}{B_n}\sum_{i=1}^{n}(X_i - \mu_i) \leqslant x\right\} = \frac{1}{\sqrt{2\pi}}\int_{-\infty}^{x} e^{-\frac{t^2}{2}} dt = \Phi(x)$$

定理 5.4.3 表明,在定理的条件下,对随机变量

$$Y_n^* = \frac{\sum_{i=1}^{n} X_i - \sum_{i=1}^{n} \mu_i}{B_n}$$

当 n 很大时,近似地服从标准正态分布 $N(0,1)$,即 $\sum_{i=1}^{n} X_i = B_n Y_n^* + \sum_{i=1}^{n} \mu_i$ 近似地服从正态分布 $N\left(\sum_{i=1}^{n} \mu_i, B_n^2\right)$.也就是说,无论各个随机变量 $X_i, i=1,2,\cdots$ 服从什么分布,只要满足定理的条件,它们的和 $\sum_{i=1}^{n} X_i$ 当 n 很大时,就近似地服从正态分布. 这就是为什么正态分布在实际问题中普遍存在的原因. 很多实际问题中的随机变量,比如误差,可以看作很多独立的随机因素叠加而成,每个随机因素对测量的影响是一个独立的随机变量,所有这些独立的随机变量的和就是总误差,因此误差通常近似服从正态分布.

例5.4.6 设随机变量序列$\{X_k\}$相互独立,X_k服从$[-k,k]$上的均匀分布,问:$\{X_k\}$能否用中心极限定理?

解:因为$\{X_k\}$不同分布,故考虑验证李雅普诺夫中心极限定理的条件式(5.4.6),取$\delta=1$,则

$$B_n^2=\sum_{k=1}^{n}D(X_k)=\sum_{i=1}^{n}\frac{1}{12}(2k)^2$$
$$=\frac{1}{3}\sum_{k=1}^{n}k^2=\frac{1}{18}n(n+1)(2n+1)$$

$$\sum_{k=1}^{n}E(|X_k-\mu_k|^{2+\delta})=\sum_{k=1}^{n}E|X_k|^3$$
$$=\sum_{k=1}^{n}\int_{-k}^{k}|x|^3\frac{1}{2k}\mathrm{d}x$$
$$=\frac{1}{4}\sum_{k=1}^{n}k^3$$
$$=\frac{1}{16}n^2(n+1)^2$$

所以,
$$\lim_{n\to+\infty}\frac{1}{B_n^{2+\delta}}\sum_{k=1}^{n}E(|X_k-\mu_k|^{2+\delta})$$
$$=\lim_{n\to+\infty}\frac{1}{B_n^3}\sum_{k=1}^{n}E|X_k|^3$$
$$=\frac{18^{\frac{3}{2}}}{16}\lim_{n\to+\infty}\frac{n^2(n+1)^2}{[n(n+1)(2n+1)]^{\frac{3}{2}}}=0$$

故条件式(5.4.6)成立,$\{X_k\}$能够用中心极限定理.

习题5.4

1.某保险公司多年的统计资料表明,在索赔户中被盗索赔户占20%,以X表示在随意抽查的100个索赔户中因被盗向保险公司索赔的户数,求被盗索赔户不少于14户且不多于30户的概率近似值.

2.根据以往的经验,某种电器元件的寿命服从均值为100小时的指数分布.现随机地取16只,设它们的寿命是相互独立的,求这16只元件的寿命的总和大于1920小时的概率.

3.某汽车销售点每天出售的汽车数服从参数为$\lambda=2$的泊松分布.若一年365天都经营汽车销售,且每天出售的汽车数是相互独立的,求一年中售出700辆以上汽车的概率.

4.某生产线生产的产品成箱包装,每箱的重量是随机的,假设每箱平均重量为50kg,标准差为5kg.若用最大载重量为5t的汽车承运,试用中心极限定理说明每辆车最多可以装多少箱,才能使不超载的概率大于0.9972.

5.掷一颗骰子100次,记第i次掷出的点数为$X_i,i=1,2,\cdots,100$,点数的平均值为$\overline{X}=\frac{1}{100}\sum_{i=1}^{100}X_i$,试求概率$P(3\leqslant\overline{X}\leqslant4)$.

6. 设 $X_1,\cdots,X_{48}$ 为独立同分布的随机变量，共同分布为 $U(0,5)$，其算术平均为 $\bar{X}=\frac{1}{48}\sum_{i=1}^{48}X_i$，试求概率 $P(2\leqslant\bar{X}\leqslant 3)$.

7. 设各零件的重量都是随机变量，它们相互独立且服从相同的分布. 其数学期望为0.5kg，均方差为0.1kg，问：5000只零件的总重量超过2510kg的概率是多少？

8. 某心理学家研究一群孩子的智商的均值 μ，他用 $\bar{X}=\frac{1}{n}\sum_{i=1}^{n}X_i$ 作为 μ 的估计，其中 $X_1,\cdots,X_n$ 是对其中 n 个孩子智商测试的结果. 若 $E(X_i)=\mu$，$D(X_i)=263.66$，$i=1,2,\cdots,n$. 为使 $\bar{X}$ 对 μ 的估计误差在 ± 3 之间的概率不小于0.95，问：他至少要测试多少个孩子？

9. 一家有500间客房的大旅馆的每间客房装有一台2kW的空调机，问：开房率为80%时，需要多少千瓦(kW)的电力才能有99%的可能性保证有足够的电力使用空调机？

10. 一复杂系统由 n 个相互独立起作用的部件组成. 每个部件的可靠性为0.90，且必须至少有80%的部件工作才能使整个系统正常工作，问：n 至少为多大才能使系统的可靠性不低于0.95？

11. 一公寓有200户住户，一户住户拥有汽车辆数 X 的分布列为：

X	0	1	2
p	0.1	0.6	0.3

问：需要多少车位，才能使每辆汽车都具有一个车位的概率至少为0.95？

12. 设随机变量 $X_1,\cdots,X_n$ 独立同分布，且 $X_i(i=1,2,\cdots,n)$ 服从区间 $(-1,1)$ 内的均匀分布，试证当 n 充分大时，随机变量 $Z_n=\frac{1}{n}\sum_{i=1}^{n}X_i^2$ 近似服从正态分布，并指出其分布参数.

第6章 随机模拟

6.1 随机模拟方法

随机模拟方法又叫蒙特卡罗(Monte Carlo)方法,源于20世纪40年代美国原子弹研制的“曼哈顿”计划中的成员乌拉姆(S.Ulam)和冯·诺伊曼(von Neumann)的发明,因为它的实用和有效而大获成功.当时出于保密的原因,将该方法以著名的“摩纳哥赌城”来命名.这是随机模拟发展的里程碑,虽然随机模拟方法的历史可以追溯到更久远的1777年法国人浦丰(Buffon)的投针试验,但在没有计算机时代的这种人工实验方法显然无法被推广发展.随机模拟方法的灵魂就在于由计算机生成随机数序列,从而使得人们可以由此模拟出各种随机事件.

由第1章例1.2.6(浦丰投针问题)知,针与直线相交的概率 $P(A)=\dfrac{2l}{\pi a}$,如果投针 n 次,针与直线相交 n_A 次,则可用频率 $\dfrac{n_A}{n}$ 近似代替概率 $P(A)$,从而

$$\frac{n_A}{n} \approx \frac{2l}{\pi a}$$

即

$$\pi \approx \frac{2nl}{n_A a}$$

通过实验,统计出 n 与 n_A,利用平行线之间的距离 a 和针的长度 l 就可以得到 π 的近似值.

历史上曾经做过的一些实验结果列于表6.1.1.

表6.1.1

实验者	年份	投针次数	π 的实验值
沃尔弗(Wolf)	1850	5000	3.1596
斯密思(Smith)	1855	3204	3.1553
福克斯(Fox)	1894	1120	3.1419
拉查里尼(Lazzarini)	1901	3408	3.1415929

以上就是历史上著名的浦丰投针问题,是随机模拟思想的雏形.

例 6.1.1(用随机模拟方法求无理数 π) 如图 6.1.1 所示,在边长为 1 的正方形内做一内接四分之一单位圆,向正方形内随机投点,则点落在圆内的概率

$$p=\frac{\pi}{4}$$

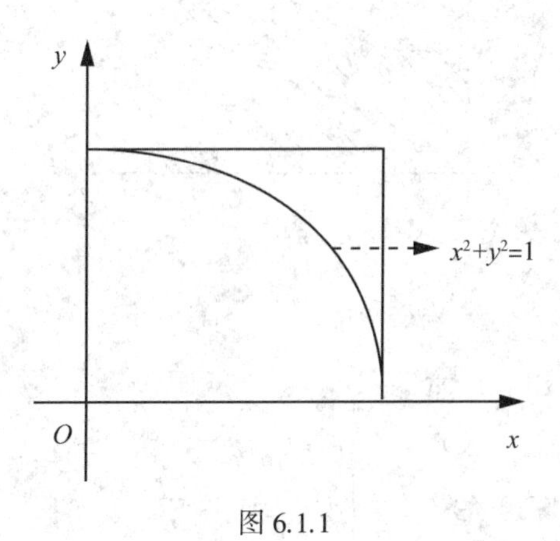

图 6.1.1

由此,$\pi=4p$.如果知道 p 的值,则可得到 π 的值.

由计算机生成[0,1]上均匀分布的 $2n$ 个数据,形成 n 个数据对(x_i,y_i),$i=1,2,\cdots,n$,即正方形内 n 个随机点,这里 n 可以很大,记录满足

$$x_i^2+y_i^2\leqslant 1$$

的数据对的个数 n_A,则随机点落在圆内的频率

$$f_n=\frac{n_A}{n}$$

根据伯努利大数定律,当 n 充分大时,则有

$$p\approx\frac{n_A}{n}$$

从而

$$\pi\approx\frac{4n_A}{n}$$

例 6.2.2 (用随机模拟方法计算定积分) 设$0\leqslant f(x)\leqslant 1$,求$f(x)$在区间[0,1]上的定积分值 $I=\int_0^1 f(x)\,\mathrm{d}x$.

解:方法一:随机投点法。如图 6.1.2 所示,I 即图中阴影部分的面积.向正方形$\{0\leqslant x\leqslant 1,0\leqslant y\leqslant 1\}$内随机投点,则点落在阴影部分的概率 p 为阴影部分的面积,从而

$$I=\int_0^1 f(x)\,\mathrm{d}x=p$$

类似例6.1.1,由计算机生成[0,1]上均匀分布的 $2n$ 个数据,形成 n 个数据对(x_i,y_i),$i=1,2,\cdots,n$,统计落在阴影部分的点,即满足

$$y_i\leqslant f(x_i)$$

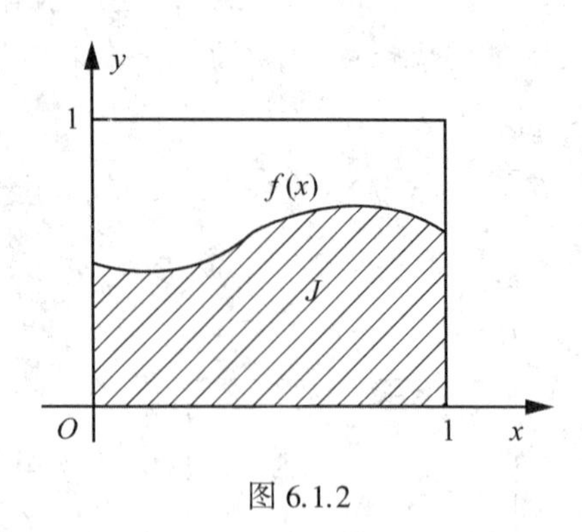

图 6.1.2

的点数 n_A,得频率 $f_n=\dfrac{n_A}{n}\approx p$,从而

$$I=\int_0^1 f(x)\,\mathrm{d}x\approx\frac{n_A}{n}$$

方法二:平均值法。设随机变量 X 服从 $(0,1)$ 上的均匀分布,令 $Y=f(X)$,则

$$E(Y)=E(f(X))=\int_0^1 f(x)\,\mathrm{d}x=I$$

所以,估计 I 的值就是估计 $f(X)$ 的数学期望.根据辛钦大数定律,可以用 $f(X)$ 的观察值的平均去估计.

先用计算机产生 n 个$[0,1]$ 上均匀分布的随机数 $x_i(i=1,2,\cdots,n)$,则

$$I\approx\frac{1}{n}\sum_{i=1}^{n}f(x_i)$$

从以上例子可以看出,随机模拟主要是用频率估计概率,或用随机变量观测值的平均估计它的期望.通过计算机模拟,得到频率和随机变量的观察值. 根据伯努利大数定律,频率依概率收敛于概率.根据辛钦大数定律, 随机变量观测值的平均依概率收敛于其期望.这就为随机模拟提供了可靠的理论基础.

随机数的产生是随机模拟的关键,下面介绍如何产生随机数.

6.2 [0,1] 区间上均匀分布随机数的产生

[0,1] 区间上均匀分布随机数也简称为随机数,可以通过一些物理设备产生,这种设备称为随机数发生器.物理设备产生的随机数无法重复,无法用程序复算,因此验证困难.除此之外,还可以用数学方法产生.目前大多采用后者.

数学上一般采用迭代公式:

$$x_{n+k}=T(x_n,\cdots,x_{n+k-1})$$

对一组给定的初始值:$x_1,\cdots,x_k$,由上式可确定 $x_{n+k}(n=1,2,\cdots)$.一般取 $k=1$,即

$$x_{n+1}=T(x_n)$$

对一给定的初始值(种子)X_1,即可得到 $x_{n+1}(n=1,2,\cdots)$.

由于数学方法产生的随机数依赖初始值,有周期性现象,相互之间并非独立,因此这些随机数不是真正的随机数,严格来说称为伪随机数,但为叙述方便,有时也简称随机数.

[0,1] 区间上伪随机数产生的三个要素:种子 ,公式, 迭代.

下面介绍几种常用的产生伪随机数的方法.

6.2.1 平方取中法

平方取中法产生伪随机数的方法,由冯 · 诺伊曼在 1946 年提出. 其算法为:选择一个 m(m 为偶数) 位数作为种子 x_1. 把 m 位 x_i 平方后的值(必须为 $2m$ 位, 若不足 $2m$ 位,在前补 0) 取中间 m 位, 将结果作为 x_{i+1}.

例如,取:

$$x_1 = 675248 \to x_1^2 = 455\ 959\ 861504$$

$$x_2 = 959861 \to x_2^2 = 921\ 333\ 139321$$

$$x_3 = 333139 \to x_3^2 = 110\ 981\ 593321$$

$$x_4 = 981593 \to x_4^2 = 963\ 524\ 817649$$

$$x_5 = 524817 \to x_5^2 = 275\ 432\ 883489$$

相应的伪随机数是 $x'_2 = 0.959861, x'_3 = 0.333139, x'_4 = 0.981593, x'_5 = 0.524817$.

迭代公式为

$$x_{n+1} = [x_n^2 \times 10^{-m}] \pmod{10^{2m}}$$

$$x'_{n+1} = \frac{x_{n+1}}{10^{2m}}$$

其中,$[x]$ 表示取整.

这样,x_i' 即为产生的随机数.

平方取中法使用方便,但有一个显著的不良特性, 就是它比较容易退化成 0.

6.2.2 加同余方法

加同余方法是把任意两个初始值相加,然后以数 M 相除,将余数再除以 M 作为随机数. 迭代公式为

$$x_{n+2} = x_n + x_{n+1} \pmod{M}$$

$$x'_{n+2} = \frac{x_{n+2}}{M}$$

为计算机上使用, 一般考虑 $M = 2^s, x_1 = x_2 = 1$, 以此确定的 $x_1, x_2, \cdots, x_n$ 称为剩余 Fibonacci 数序列.

6.2.3 乘同余方法

乘同余方法是 Lehmer 于 1951 年提出来的,它的迭代公式为

$$x_{n+1} = ax_n \pmod{M}$$

$$x'_{n+1} = \frac{x_{n+1}}{M}$$

其中,a 为常数. 对选定的 x_n,以 M 除 ax_n 后的余数记为 x_{n+1},则$\frac{x_{n+1}}{M}$就是随机数 x'_{n+1}. 一般选用

$$x_1 = 1, a = 5^{17}, M = 2^{42}$$

$$x_1 = 1, a = 5^{13}, M = 2^{36}$$

乘同余方法运算量小、速度快、是使用最多、最广泛的产生伪随机数的方法.

6.2.4 乘加同余方法

乘加同余方法是由 Rotenberg 于 1960 年提出来的,已成为仅次于乘同余方法产生伪随机数的另一种主要方法.它的一般形式是对任意初始值 x_1, c 用如下迭代公式:

$$x_{n+1} = ax_n + c(\bmod M)$$

$$x'_{n+1} = \frac{x_{n+1}}{M}$$

为了便于在计算机上使用,通常取

$$M = 2^s,\ a = 2^b + 1(b \geqslant 2),\ c = 1$$

由 $X \sim U[0,1]$,令

$$Y = a + (b - a)X$$

则可得到一般区间上的均匀分布

$$Y \sim U[a,b]$$

6.3 任意随机变量的模拟

以均匀分布 $X \sim U[0,1]$ 为基础,可以生成其他分布的随机变量.

6.3.1 离散型随机变量的模拟

对于离散型随机变量的分布列

$$P(X = x_i) = p_i \qquad (i = 0,1,2,\cdots) \tag{6.3.1}$$

将区间[0,1]依次分为长度为 $p_0, p_1, p_2, \cdots$ 的小区间,$I_0, I_1, I_2, \cdots$,产生 U 服从区间[0,1]上的均匀分布,若 $U \in I_k$,则令 $X = x_k$,即

$$X = \begin{cases} x_0, & \xi \leqslant p_0 \\ x_1, & p_0 < \xi \leqslant p_0 + p_1 \\ \vdots & \\ x_k, & \sum_{i=0}^{k-1} p_i < \xi \leqslant \sum_{i=0}^{k} p_i \\ \vdots & \end{cases}$$

X 是有离散型分布列(6.3.1)的随机变量.

例 6.3.1 二项分布 $b(n,p)$ 二项分布为离散型分布,其分布列为

$$P(x = k) = p_k = C_n^k p^k (1 - p)^{n-k} \qquad (k = 0,1,\cdots)$$

其中,p 为概率.

取$X = k$, 当$\sum_{i=0}^{k-1} p_i < \xi \leqslant \sum_{i=0}^{k} p_i$时, 则

$$X \sim b(n,p)$$

例 6.3.2 泊松(Possion) 分布 其分布列为

$$P(x = k) = p_k = \mathrm{e}^{-\lambda} \frac{\lambda^k}{k!} \qquad (k = 0,1,2,\cdots,n)$$

其中,$\lambda > 0$.

取 $X = k$, 当$\sum_{i=0}^{k-1} \frac{\lambda^i}{i!} < \xi \cdot \mathrm{e}^{\lambda} \leqslant \sum_{i=0}^{k} \frac{\lambda^i}{i!}$时,

则 X 服从参数为 λ 的泊松分布.

6.3.2 连续型随机变量的模拟

1.反变换法

定理 6.3.1 设 Y 具有严格单调的分布函数 $F(y)$,$X = F(Y)$,则 $X \sim U[0,1]$.

证明: 当$0 < x < 1$时,

$$\begin{aligned} P(X \leqslant x) &= P(F(Y) \leqslant x) = P(Y \leqslant F^{-1}(x)) \\ &= F(F^{-1}(x)) = x \end{aligned}$$

所以,X 具有概率密度 $p(x) = \begin{cases} 1, & 0 < x < 1 \\ 0, & \text{其他} \end{cases}$,故 $X \sim U[0,1]$.

根据定理 6.3.1,若$X \sim U[0,1]$,则$Y = F^{-1}(X)$ 的分布函数为$F(y)$,根据需要的分布函数$F(y)$,只要能找到$F^{-1}(x)$,令$Y = F^{-1}(X)$,则随机变量Y便服从分布函数为$F(y)$的分布.

例 6.3.3(指数分布) 概率密度函数为

$$p(x) = \lambda \cdot \mathrm{e}^{-\lambda x} \qquad (x \geqslant 0)$$

分布函数为

$$F(x) = 1 - \mathrm{e}^{-\lambda x} \qquad (x \geqslant 0)$$

$$F^{-1} = -\frac{1}{\lambda}\ln(1 - y)$$

根据定理 6.3.1,取

$$Y = -\frac{1}{\lambda}\ln(1 - X)$$

其中,$X \sim U[0,1]$,则 Y 是服从参数为 λ 的指数分布.

连续型随机变量的反函数法对于分布函数的反函数存在且容易显性求出的情况下,使用起来很方便. 但是对于以下几种情况,该方法则不合适:

(1) 分布函数无法用解析形式给出,因而其反函数也无法给出;

(2) 分布函数可以给出其解析形式,但是反函数给不出来;

(3) 分布函数即使能够给出反函数,但运算量很大.

下面介绍其他的一些方法.

2.舍选法

定理6.3.2 设$p(x)$是定义于(a,b)上的概率密度函数,X,Y是两个相互独立的随机变量,$X \sim U(a,b)$,$Y \sim U[0,1]$. 任取$\lambda > 0$,满足$\lambda p(x) \leqslant 1$对一切$x \in (a,b)$成立,则有

$$P(X \leqslant t \mid Y \leqslant \lambda p(X)) = \int_a^t p(x)\,\mathrm{d}x \qquad (t \in [a,b])$$

即在条件$Y \leqslant \lambda p(X)$满足时,X以$p(x)$为概率密度函数.

证明: 设(X,Y)的联合概率密度函数为$g(x,y)$,则

$$g(x,y) = \begin{cases} \dfrac{1}{b-a}, & a \leqslant x \leqslant b, 0 \leqslant y \leqslant 1 \\ 0, & \text{其他} \end{cases}$$

所以,

$$P(X \leqslant t \mid Y \leqslant \lambda p(X)) = \frac{P(X \leqslant t, Y \leqslant \lambda p(X))}{P(Y \leqslant \lambda p(X))}$$

$$= \frac{\int_a^t \mathrm{d}x \int_0^{\lambda p(x)} \frac{1}{b-a}\mathrm{d}y}{\int_a^b \mathrm{d}x \int_0^{\lambda p(x)} \frac{1}{b-a}\mathrm{d}y} = \int_a^t p(x)\,\mathrm{d}x \qquad (t \in [a,b])$$

舍选法主要适用于概率密度函数定义在有限区间上的随机变量,根据定理6.3.2,首先产生一对区间$[0,1]$上的均匀分布随机数u,v,然后判断表达式

$$u \leqslant \lambda p(a + (b-a)v)$$

是否成立,若成立,则令$x = a + (b-a)v$;否则,再产生一对新的$[0,1]$上的随机数,重复以上步骤,如此循环往复,得到的这些随机数x的概率密度函数为$p(x)$.

舍选法的几何意义如图6.3.1所示,(X,Y)生成矩形区域$\{a \leqslant x \leqslant b, 0 \leqslant y \leqslant 1\}$内随机点,只选取位于$\lambda p(x)$下方的点,这些点对应的横坐标是以$p(x)$为概率密度函数的随机点.

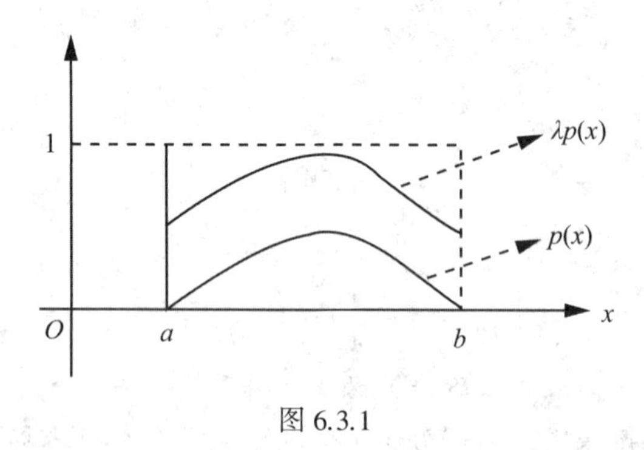

图6.3.1

例6.3.4 用舍选法生成具有下面概率密度的随机数$p(x) = 20x(1-x)^3, 0 < x < 1$.

解: 先确定λ.

$p(x)$的最大值点$x = \dfrac{1}{4}$, $p\left(\dfrac{1}{4}\right) = \dfrac{135}{64}$,要保证$\lambda p(x) \leqslant 1$,所以取

$$\lambda = \frac{64}{135},\lambda p(x) = \frac{64}{135} \times 20x(1-x)^3 = \frac{256}{27}x(1-x)^3$$

所以,算法为:

(1) 生成[0,1]上的均匀分布随机数 u,v;

(2) 如果 $v \leqslant \frac{256}{27}u(1-u)^3$,令 $X = u$, 否则返回(1).

这样得到的随机数 η 的概率密度函数为 $p(x) = 20x(1-x)^3, 0 < x < 1$.

3.离散逼近法

设随机变量的概率密度函数 $p(x)$ 定义在有限区间$[a,b]$上,将$[a,b]$分成 n 等份,分点为

$$a = a_0 < a_1 < \cdots < a_n = b$$

令

$$p_i = \int_{a_{i-1}}^{a_i} p(x)\mathrm{d}x(i = 1,2,\cdots,n)$$

则

$$\sum_{i=1}^{n} p_i = 1$$

再将[0,1]也分成 n 份,每一份的长度等于对应的 p_i,分点为

$$0 = c_0 < c_1 < \cdots < c_n = 1$$

有

$$c_i - c_{i-1} = p_i(i = 1,2,\cdots,n)$$

产生[0,1]上的随机数 U,如果

$$c_{i-1} < U \leqslant c_i$$

则令

$$X = a_{i-1} + (a_i - a_{i-1})\frac{U - c_{i-1}}{c_i - c_{i-1}}$$

如果 n 充分大,分点足够密,可以近似认为 X 是概率密度函数为 $p(x)$ 的随机数. 事实上

$$P(a_{i-1} < X \leqslant a_i) = P(c_{i-1} < U \leqslant c_i) = c_i - c_{i-1} = p_i = \int_{a_{i-1}}^{a_i} p(x)\mathrm{d}x$$

舍选法和离散逼近法都假定了概率密度集中在有限区间上,如果不是有限,总可以选有限区间(a,b)及充分小的 $\varepsilon > 0$,使得

$$\int_a^b p(x)\mathrm{d}x \geqslant 1 - \varepsilon$$

然后在(a,b)上运用上述方法,这时会出现部分小概率的随机变量取值不能产生,出现小的误差.

6.3.3 正态分布 $N(0,1)$ 随机数的产生

正态分布是一种最常见的分布,也具有很好的性质. 模拟正态变量,除了前面介绍的一些方法外,还有下面这些常见的方法.

1.近似法

根据独立同分布中心极限定理,若 $X_1,\cdots,X_n$ 独立同分布,共同的分布为 $U[0,1]$,当 n

充分大时,则

$$Y_n = \frac{\sum_{i=1}^{n} X_i - \frac{n}{2}}{\sqrt{\frac{n}{12}}} \overset{\text{近似}}{\sim} N(0,1)$$

近似法的优点是方法简单,但 n 不大时精度不令人满意. 下面介绍的变换法比较常见.

2.变换法

定理 6.3.3 设 X,Y 相互独立,均服从 $[0,1]$ 上的均匀分布,

$$\begin{cases} U = \sqrt{-2\ln X}\cos(2\pi Y) \\ V = \sqrt{-2\ln X}\sin(2\pi Y) \end{cases}$$

则 $U \sim N(0,1)$, $V \sim N(0,1)$, 且相互独立.

证明: (X,Y) 的联合密度 $f(x,y) = \begin{cases} 1, & 0 < x < 1, 0 < y < 1 \\ 0, & \text{其他} \end{cases}$,设 (U,V) 的联合密度为 $p(u,v)$.

从 (X,Y) 到 (U,V) 对应的变换函数为 $\begin{cases} u = \sqrt{-2\ln x}\cos(2\pi y) \\ v = \sqrt{-2\ln x}\sin(2\pi y) \end{cases}$

逆变换

$$\begin{cases} x = e^{-\frac{u^2+v^2}{2}} \\ y = \frac{1}{2\pi}\arctan\frac{v}{u} \end{cases}$$

雅可比行列式

$$J = \begin{vmatrix} \frac{\partial x}{\partial u} & \frac{\partial x}{\partial v} \\ \frac{\partial y}{\partial u} & \frac{\partial y}{\partial v} \end{vmatrix} = -\frac{1}{2\pi}e^{-\frac{u^2+v^2}{2}}$$

故

$$p(u,v) = f(x,y)\,|J| = \frac{1}{2\pi}e^{-\frac{u^2+v^2}{2}} = \frac{1}{\sqrt{2\pi}}e^{-\frac{1}{2}u^2} \cdot \frac{1}{\sqrt{2\pi}}e^{-\frac{1}{2}v^2}$$

显然, $U \sim N(0,1)$, $V \sim N(0,1)$, 且相互独立.

利用定理 6.3.3 产生正态随机变量的方法称为 Box-Muller 方法.

由标准正态分布 $N(0,1)$ 很容易获得一般的正态分布 $N(\mu,\sigma^2)$,例如,若 $U \sim N(0,1)$,则 $\mu + \sigma U \sim N(\mu,\sigma^2)$.

习题 6.3

1.利用反变换法产生一个威布尔分布的随机变量,威布尔分布的分布函数由下式给出:

$$F(x) = \begin{cases} 1 - e^{-\alpha x^{\beta}}, & x \geq 0 \\ 0, & \text{其他} \end{cases}$$

2. 设随机变量 X 具有概率密度函数

$$p(x)=\begin{cases}Ce^{x}, & x<1\\ 0, & 其他\end{cases}$$

(1) 确定常数 C;(2) 指出模拟 X 的方法.

3. 找出一个模拟随机变量的方法,该随机变量的概率密度函数为

$$p(x)=\begin{cases}30(x^2-2x^3+x^4), & 0<x<1\\ 0, & 其他\end{cases}$$

4. 找出一个模拟离散型随机变量 X 的有效算法,其分布列为

X	x_1	x_2	x_3	x_4
	0.15	0.2	0.35	0.30

6.4 随机模拟的应用——积分法

随机模拟积分法适用性强、算法简单. 虽然有时候精度不高,但计算高维积分时它的优越性非常显著. 也有一些技巧可以帮助提高计算精度. 下面来讨论随机模拟积分法的三种常用方法:随机投点法、平均值法和重要性抽样法.

6.4.1 求定积分的随机投点法

将例 6.2.2 一般化,求

$$I=\int_a^b f(x)\,\mathrm{d}x\ ,0\leqslant f(x)\leqslant M$$

向矩形区域 D:$D=\{(x,y)\mid a\leqslant x\leqslant b,0\leqslant y\leqslant M\}$ 内随机投点,随机点落入区域 $S=\{(x,y)\mid a\leqslant x\leqslant b,0\leqslant y\leqslant f(x)\}$ 内点概率

$$p=\frac{I}{(b-a)M} \tag{6.4.1}$$

即

$$I=pM(b-a) \tag{6.4.2}$$

由计算机生成 D 内 n 个随机点,统计区域 S 内随机点的个数 n_A,则 I 的近似值(估计值)为

$$\hat{I}_1=\frac{n_A M(b-a)}{n} \tag{6.4.3}$$

例 6.4.1 用随机投点法计算定积分

$$I=\int_0^5 4x^3\,\mathrm{d}x$$

被积函数在积分区间[0, 5]内的最大值是 $4\times5^3=500$,取矩形 $\Omega=[0,5]\times[0,500]$,被积函数下方的区域 $S=\{(x,y)\mid 0\leqslant x\leqslant 5,0\leqslant y\leqslant 4x^3\}$,见图6.4.1中的阴影部分.求此积分的 Matlab 程序如下:

```
nTrials = 100000000;  % 试验的总次数
x = 5 * rand(1,nTrials);
y = 500 * rand(1,nTrials);
nHits = sum(y < 4 * x.^3);  % 落入面积内的点数
p = nHits/nTrials;  % 落入面积内的概率
Area = p * 500 * 5
plot(x(y < 4 * x.^3),y(y < 4 * x.^3),'·','color',[0.8 0.8 0.8])
```

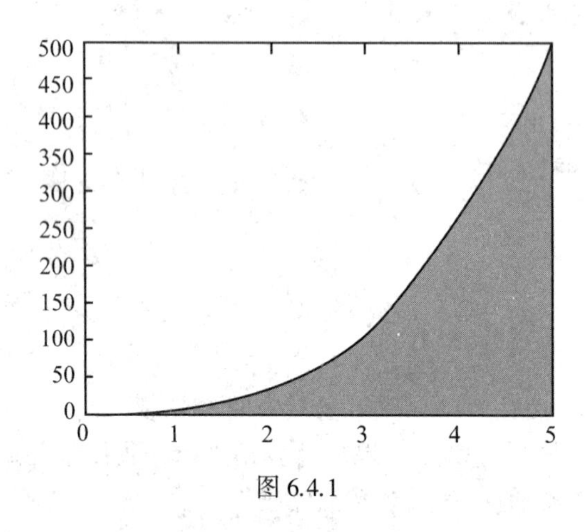

图 6.4.1

计算输出结果是:Arer = 624.9815,理论值为 625,接近程度较好.

一维积分的情形可类似地推广到二维积分.

例 6.4.2 求球体 $x^2+y^2+z^2\leqslant 4$ 被圆柱面 $x^2+y^2\leqslant 2x$ 所截得的立体(含在圆柱面内的部分)的体积.

记 D 为半圆周 $y=\sqrt{2x-x^2}=\sqrt{1-(x-1)^2}$ 及 x 轴所围成的闭区域,根据对称性,所求体积

$$V=4\iint_D\sqrt{4-x^2-y^2}\,\mathrm{d}x\mathrm{d}y$$

理论值为 9.6440.

下面用随机投点法求 V 的近似值. 记

$$\Omega=\{x,y,z\}\mid 0\leqslant 2,\ 0\leqslant y\leqslant 1,\ 0\leqslant z\leqslant 2\},$$

这个 Ω 是三维空间中的一个长方体区域. 记球体 $x^2+y^2+z^2\leqslant 4$ 被圆柱面 $x^2+y^2\leqslant 2x$ 所截得的立体在第一象限中的部分为 T,则 T 包含在区域 Ω 中,并且 $V=4V_T$, 这里 V_T 为 T 的体积.

在 Ω 内随机投点,即所投点的坐标 x,y,z 分别服从$[0,2]$,$[0,1]$,$[0,2]$ 上的均匀分布. 所投点落到 T 内的概率等于 T 的体积与 Ω 的体积之比,即$\dfrac{V_T}{4}$.

积分计算的 Matlab 程序如下:

```
functionV = quad2(N)
% 输入 N 是随机投点的数目
```

```
for i = 1:length(N)
    x = 2 * rand(N(i),i);
    y = rand(N(i),1);
    z = 2 * rand(N(i),1);
    % 落到区域 T 内的点数
    nHit = sum((x.^2 + y.^2 + z.^2 <= 4)&...
    ((x - 1).^2 + y.^2 <= 1));
    V(i) = 16 * nHit/N(i);   % 所求立体的体积
end
```

针对不同的投点个数 N,调用上面的 quad2 函数计算二重积分的近似值,相应的 Matlab 命令及结果如下:

```
V = quand2([100,1000,10000,10000,100000,1000000])
V = 10.7200   9.9360   9.6496   9.6560   9.6837   9.6441
```

6.4.2 随机投点法的性质

随机投点法中 n 次随机落点击中区域 S 的点数 n_A 服从二项分布

$$n_A \sim b(n,p)$$

于是

$$E(n_A)=np, D(n_A)=np(1-p)$$

由式(6.4.3) 知

$$E(\hat{I}_1)=\frac{E(n_A)}{n}M(b-a)=pM(b-a)=I \tag{6.4.4}$$

$$\begin{aligned} D(\hat{I}_1) &= \frac{M^2(b-a)^2}{n^2}D(n_A) \\ &= \frac{M^2(b-a)^2}{n}p(1-p) \\ &= \frac{1}{n}[MI(b-a)-I^2] \propto \frac{1}{n} \end{aligned} \tag{6.4.5}$$

式(6.4.4) 表明,积分的估计值以理论值为期望,说明 $\hat{I}_1$ 以理论值 I 为中心波动. 波动的幅度即方差. 因此这时方差越小,估计值的精度就越好. 式(6.4.5) 式表明,$\hat{I}_1$ 的方差和投点数 n 成反比.故可以通过加大 n 来提高精度.

6.4.3 求积分的平均值法

对于积分

$$I=\int_a^b f(x)\mathrm{d}x$$

可以表示成某个随机变量的期望. 因为

$$I=\int_a^b f(x)\mathrm{d}x=(b-a)\int_a^b f(x)\frac{1}{b-a}\mathrm{d}x \tag{6.4.6}$$

而$\frac{1}{b-a}$是$[a,b]$上的均匀分布概率密度函数，所以就有

$$I=(b-a)E(f(X)) \tag{6.4.7}$$

其中，$X \sim U[a,b]$.

为了得到 I 的近似值 $\hat{I}_2$，在$[a,b]$上由计算机生成 n 个均匀分布的随机数 $x_1,x_2,\cdots,x_n$，这样

$$\hat{I}_2=(b-a)\frac{1}{n}\sum_{i=1}^{n}f(x_i) \tag{6.4.8}$$

上式表明，$\hat{I}_2$等于$f(x)$在随机数$x_i(i=1,2,\cdots,n)$处的值的平均乘以积分区间的长度$b-a$，因此，称这种方法为**平均值法**.

可以类似地将该方法推广到高维积分.

例 6.4.3 用平均值法求例 6.4.1 中的积分 $I=\int_0^5 4x^3\mathrm{d}x$.

解：取 X 为区间$[0,5]$上的均匀分布，由式(6.4.7)，

$$I=5E(4X^3)=20E(X^3)$$

生成 n 个$[0,5]$上的均匀分布的随机数，求函数 $y=20x^3$ 的平均值 $\bar{y}$ 即为 I 的近似值 $\hat{I}$. Matlab 程序如下：

```
nTrials = 100000000;
x = unifrnd(0,5,1,nTrials);
y = 20 * x.^3;
s = mean(y)
```

计算输出的结果是 s = 624.8993 .

6.4.4 平均值法的性质

下面求 $\hat{I}_2$ 的期望和方差.根据式(6.4.7)、式(6.4.8)，有

$$E(\hat{I}_2)=E\left(\frac{b-a}{n}\sum_{i=1}^{n}f(x_i)\right)=\frac{b-a}{n}\sum_{i=1}^{n}E(f(X))=(b-a)E(f(X))=I$$

$$\begin{aligned}D(\hat{I}_2)&=D\left(\frac{b-a}{n}\sum_{i=1}^{n}f(x_i)\right)=\frac{(b-a)^2}{n^2}\sum_{i=1}^{n}D(f(X))\\&=\frac{(b-a)^2}{n}D(f(X))\\&=\frac{(b-a)^2}{n}\int_a^b[f(x)-E(f(X))]^2\frac{1}{b-a}\mathrm{d}x\\&=\frac{b-a}{n}\int_a^b\left(f(x)-\frac{I}{b-a}\right)^2\mathrm{d}x\\&=\frac{b-a}{n}\left(\int_a^b f^2(x)\mathrm{d}x-\frac{I^2}{b-a}\right)\\&=\frac{1}{n}\left[(b-a)\int_a^b f^2(x)\mathrm{d}x-I^2\right]\end{aligned}$$

$$=\frac{1}{n}[(b-a)^2E(f^2(X))-I^2]\propto\frac{1}{n} \tag{6.4.9}$$

其中,$X\sim U[a,b]$.

由于

$$MI=\int_a^b Mf(x)\,\mathrm{d}x\geqslant\int_a^b f^2(x)\,\mathrm{d}x$$

对比式(6.4.5)、式(6.4.9),可知

$$D(\hat{I}_2)\leqslant D(\hat{I}_1)$$

说明平均值法比随机投点法计算定积分更有效.

6.4.5　重要性抽样法

对于式(6.4.6),均匀分布的概率密度函数$\frac{1}{b-a}$换成一般的定义在$[a,b]$上的概率密度函数$g_X(x)$,就得到

$$I=\int_a^b f(x)\,\mathrm{d}x=\int_a^b\frac{f(x)}{g_X(x)}g_X(x)\,\mathrm{d}x=E\left(\frac{f(X)}{g_X(x)}\right) \tag{6.4.10}$$

其中,X是服从概率密度函数为$g_X(x)$的随机变量.

设$h(x)=\frac{f(x)}{g_X(x)}$, $x_1,x_2,\cdots,x_n$是概率密度函数为$g_X(x)$的随机数. 根据式(6.4.10),有

$$I=E(h(X))\approx\frac{1}{n}\sum_{i=1}^{n}h(x_i) \tag{6.4.11}$$

即I的估计值:

$$\hat{I}_3=\frac{1}{n}\sum_{i=1}^{n}h(x_i) \tag{6.4.12}$$

下面分别求$\hat{I}_3$的期望和方差.

$$E(\hat{I}_3)=E\left(\frac{1}{n}\sum_{i=1}^{n}h(x_i)\right)=E(h(x_i))=E(h(X))=I$$

$$\begin{aligned}D(\hat{I}_3)&=\frac{1}{n^2}\sum_{i=1}^{n}D(h(X))\\&=\frac{1}{n}D(h(X))=\frac{1}{n}\int_a^b[h(x)-E(h(X))]^2g_X(x)\,\mathrm{d}x\\&=\frac{1}{n}\int_a^b(h(x)-I)^2g_X(x)\,\mathrm{d}x=\frac{1}{n}[E(h^2(X))-I^2]\end{aligned} \tag{6.4.13}$$

其中,$X\sim g_X(x)$.

为了提高$\hat{I}_3$的精度,可以选取适当的$g_X(x)$使$D(\hat{I}_3)$变小. 方法是:选取的$g_X(x)$的形状尽可能地与被积函数$f(x)$接近(如图6.4.2所示),这样$h(x)$在$[a,b]$上起伏变化的幅度就尽可能小,从而减小$E(h^2(X))$,由式(6.4.13)知,这样就相应地减小了$D(\hat{I}_3)$.

如果能够找到一个概率密度函数,使得$h(x)\equiv C$, 这里C为常量,则显然有$D(\hat{I}_3)=0$,

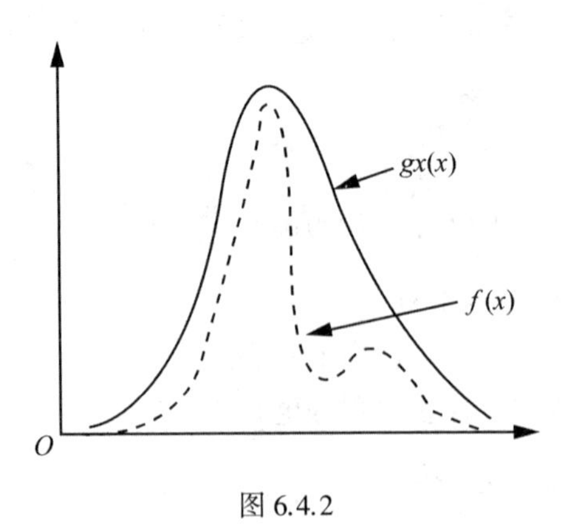

图 6.4.2

这时积分的计算就是精确的. 当然,获得这样的概率密度函数是不现实的,因为这里的常量 C 就是积分值.

对式(6.4.10),通过构造适当的概率密度函数 $g_X(x)$ 以减小估计的方差,这种定积分的计算方法称为重要性抽样法. 其算法如下:

(1) 选取适合于 $f(x)$ 的概率密度函数 $g(x)$;

(2) 求 $g(x)$ 的分布函数 $G(x)$ 的反函数 G^{-1};

(3) 生成 n 个$[0,1]$上均匀分布的随机数 $u_i, i = 1,2,\cdots,n$;

(4) 用反函数法获得 n 服从分布 $G(x)$ 的随机数 $x_i = G^{-1}(u_i), i = 1,2,\cdots,n$;

(5) 计算平均值 $\hat{I}_3 = \dfrac{1}{n}\sum_{i=1}^{n} h(x_i)$.

例 6.4.4 分别使用样本平均法和重要性抽样法计算定积分:

$$I = \int_0^1 \frac{e^{-x}}{1 + x^2}dx$$

不难发现,指数分布的概率密度函数与被积函数较相似,我们可取

$$g_X(x) = \frac{e^{-x}}{1 - e^{-1}} \qquad (0 < x < 1)$$

下面是计算这个积分的 Matlab 程序:

```
N = 1000000;
f = @(x)exp(-x)./(1 + x.^2);
% 数值积分法
quad0 = integral(f,0,1)
% 样本平均法
X = unifrnd(0,1,1,N);
fg = f(X);
quad1 = mean(fg)
v1 = sqrt(var(fg))
% 重要性抽样法
```

```
U = unifrnd(0,1,1,N);
X =- log(1 - U * (1 - exp(- 1)));
fg = f(X)./(exp(- X)/(1 - exp(- 1)));
quad2 = mean(fg)
v2 = sqrt(var(fg))
```

程序输出样本平均法和重要性抽样法计算的积分近似值和其标准差,同时还用数值积分方法求出这个积分的精确值. 计算结果为:

quad0 = 0.5248(精确值); quad1 = 0.5250, se1 = 0.2451;

quad2 = 0.5249, se2 = 0.0968.

由此可见,重要性抽样法的算法较为有效.

习题 6.4

1. 分别用随机投点法和平均值法计算定积分

$$I = \int_0^1 e^{-x} dx$$

的估计值,并与定积分的精确值比较.

2. 给定一个标准正态分布 $N(0,1)$ 的 n 个观察值 $(x_1, x_2, \cdots, x_n)$, 分别用平均值法和重要性抽样法计算其分布函数

$$\Phi(t) = \int_{-\infty}^{t} \frac{1}{\sqrt{2\pi}} e^{-\frac{x^2}{2}} dx$$

的近似值.

附　录

常用概率分布表

分布名称	参数	分布列或概率密度	数学期望	方差
0－1分布	$0<p<1$	$P(X=k)=p^k(1-p)^{1-k},k=0,1$	p	$p(1-p)$
二项分布	$0<p<1$ $n \leqslant 1$	$P(X=k)=C_n^k p^k(1-p)^{n-k}$ $k=1,2,\cdots,n$	np	$np(1-p)$
负二项分布	$0<p<1$ $r \geqslant 1$	$P(X=k)=C_{k-1}^{r-1}p^r(1-p)^{k-r}$ $k=r,r+1,\cdots$	$\frac{r}{p}$	$\frac{r(1-p)}{p^2}$
几何分布	$0<p<1$	$P(X=k)=p(1-p)^{k-1}$ $k=1,2,\cdots$	$\frac{1}{p}$	$\frac{1-p}{p^2}$
超几何分布	N,M,n $n \leqslant M$	$P(X=k)=\frac{C_M^k C_{N-M}^{n-k}}{C_N^n}$ $k=0,1,\cdots,n$	$\frac{nM}{N}$	$\frac{nM}{N}\left(1-\frac{M}{N}\right)\left(\frac{N-n}{N-1}\right)$
泊松分布	$\lambda>0$	$P(X=k)=\frac{\lambda^k e^{-\lambda}}{k!}$ $k=1,2,\cdots$	λ	λ
均匀分布	$a<b$	$p(x)=\begin{cases}\frac{1}{b-a}, & a<x<b\\ 0, & \text{其他}\end{cases}$	$\frac{a+b}{2}$	$\frac{(b-a)^2}{12}$
正态分布	μ $\sigma>0$	$p(x)=\frac{1}{\sqrt{2\pi}\sigma}e^{-\frac{(x-\mu)^2}{2\sigma^2}}$	μ	σ^2
Γ 分布	$\alpha>0$ $\lambda>0$	$p(x)=\begin{cases}\frac{\lambda^\alpha}{\Gamma(\alpha)}x^{\alpha-1}e^{-\lambda x}, & x>0\\ 0, & \text{其他}\end{cases}$	$\frac{\alpha}{\lambda}$	$\frac{\alpha}{\lambda^2}$
指数分布	$\lambda>0$	$p(x)=\begin{cases}\lambda e^{-\lambda x}, & x>0\\ 0, & \text{其他}\end{cases}$	$\frac{1}{\lambda}$	$\frac{1}{\lambda^2}$
χ^2 分布	$n \geqslant 1$	$p(x)=\begin{cases}\frac{x^{\frac{n}{2}-1}e^{-\frac{x}{2}}}{\Gamma(n/2)2^{n/2}}, & x>0\\ 0, & \text{其他}\end{cases}$	n	$2n$

续表

分布名称	参数	分布列或概率密度	数学期望	方差
威布尔分布	$\eta>0$ $\beta>0$	$p(x)=\begin{cases}\dfrac{\beta}{\eta}\left(\dfrac{x}{\eta}\right)^{\beta-1}e^{-\left(\frac{x}{\eta}\right)^{\beta}}, & x>0\\ 0, & 其他\end{cases}$	$\eta\Gamma\left(\dfrac{1}{\beta}+1\right)$	$\eta^2\left\{\Gamma\left(\dfrac{2}{\beta}+1\right)-\left[\Gamma\left(\dfrac{1}{\beta}+1\right)\right]^2\right\}$
瑞利分布	$\sigma>0$	$p(x)=\begin{cases}\dfrac{x}{\sigma^2}e^{-\frac{x^2}{2\sigma^2}}, & x>0\\ 0, & 其他\end{cases}$	$\sqrt{\dfrac{\pi}{2}}\sigma$	$\dfrac{4-\pi}{2}\sigma^2$
β分布	$\alpha>0$ $\beta>0$	$p(x)=\begin{cases}\dfrac{\Gamma(\alpha+\beta)}{\Gamma(\alpha)+\Gamma(\beta)}x^{\alpha-1}(1-x)^{\beta-1}, & 0<x<1\\ 0, & 其他\end{cases}$	$\dfrac{\alpha}{\alpha+\beta}$	$\dfrac{\alpha\beta}{(\alpha+\beta)^2(\alpha+\beta+1)}$
对数正态分布	μ $\sigma>0$	$p(x)=\begin{cases}\dfrac{1}{\sqrt{2\pi}\sigma x}e^{-\frac{(\ln x-\mu)^2}{2\sigma^2}}, & x>0\\ 0, & 其他\end{cases}$	$e^{\mu+\frac{\sigma^2}{2}}$	$e^{2\mu+\sigma^2}(e^{\sigma^2}-1)$
柯西分布	a $\lambda>0$	$p(x)=\dfrac{1}{\pi}\dfrac{\lambda}{\lambda^2+(x-a)^2}$	不存在	不存在

泊松分布表

$$P(X \leqslant x) = \sum_{k=0}^{x} e^{-\lambda} \frac{\lambda^k}{k!}$$

λ \ x	0	1	2	3	4	5	6	7	8	9
0.02	0.980	1.000								
0.04	0.961	0.999	1.000							
0.06	0.942	0.998	1.000							
0.08	0.923	0.997	1.000							
0.10	0.905	0.995	1.000							
0.15	0.861	0.990	0.999	1.000						
0.20	0.819	0.982	0.999	1.000						
0.25	0.779	0.974	0.998	1.000						
0.30	0.741	0.963	0.996	1.000						
0.35	0.705	0.951	0.994	1.000						
0.40	0.670	0.938	0.992	0.999	1.000					
0.45	0.638	0.925	0.989	0.999	1.000					
0.50	0.607	0.910	0.986	0.998	1.000					
0.55	0.577	0.894	0.982	0.998	1.000					
0.60	0.549	0.878	0.977	0.997	1.000					
0.65	0.522	0.861	0.972	0.996	0.999	1.000				
0.70	0.497	0.844	0.966	0.994	0.999	1.000				
0.75	0.472	0.827	0.959	0.993	0.999	1.000				
0.80	0.449	0.809	0.953	0.991	0.999	1.000				
0.85	0.427	0.791	0.945	0.989	0.989	1.000				
0.90	0.407	0.772	0.937	0.987	0.998	1.000				
0.95	0.387	0.754	0.929	0.984	0.997	1.000				
1.00	0.368	0.736	0.920	0.981	0.996	0.999	1.000			
1.1	0.333	0.699	0.900	0.974	0.995	0.999	1.000			
1.2	0.301	0.663	0.879	0.966	0.992	0.998	1.000			
1.3	0.273	0.627	0.857	0.957	0.989	0.998	1.000			
1.4	0.247	0.592	0.833	0.946	0.986	0.997	0.999	1.000		
1.5	0.223	0.558	0.809	0.934	0.981	0.996	0.999	1.000		
1.6	0.202	0.525	0.783	0.921	0.976	0.994	0.999	1.000		
1.7	0.183	0.493	0.757	0.907	0.970	0.992	0.998	1.000		
1.8	0.165	0.463	0.731	0.891	0.964	0.990	0.997	0.999	1.000	
1.9	0.150	0.434	0.704	0.875	0.956	0.987	0.997	0.999	1.000	
2.0	0.135	0.406	0.677	0.857	0.947	0.983	0.995	0.999	1.000	

续表

λ \ x	0	1	2	3	4	5	6	7	8	9
2.2	0.111	0.355	0.623	0.819	0.928	0.975	0.993	0.998	1.000	
2.4	0.091	0.308	0.570	0.779	0.904	0.964	0.989	0.997	0.999	1.000
2.6	0.074	0.267	0.518	0.736	0.877	0.951	0.983	0.995	0.999	1.000
2.8	0.061	0.231	0.469	0.692	0.848	0.935	0.976	0.992	0.998	0.999
3.0	0.050	0.199	0.423	0.647	0.815	0.916	0.966	0.988	0.996	0.999
3.2	0.041	0.171	0.380	0.603	0.781	0.895	0.955	0.983	0.994	0.998
3.4	0.033	0.147	0.340	0.558	0.744	0.871	0.942	0.977	0.992	0.997
3.6	0.027	0.126	0.303	0.515	0.706	0.844	0.927	0.969	0.988	0.996
3.8	0.022	0.107	0.269	0.473	0.668	0.816	0.909	0.960	0.984	0.994
4.0	0.018	0.092	0.238	0.433	0.629	0.785	0.889	0.949	0.979	0.992
4.2	0.015	0.078	0.210	0.395	0.590	0.753	0.867	0.936	0.972	0.989
4.4	0.012	0.066	0.185	0.359	0.551	0.720	0.844	0.921	0.964	0.985
4.6	0.010	0.056	0.163	0.326	0.513	0.686	0.818	0.905	0.955	0.980
4.8	0.008	0.048	0.143	0.294	0.476	0.651	0.791	0.887	0.944	0.975
5.0	0.007	0.040	0.125	0.265	0.440	0.616	0.762	0.867	0.932	0.968
5.2	0.006	0.034	0.109	0.238	0.406	0.581	0.732	0.845	0.918	0.960
5.4	0.005	0.029	0.095	0.213	0.373	0.546	0.702	0.822	0.903	0.951
5.6	0.004	0.024	0.082	0.191	0.342	0.512	0.670	0.797	0.886	0.941
5.8	0.003	0.021	0.072	0.170	0.313	0.478	0.638	0.771	0.867	0.929
6.0	0.002	0.017	0.062	0.151	0.285	0.446	0.606	0.744	0.847	0.916

λ \ x	10	11	12	13	14	15	16			
2.8	1.000									
3.0	1.000									
3.2	1.000									
3.4	0.999	1.000								
3.6	0.999	1.000								
3.8	0.998	0.999	1.000							
4.0	0.997	0.999	1.000							
4.2	0.996	0.990	1.000							
4.4	0.994	0.998	0.999	1.000						
4.6	0.992	0.997	0.999	1.000						
4.8	0.990	0.996	0.999	1.000						
5.0	0.986	0.995	0.998	0.999	1.000					
5.2	0.982	0.993	0.997	0.999	1.000					
5.4	0.977	0.990	0.996	0.999	1.000					
5.6	0.972	0.988	0.995	0.998	0.999	1.000				
5.8	0.965	0.984	0.993	0.997	0.999	1.000				
6.0	0.957	0.980	0.991	0.996	0.999	0.999	1.000			

续表

λ \ x	0	1	2	3	4	5	6	7	8	9
6.2	0.002	0.015	0.054	0.134	0.259	0.414	0.574	0.716	0.826	0.902
6.4	0.002	0.012	0.046	0.119	0.235	0.384	0.542	0.687	0.803	0.886
6.6	0.001	0.010	0.040	0.105	0.213	0.355	0.511	0.758	0.780	0.869
6.8	0.001	0.009	0.034	0.093	0.192	0.327	0.480	0.628	0.755	0.850
7.0	0.001	0.007	0.030	0.082	0.173	0.301	0.450	0.599	0.729	0.830
7.2	0.001	0.006	0.025	0.072	0.156	0.276	0.420	0.569	0.703	0.810
7.4	0.001	0.005	0.022	0.063	0.140	0.253	0.392	0.539	0.676	0.788
7.6	0.001	0.004	0.019	0.055	0.125	0.231	0.365	0.510	0.648	0.765
7.8	0.000	0.004	0.016	0.048	0.112	0.210	0.338	0.481	0.620	0.741
8.0	0.000	0.003	0.014	0.042	0.100	0.191	0.313	0.453	0.593	0.717
8.5	0.000	0.002	0.009	0.030	0.074	0.150	0.256	0.386	0.523	0.653
9.0	0.000	0.001	0.006	0.021	0.055	0.116	0.207	0.324	0.456	0.587
9.5	0.000	0.001	0.004	0.015	0.040	0.089	0.165	0.269	0.392	0.522
10.0	0.000	0.000	0.003	0.010	0.029	0.067	0.130	0.220	0.333	0.458

λ \ x	10	11	12	13	14	15	16	17	18	19
6.2	0.949	0.975	0.989	0.995	0.998	0.999	1.000			
6.4	0.939	0.969	0.986	0.994	0.997	0.999	1.000			
6.6	0.927	0.963	0.982	0.992	0.997	0.999	0.999	1.000		
6.8	0.915	0.955	0.978	0.990	0.996	0.998	0.999	1.000		
7.0	0.901	0.947	0.973	0.987	0.994	0.998	0.999	1.000		
7.2	0.887	0.937	0.967	0.984	0.993	0.997	0.999	0.999	1.000	
7.4	0.871	0.926	0.961	0.980	0.991	0.996	0.998	0.999	1.000	
7.6	0.854	0.915	0.954	0.976	0.989	0.995	0.998	0.999	1.000	
7.8	0.835	0.902	0.945	0.971	0.986	0.993	0.997	0.999	1.000	
8.0	0.816	0.888	0.936	0.966	0.983	0.992	0.996	0.998	0.999	1.000
8.5	0.763	0.849	0.909	0.949	0.973	0.986	0.993	0.997	0.999	0.999
9.0	0.706	0.803	0.876	0.926	0.959	0.978	0.989	0.995	0.998	0.999
9.5	0.645	0.752	0.836	0.898	0.940	0.967	0.982	0.991	0.996	0.998
10.0	0.583	0.697	0.792	0.864	0.917	0.951	0.973	0.986	0.993	0.997

λ \ x	20	21	22							
8.5	1.000									
9.0	1.000									
9.5	0.999	1.000								
10.0	0.998	0.999	1.000							

续表

λ \ x	0	1	2	3	4	5	6	7	8	9
10.5	0.000	0.000	0.002	0.007	0.021	0.050	0.102	0.179	0.279	0.397
11.0	0.000	0.000	0.001	0.005	0.015	0.038	0.079	0.143	0.232	0.341
11.5	0.000	0.000	0.001	0.003	0.011	0.028	0.060	0.114	0.191	0.289
12.0	0.000	0.000	0.001	0.002	0.008	0.020	0.046	0.090	0.155	0.242
12.5	0.000	0.000	0.000	0.002	0.005	0.015	0.035	0.070	0.125	0.201
13.0	0.000	0.000	0.000	0.001	0.004	0.011	0.026	0.054	0.100	0.166
13.5	0.000	0.000	0.000	0.001	0.003	0.008	0.019	0.041	0.079	0.135
14.0	0.000	0.000	0.000	0.000	0.002	0.006	0.014	0.032	0.062	0.109
14.5	0.000	0.000	0.000	0.000	0.001	0.004	0.010	0.024	0.048	0.088
15.0	0.000	0.000	0.000	0.000	0.001	0.003	0.008	0.018	0.037	0.070

λ \ x	10	11	12	13	14	15	16	17	18	19
10.5	0.521	0.639	0.742	0.825	0.888	0.932	0.960	0.978	0.988	0.994
11.0	0.460	0.579	0.689	0.781	0.854	0.907	0.944	0.968	0.982	0.991
11.5	0.402	0.520	0.633	0.733	0.815	0.878	0.924	0.954	0.974	0.986
12.0	0.347	0.462	0.576	0.682	0.772	0.844	0.899	0.937	0.963	0.979
12.5	0.297	0.406	0.519	0.628	0.725	0.806	0.869	0.916	0.948	0.969
13.0	0.252	0.353	0.463	0.573	0.675	0.764	0.835	0.890	0.930	0.957
13.5	0.211	0.304	0.409	0.518	0.623	0.718	0.798	0.861	0.908	0.942
14.0	0.176	0.260	0.358	0.464	0.570	0.669	0.756	0.827	0.883	0.923
14.5	0.145	0.220	0.311	0.413	0.518	0.619	0.711	0.790	0.853	0.901
15.0	0.118	0.185	0.268	0.363	0.466	0.568	0.664	0.749	0.819	0.875

λ \ x	20	21	22	23	24	25	26	27	28	29
10.5	0.997	0.999	0.999	1.000						
11.0	0.995	0.998	0.999	1.000						
11.5	0.992	0.906	0.998	0.999	1.000					
12.0	0.988	0.994	0.997	0.999	0.999	1.000				
12.5	0.983	0.991	0.995	0.998	0.999	0.999	1.000			
13.0	0.975	0.986	0.992	0.996	0.998	0.999	1.000			
13.5	0.965	0.980	0.989	0.994	0.997	0.998	0.999	1.000		
14.0	0.952	0.971	0.983	0.991	0.995	0.997	0.999	0.999	1.000	
14.5	0.936	0.960	0.976	0.986	0.992	0.996	0.998	0.999	0.999	1.000
15.0	0.917	0.947	0.967	0.981	0.989	0.994	0.997	0.998	0.999	1.000

正态分布表

$$\Phi(u)=\frac{1}{\sqrt{2\pi}}\int_{-\infty}^{u}e^{-\frac{t^2}{2}}dt$$

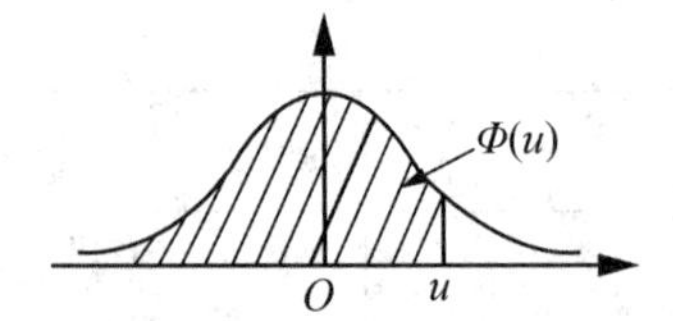

u	0.00	0.01	0.02	0.03	0.04	0.05	0.06	0.07	0.08	0.09
0.0	0.5000	0.5040	0.5080	0.5120	0.5160	0.5199	0.5239	0.5279	0.5319	0.5359
0.1	0.5398	0.5438	0.5478	0.5517	0.5557	0.5596	0.5636	0.5675	0.5714	0.5753
0.2	0.5793	0.5832	0.5871	0.5910	0.5948	0.5987	0.6026	0.6064	0.6103	0.6141
0.3	0.6179	0.6217	0.6255	0.6293	0.6331	0.6368	0.6406	0.6443	0.6480	0.6517
0.4	0.6554	0.6591	0.6628	0.6664	0.6700	0.6736	0.6772	0.6808	0.6844	0.6879
0.5	0.6915	0.6950	0.6985	0.7019	0.7054	0.7088	0.7123	0.7157	0.7190	0.7224
0.6	0.7257	0.7291	0.7324	0.7357	0.7389	0.7422	0.7454	0.7486	0.7517	0.7549
0.7	0.7580	0.7611	0.7642	0.7673	0.7703	0.7734	0.7764	0.7794	0.7823	0.7852
0.8	0.7881	0.7910	0.7939	0.7967	0.7995	0.8023	0.8051	0.8078	0.8106	0.8133
0.9	0.8159	0.8186	0.8212	0.8238	0.8264	0.8289	0.8315	0.8340	0.8365	0.8389
1.0	0.8413	0.8438	0.8461	0.8485	0.8508	0.8531	0.8554	0.8577	0.8599	0.8621
1.1	0.8643	0.8665	0.8686	0.8708	0.8729	0.8749	0.8770	0.8790	0.8810	0.8830
1.2	0.8849	0.8869	0.8888	0.8907	0.8925	0.8944	0.8962	0.8980	0.8997	0.9015
1.3	0.9032	0.9049	0.9066	0.9082	0.9099	0.9115	0.9131	0.9147	0.9162	0.9177
1.4	0.9192	0.9207	0.9222	0.9236	0.2951	0.9265	0.9279	0.9292	0.9306	0.9319
1.5	0.9332	0.9345	0.9357	0.9370	0.9382	0.9394	0.9406	0.9418	0.9429	0.9441
1.6	0.9452	0.9463	0.9474	0.9484	0.9495	0.9505	0.9515	0.9525	0.9535	0.9545
1.7	0.9554	0.9564	0.9573	0.9582	0.9591	0.9599	0.9608	0.9616	0.9625	0.9633
1.8	0.9641	0.9649	0.9656	0.9664	0.9671	0.9678	0.9686	0.9693	0.9699	0.9706
1.9	0.9713	0.9719	0.9726	0.9732	0.9738	0.9744	0.9750	0.9756	0.9761	0.9767
2.0	0.9772	0.9778	0.9783	0.9788	0.9793	0.9798	0.9803	0.9808	0.9812	0.9817
2.1	0.9821	0.9826	0.9830	0.9834	0.9838	0.9842	0.9846	0.9850	0.9854	0.9857
2.2	0.9861	0.9864	0.9868	0.9871	0.9875	0.9878	0.9881	0.9884	0.9887	0.9890
2.3	0.9893	0.9896	0.9898	0.9901	0.9904	0.9906	0.9909	0.9911	0.9913	0.9916
2.4	0.9918	0.9920	0.9922	0.9925	0.9927	0.9929	0.9931	0.9932	0.9934	0.9936
2.5	0.9938	0.9940	0.9941	0.9943	0.9945	0.9946	0.9948	0.9949	0.9951	0.9952
2.6	0.9953	0.9955	0.9956	0.9957	0.9959	0.9960	0.9961	0.9962	0.9963	0.9964
2.7	0.9965	0.9966	0.9967	0.9968	0.9969	0.9970	0.9971	0.9972	0.9973	0.9974
2.8	0.9974	0.9975	0.9976	0.9977	0.9977	0.9978	0.9979	0.9979	0.9980	0.9981
2.9	0.9981	0.9982	0.9982	0.9983	0.9984	0.9984	0.9985	0.9985	0.9986	0.9986
3.0	0.9987	0.9987	0.9987	0.9988	0.9988	0.9989	0.9989	0.9989	0.9990	0.9990
3.1	0.9990	0.9991	0.9991	0.9991	0.9992	0.9992	0.9992	0.9992	0.9993	0.9993
3.2	0.9993	0.9993	0.9994	0.9994	0.9994	0.9994	0.9994	0.9995	0.9995	0.9995
3.3	0.9995	0.9995	0.9995	0.9996	0.9995	0.9996	0.9996	0.9996	0.9996	0.9997
3.4	0.9997	0.9997	0.9997	0.9997	0.9997	0.9997	0.9997	0.9997	0.9997	0.9998
3.5	0.9998									
4.0	0.99997									
5.0	0.9999997									
6.0	0.999999999									

关键词中英文对照表

随机事件与概率

Random event and probability

不确定性　indeterminacy
必然现象　certain phenomenon
随机现象　random phenomenon
试验　experiment
结果　outcome
频率　frequency
样本空间　sample space
样本空间的点　point in sample space
随机事件　random event
基本事件　elementary event
必然事件　certain event
不可能事件　impossible event
等可能事件　equally likely event
事件运算律　operational rules of events
事件的包含　implication of events
并事件　union events
交事件　intersection events
互不相容事件、互斥事件　mutually exclusive events、incompatible events
互逆的　mutually inverse
加法定理　addition theorem
古典概率　classical probability
古典概率模型　classical probabilistic model
几何概率　geometric probability
乘法定理　product theorem
概率乘法　multiplication of probabilities
条件概率　conditional probability
全概率公式　formula of total probability
贝叶斯公式　Bayes formula

后验概率　posterior probability
先验概率　prior probability
独立事件　independent event
独立实验　independent experiment
两两独立　pairwise independent
两两独立事件　pairwise independent events

随机变量及其分布
Random Variables and Distributions

随机变量　random variables
离散随机变量　discrete random variables
概率分布列　probablity mass function
概率分布　probability distribution
两点分布　two-point distribution
二项分布　Binomial distribution
负二项分布　negative binomial distribution
超几何分布　hypergeometric distribution
多项分布　multinomial distribution
泊松分布　Poisson distribution
参数　parameter
分布函数　distribution function
概率分布函数　probability distribution function
连续随机变量　continuous random variable
概率密度　probability density
概率密度函数　probability density function
均匀分布　uniform distribution
指数分布　exponential distribution
正态分布、高斯分布　normal distribution
Γ 分布　gamma distribution
β 分布　beta distribution
χ^2 分布　chi-squared distribution
标准正态分布　standard normal distribution
正态概率密度函数　normal probability density function
正态概率曲线　normal probability curve
标准正态曲线　standard normal curve
柯西分布　Cauchy distribution
对数正态分布　lognormal distribution
帕累托分布　Pareto distribution

多维随机变量及其分布
Multivariate Random Variables and Distributions

二维随机变量　two-dimensional random variable
联合分布函数　joint distribution function
二维离散型随机变量　two-dimensional discrete random variable
二维连续型随机变量　two-dimensional continuous random variable
联合概率密度函数　joint probability density function
联合概率分布列　joint probability mass function
n 维随机变量　n-dimensional random variable
边缘分布　marginal distribution
边缘分布函数　marginal distribution function
边缘分布列　marginal probablity mass function
边缘概率密度　marginal probability density
二维正态分布　two-dimensional normal distribution
条件分布　conditional distribution
条件概率分布列　conditional probablity mass function
条件概率分布　conditional probability distribution
条件概率密度　conditional probability distribution
边缘密度　marginal density
独立随机变量　independent random variables
卷积　convolution

随机变量的数字特征
Numerical Characteristics of Random Variables

数学期望　mathematical expectation
期望值　expectation value
方差　variance
标准差　standard deviation
随机变量的方差　variance of random variables
均方差　mean square deviation
相关关系　dependence relation
相关系数　correlation coefficient
协方差　covariance
协方差矩阵　covariance matrix
切比雪夫不等式　Chebyshev inequality
偏度　skewness

峰度 kurtosis
分位数 quantile
众数 mode
条件期望 conditional expectation
预测 prediction
线性预测 linear prediction

大数定律及中心极限定理
Law of Large Numbers and Central Limit Theorem

大数定律 law of great numbers
依概率收敛 convergence in probability
伯努利大数定律 Bernoulli law of large numbers
同分布 same distribution
中心极限定理 central limit theorem
列维-林德伯格定理、独立同分布中心极限定理 independent Levy-Lindberg theorem
辛钦大数定律 Khinchine law of large numbers
利亚普诺夫定理 Liapunov theorem
棣莫弗-拉普拉斯定理 De Moivre-Laplace theorem

随机模拟
stochastic simulation

随机模拟 stochastic simulation
模拟 simulation
蒲丰投针问题 Buffon's needle problem
随机投点法 hit or miss method
平方取中法 middle-square method
随机数 random number
伪随机数 pseudo random number
舍取法 rejection method
反变换法 inverse transform method
重要性抽样法 importance sampling method

参 考 答 案

习题 1.1

1.(1)$\Omega=\{$红,黄,蓝,白,黑,绿$\}$;(2)$\Omega=\{0,1,2,\cdots,n,\cdots\}$;(3)$\Omega=[0,100]$;
(4)$\Omega=\{(H,H,H),(H,H,T),(H,T,H),(H,T,T),(T,H,H),(T,H,T),(T,T,H),(T,T,T)\}$

2.(1)$\Omega=\{\frac{i}{n}\mid i=0,1,\cdots,100n\}$,其中 n 为小班人数;(2)$\Omega=\{10,11,\cdots\}$;

(2)$\Omega=\{00,100,0100,0101,0110,1100,1010,1011,0111,1101,1110,1111\}$;其中 0 表示次品,1 表示正品;(3)$\Omega=\{(x,y)\mid x^2+y^2<1\}$.

3.(1)$A_1\overline{A_2}\,\overline{A_3}$ 或 $A_1-A_2-A_3$;(2)$A_1\cup A_2\cup A_3$;(3)$A_1A_2A_3\cup\overline{A_1}A_2A_3\cup A_1\overline{A_2}A_3\cup A_1A_2\overline{A_3}$;
(4) $\overline{A_1}\,\overline{A_2}\,\overline{A_3}$ 或$\overline{A_1\cup A_2\cup A_3}$.

4.(1)$\overline{A}$ =“掷两枚硬币,至少有一反面”;

(2)$\overline{B}$ =“射击三次,至少有一次不命中目标”;

(3)$\overline{C}$ =“加工四个零件,全为不合格品”.

5.(1)$\{a,c,e,g,h\}$; (2)$\{a,b,c,d,e,f,g\}$;(3)$\{h\}$;(4)$\{b,c,d,e,f,g,h\}$.

6.(1)$A\supset B$;(2)$A\subset B$.

7.(1)$\{x\mid 1<x<4$ 或 $6\leqslant x<9\}$;(2)Ω;(3)$\varnothing$;(4)$B=\{x\mid 3<x\leqslant 7\}$.

8.证明:(1) 右边 $=A(B\cup\overline{B})=A\Omega=A=$ 左边;

(2) 利用(1) 有 $B=BA\cup B\overline{A}$,

所以,$A\cup B=A\cup(BA\cup B\overline{A})=(A\cup BA)\cup B\overline{A}=A\cup\overline{A}B$.

习题 1.2

1.4/11;2. 1/25;3. 0.3395;

4.(1) $\dfrac{\dbinom{N+n-k-2}{n-k}}{\dbinom{N+n-1}{n}}\quad(0\leqslant k\leqslant n)$;

(2) $\dfrac{\dbinom{N}{m}\dbinom{n-1}{N-m-1}}{\dbinom{N+n-1}{n}}$ $(N-n \leqslant m \leqslant N-1)$;

(3) $\dfrac{\dbinom{m+j-1}{m-1}\dbinom{N-m+n-j-1}{n-j}}{\dbinom{N+n-1}{n}}$ $(1 \leqslant m \leqslant N, 0 \leqslant j \leqslant n)$;

5. 0.879.　6. $\dfrac{a+b+c}{\pi d}$.　7. 0.866　8. 0.5966.

习题 1.3

1.10/13. 2. $P(A)=0.5177, P(B)=0.4914$. 3. $1-(8^n+5^n-4^n)/9^n$. 4. 略.

5. $P(A_1 \cup A_2 \cup \cdots \cup A_n)=1-\dfrac{1}{2!}+\dfrac{1}{3!}-\dfrac{1}{4!}+\cdots+(-1)^{n-1}\dfrac{1}{n!}$.

6. 当$P(AB)=P(A)$时,$P(AB)$取得最大值为$P(AB)=0.6$, 当$P(A\cup B)=1$时,$P(AB)$取得最小值为$P(AB)=0.4$.

7. 略. 8. 略.

9. (1) 1/2; (2) 1/6; (3) 3/8.

10. $P(A_1)\approx 0.7170$; $P(A_2)\approx 0.2387$.

11. (1) 0.30; (2) 0.73; (3) 0.90; (4) 0.10. 12. 略.

习题 1.4

1. 0.8.　2. $\dfrac{1}{2}, \dfrac{1}{3}$.　3. $\dfrac{k}{n}$.　4. 0.105.　5. 0.26.　6. 0.00025.

7. $mp/[1+(m-1)p]$.　8. $95/294 \approx 0.323$.　9. 对于$i=1$时,$\beta_1/(\beta_1+2)$; 对于$i=2,3$时, $1/(\beta_1+2)$.　10. 1/3.

习题 1.5

1. 0.124.　2. 略.　3. 11.

4. $1-C_n^1\left(1-\dfrac{1}{n}\right)^k+C_n^2\left(1-\dfrac{1}{n}\right)^k-\cdots+(-1)^{n+1}C_n^{n-1}\left(1-\dfrac{n-1}{n}\right)^k$.

5. $\dfrac{1}{4}$.　6. $\dfrac{2}{3}$.　7. 0.6.　8. $\dfrac{m}{m+n^{2r}}$.　9. $\dfrac{5}{9}, \dfrac{16}{63}, \dfrac{16}{35}$.

10. $\dfrac{2\alpha p_1}{(3\alpha-1)p_1+1-\alpha}$

习题 2.1

1. $F(a)-F(a-)$;$F(a)$;$1-F(a-)$;$1-F(a)$;$F(b)-F(a)$;$F(b-)-F(a-)$.

2. $F(x)=\begin{cases}0.2, & x<-1\\ 0.7, & 1\leqslant x<1\\ 1, & x\geqslant 1\end{cases}$;图形略.

3. $F_1(x)$,$F_2(x)$ 是分布函数;$F_3(x)$,$F_4(x)$ 不是分布函数.

4.0.25. 5. $F(x)=\begin{cases}0, & x<0\\ \dfrac{x^2}{r^2}, & 0\leqslant x<r.\\ 1, & x\geqslant r\end{cases}$ 6. 0.8.

7. 提示:验证分布函数的三条性质.

8. $F(x)=\begin{cases}0.2, & x<0\\ 0.7x+0.2, & 0\leqslant x<1\\ 1, & x\geqslant 1\end{cases}$;$P(X\leqslant 0.5)=0.55$.

习题 2.2

1. $F(x)=\begin{cases}0, & x<-1\\ \dfrac{1}{6}, & -1\leqslant x<1\\ \dfrac{1}{2}, & 1\leqslant x<2\\ 1, & x\geqslant 2\end{cases}$;$\dfrac{1}{6}$,0,$\dfrac{1}{3}$. 2. $\begin{pmatrix}X & 1 & 2 & 3\\ P & 0.1 & 0.5 & 0.4\end{pmatrix}$;0.6.

3. $\dfrac{1}{2}$;$\dfrac{1}{2}$,$\dfrac{5}{6}$. 4. $P(X=k)=\dfrac{k^3-(k-1)^3}{5^3}\quad(k=1,2,3)$.

5. $\begin{pmatrix}X & 0 & 1 & 2 & 3 & 4\\ P & \dfrac{1}{2} & \dfrac{1}{4} & \dfrac{1}{8} & \dfrac{1}{16} & \dfrac{1}{16}\end{pmatrix}$.

6. $P(X=k)=\dbinom{k-1}{r-1}0.9^r\,0.1^{n-r}\quad(k=r,r+1,\cdots)$.

7. $P(X=k)=\dfrac{\dbinom{k}{3}\dbinom{37}{4-k}}{\dbinom{40}{4}}\quad(k=0,1,2,3)$.

8. 5. 9. 12.

10. $P(X=k)=(1-p)^k p\quad(k=0,1,2,\cdots)$.

11. $X\sim\pi(\lambda p)$.

12.0.0003.　13. 疫苗 B 更有效.　14.(1)0.002;(2)0.951.
15.(1)4, 0.1945;(2)0.9972.　16. $1-0.8^{10}$.

习题 2.3

1. 0.0764;57.4.

2. $\frac{1}{2}+\frac{1}{\pi}$;$F(x)=\begin{cases}0, & x<-\frac{\pi}{2}\\ \frac{1}{\pi}\left(x+\frac{1}{2}\sin 2x+\frac{\pi}{2}\right), & -\frac{\pi}{2}\leqslant x<\frac{\pi}{2}\\ 1, & x\geqslant\frac{\pi}{2}\end{cases}$.

3. $\frac{1}{2}$;$F(x)=\begin{cases}\frac{1}{2}e^{x-1}, & x<0\\ 1-\frac{1}{2}e^{-(x-1)}, & x\geqslant 0\end{cases}$

4. $\frac{1}{\pi},\frac{1}{2};\frac{\pi}{4}$;$p(x)=\begin{cases}\frac{1}{\pi\sqrt{1-x^2}}, & -1<x<1\\ 0, & \text{其他}\end{cases}$

5.略.　6. 46 千升.　7. $\frac{232}{243}$.　8. 0.0456.

9. $P(Y=k)=C_5^k\,(e^{-2})^k\,(1-e^{-2})^{5-k},k=0,1,\cdots,5$;0.5167.

10. 31.25.　11.$\lambda=3$;e^{-6}.　12. 提示:用洛必达法则.

习题 2.4

1. $\begin{pmatrix}Y & 1 & \frac{5}{4} & 2 & \frac{13}{4}\\ P & 0.2 & 0.3 & 0.3 & 0.2\end{pmatrix}$;$\begin{pmatrix}Z & -1 & 0 & 1\\ P & 0.4 & 0.4 & 0.4\end{pmatrix}$.

2. $P(Y=1)=\sum_{k=1}^{\infty}\frac{\lambda^{2k}}{(2k)!}e^{-\lambda},P(Y=0)=e^{-\lambda},P(Y=-1)=\sum_{k=0}^{\infty}\frac{\lambda^{2k+1}}{(2k+1)!}e^{-\lambda}$.

3. $p_Y(y)=\begin{cases}y^{-1}, & 1<y<1\\ 0, & \text{其他}\end{cases}$;$p_z(y)=\begin{cases}\frac{1}{2\sqrt{z}}, & 0<z<1\\ 0, & \text{其他}\end{cases}$.

4. $\frac{1}{\sqrt{2\pi}}e^{-\frac{y^2}{2}},y\in\mathbf{R}$;$\begin{cases}\frac{2}{\sqrt{2\pi}}e^{-\frac{y^2}{2}}, & y>0\\ 0, & y\leqslant 0\end{cases}$.　5. $\begin{cases}\frac{2}{\pi\sqrt{1-y^2}}, & 0<y<1\\ 0, & \text{其他}\end{cases}$.

6. $\begin{cases}\frac{4\sqrt{2y}}{\alpha^3 m\sqrt{\pi m}}e^{-\frac{2y}{m\alpha^2}}, & y>0\\ 0, & \text{其他}\end{cases}$.　7. $\frac{1}{\pi(1+x^2)},x\in\mathbf{R}$.

8. $\begin{cases} \dfrac{1}{\pi(b-a)}\left(\dfrac{6v}{\pi}\right)^{-\frac{2}{3}}, & \dfrac{\pi a^3}{6} < v < \dfrac{\pi b^3}{6}. \\ 0, & \text{其他} \end{cases}$

9. 提示:直接用定理 2.4.2 求出 $Y = kX$ 的概率密度.

10. 提示:直接用定理 2.4.2 求出 $Y = 1 - e^{-\lambda X}$ 的概率密度.

11. 提示:直接用定理 2.4.2 求出 $Y = \ln X$ 的概率密度.

12. 提示:用分布函数法.

习题 3.1

1. $\dfrac{\pi^2}{4}$.

2.

Y \ X	0	1	2	3
1	0	$\frac{3}{8}$	0	$\frac{6}{8}$
3	$\frac{1}{8}$	0	0	$\frac{1}{8}$

3. (1) 放回抽样.

X \ Y	0	1
0	$\frac{25}{36}$	$\frac{5}{36}$
1	$\frac{5}{36}$	$\frac{1}{36}$

(2) 不放回抽样.

X \ Y	0	1
0	$\frac{15}{22}$	$\frac{5}{33}$
1	$\frac{5}{33}$	$\frac{1}{66}$

4. 6;　　5. (1) $\frac{1}{4}$; (2) $\frac{5}{16}$.

6. (1) $p(x,y)=\begin{cases}2, & 0<x<1, 1-x<y<1\\ 0, & \text{其他}\end{cases}$; (2) 1/2.

7. (1) $k=1$; (2) $\frac{3}{8}$; (3) $\frac{27}{32}$.

8. (1) 1/2, 3/4, 1/3; (2) $p(x,y)=\frac{6}{\pi^2(4+x^2)(9+y^2)}$.

9. (1) $\binom{m}{n}p^m(1-p)^{n-m}, 0\leqslant m\leqslant n, n=1,2,\cdots$;

(2) $P(X=n,Y=m)=\binom{m}{n}p^m(1-p)^{n-m}\frac{e^{-\lambda}\lambda^n}{n!}, 0\leqslant m\leqslant n, n=1,2,\cdots$.

10. $P(X=i,Y=j)=\frac{5!}{i!\ j!\ (5-i-j)!}(0.5)^i(0.3)^j(0.2)^{5-i-j}\qquad(i+j\leqslant 5)$.

习题 3.2

1. $a=\sqrt[3]{4}$.　　2. $a=\frac{1}{18}$, $b=\frac{2}{9}$, $c=\frac{1}{6}$.

3.

Y \ X	0	1	2	$P(Y=j)$
0	$\frac{1}{8}$	0	0	$\frac{1}{8}$
1	$\frac{1}{8}$	$\frac{2}{8}$	0	$\frac{3}{8}$
2	0	$\frac{2}{8}$	$\frac{1}{8}$	$\frac{3}{8}$
3	0	0	$\frac{1}{8}$	$\frac{1}{8}$
$P(X=i)$	$\frac{1}{4}$	$\frac{2}{4}$	$\frac{1}{4}$	1

4. $X\sim\begin{pmatrix}-1 & 0 & 1\\ \frac{5}{12} & \frac{1}{6} & \frac{5}{12}\end{pmatrix}, Y\sim\begin{pmatrix}0 & 1 & 2\\ \frac{7}{12} & \frac{1}{3} & \frac{1}{12}\end{pmatrix}$.

5. (1) $A=\frac{1}{\pi^2}, B=C=\frac{\pi}{2}$;

(2) $p(x,y) = \dfrac{1}{\pi^2(1+x^2)(1+y^2)}$;

(3) $F_X(x) = \dfrac{1}{\pi}\left(\dfrac{\pi}{2} + \arctan x\right)$, $F_Y(y) = \dfrac{1}{\pi}\left(\dfrac{\pi}{2} + \arctan y\right)$.

6. (1) $a = \dfrac{1}{3}$;

$$(2)\ F(x,y) = \begin{cases} 0, & x < 0 \text{或} y < -1 \\ \dfrac{1}{4}, & 1 \leqslant x < 2, -1 \leqslant y < 0 \\ \dfrac{5}{12}, & x \geqslant 2, -1 \leqslant y < 0 \\ \dfrac{1}{2}, & 1 \leqslant x < 2, y \geqslant 0 \\ 1, & x \geqslant 2, y \geqslant 0 \end{cases}$$

$$(3)\ F_X(x) = \begin{cases} 0, & x < 1 \\ \dfrac{1}{2}, & 1 \leqslant x < 2; \\ 1, & x \geqslant 2 \end{cases} \quad F_y(y) = \begin{cases} 0, & y < -1 \\ \dfrac{5}{12}, & -1 \leqslant y < 0 \\ 1, & y \geqslant 0 \end{cases}$$

7. 略. 8. 独立; $e^{-0.1}$. 9. $\dfrac{1}{2}$.

习题 3.3

1. $P(Y = m \mid X = n) = \dbinom{n}{m}\left(\dfrac{7.14}{14}\right)^m\left(\dfrac{6.86}{14}\right)^{n-m}, m = 0,1,2,\cdots,n.$

2. $c = \dfrac{21}{4}, p_X(x) = \begin{cases} \dfrac{21}{8}x^2(1-x^4), & -1 \leqslant x \leqslant 1 \\ 0, & \text{其他} \end{cases}, p_Y(y) = \begin{cases} \dfrac{7}{2}y^{\frac{5}{2}}, & 0 \leqslant y \leqslant 1 \\ 0, & \text{其他} \end{cases}$;

当 $0 < y \leqslant 1$ 时, $p_{X|Y}(x \mid y) = \begin{cases} \dfrac{3}{2}x^2y^{-\frac{3}{2}}, & -\sqrt{y} < x < \sqrt{y} \\ 0, & \text{其他} \end{cases}$;

$p_{X|Y}\left(x \mid y = \dfrac{1}{2}\right) = \begin{cases} 3\sqrt{2}x^2, & -\dfrac{1}{\sqrt{2}} < x < \dfrac{1}{\sqrt{2}} \\ 0, & \text{其他} \end{cases}, P\left(Y \geqslant \dfrac{1}{4} \,\middle|\, X = \dfrac{1}{2}\right) = 1.$

3. 不独立; 当 $0 < x < 1$ 时, $p_{Y|X}(y \mid x) = \begin{cases} \dfrac{1}{x}, & 0 < y < x \\ 0, & \text{其他} \end{cases}$.

4. 不独立; $|y| < 1$ 时, $p_{X|Y}(x \mid y) = \begin{cases} \dfrac{1}{(1-|y|)}, & |y| < x < 1 \\ 0, & \text{其他} \end{cases}$.

5. $\frac{7}{15}$.　　6. $\frac{47}{64}$.

8. $p(x,y)=\begin{cases}\frac{9y^2}{x}, & 0<x<1,0<y<x\\ 0, & 其他\end{cases}$;　$p_Y(y)=\begin{cases}-9y^2\ln y, & 0<y<1\\ 0, & 其他\end{cases}$.　1/8

习题 3.4

1.

U	1	2	3
	0.12	0.37	0.51

V	0	1	2
	0.40	0.44	0.16

2.

Z	0	1
	1/4	3/4

3. $a=\frac{6}{11}$, $b=\frac{36}{49}$.

X \ Y	−3	−2	−1
1	$\frac{24}{539}$	$\frac{54}{539}$	$\frac{216}{539}$
2	$\frac{12}{539}$	$\frac{27}{539}$	$\frac{108}{539}$
3	$\frac{8}{539}$	$\frac{18}{539}$	$\frac{72}{539}$

$X+Y$	−2	−1	0	1	2
	$\frac{24}{539}$	$\frac{66}{539}$	$\frac{251}{539}$	$\frac{126}{539}$	$\frac{72}{539}$

4.(1)$p_Z(z)=\begin{cases}0, & z<0\\ 12e^{-3z}-12e^{-4z}, & z\geqslant 0\end{cases}$

(2) $p_M(z)=\begin{cases}0, & z<0\\ 3e^{-3z}+4e^{-4z}-7e^{-7z}, & z\geqslant 0\end{cases}$

(3)$p_N(z)=\begin{cases}0, & z<0\\ 7e^{-7z}, & z\geqslant 0\end{cases}$

5.$p_Z(z)=\dfrac{1}{2}(\ln 2-\ln z),\ 0<z<2$

6.(1)$p_Z(z)=\begin{cases}z, & 0<z<1\\ 2-z, & 1\leqslant z<2\\ 0, & \text{其他}\end{cases}$

(2)$p_U(u)=\begin{cases}\dfrac{1}{2}+\dfrac{u}{2}, & -1<u<0\\ \dfrac{1}{2}, & 0<u<1\\ 1-\dfrac{u}{2}, & 1<u<2\\ 0, & \text{其他}\end{cases}$

7.当 $z<0$ 时,$p_Z(z)=0$;
当 $0\leqslant z<1$ 时, $p_Z(z)=1-e^{-z}$;
当 $z\geqslant 1$ 时, $p_Z(z)=e^{-z+1}-e^{-z}$.

8. $p_Z(z)=\begin{cases}\dfrac{z}{\sigma^2}e^{-\frac{z^2}{2\sigma^2}}, & z\geqslant 0\\ 0, & z<0\end{cases}$

9. (1)$p_Z(z)=\begin{cases}z^2, & 0<z<1\\ 2z-z^2, & 1\leqslant z<2\\ 0, & \text{其他}\end{cases}$; (2)$p_Z(z)=\begin{cases}2(1-z), & 0<z<1\\ 0, & \text{其他}\end{cases}$.

10.$p_{UV}(u,v)=p_{XY}\left(\dfrac{u+v}{2},\dfrac{u-v}{2}\right)$

11. $p_{U,V}(u,v)=\dfrac{1}{4\pi}e^{-\frac{u^2+v^2}{4}}$,$U,V$ 相互独立.

12. (1)$p_{U,V}(u,v)=ue^{-u},u>0,0<v<1$;(2)$U,V$ 相互独立.

13. $g(u)=0.3p(u-1)+0.7p(u-2)$.

14. (1) $\dfrac{1}{2}$,(2)$p_Z(z)=\dfrac{1}{3},\ -1\leqslant z\leqslant 2$.

15.$p_z(z)=\begin{cases}z, & 0<z<1\\ z-2, & 2<z<3\end{cases}$

16. $F_Y(y)=\begin{cases}0, & y<1\\ \frac{1}{27}y^3+\frac{2}{3}, & 1\leqslant y<2\\ 1, & y\geqslant 2\end{cases}$

习题 4.1

1. -0.2;4.4　2. 2　3. $\frac{2}{9}$　4. $\frac{1-q^a}{p}$　5. $1-0.9^k+\frac{1}{k}$　6. 0.2　7. 1

8. 5　9. $\frac{3}{4}$　10. 84　13. $\frac{n-1}{n+1}$　14. $\frac{4}{5},\frac{3}{5},\frac{1}{2},\frac{16}{15}$　15. $\frac{5}{8}$　16. 2

17. $\frac{1}{\sqrt{\pi}}$　18. 14166.67

习题 4.2

1. $\lambda=1$　2. 9　3. 4.5　4. 6.5　5. 1.5　6. 略

7. $EX=\frac{h}{3},DX=\frac{h^2}{18},\sigma(X)=\frac{\sqrt{2}}{6}h$　8. $\frac{4}{3}$, $\frac{1}{18}$.

9. $EY=\frac{10}{11},DY=\frac{5}{726}$　10. $\frac{1}{p},\frac{1-p}{p^2}$　11. $\sqrt{\frac{2}{\pi}},1-\frac{2}{\pi}$　12. 14

习题 4.3

1. -0.02　2. $-\frac{n}{4}$　3. $\frac{3}{5}$　4. $\frac{1}{12}$　5. 0　6. $\pm\rho$　7. $\frac{a^2-b^2}{a^2+b^2}$

8. 0　9. $\frac{1}{36}$;$\frac{1}{2}$　10. 0.5　12. 5　13. $\frac{1}{3}$, 3, 0　14. $\rho=0$;不独立

15. (1)

Y \ X	0	1
0	$\frac{2}{9}$	$\frac{1}{9}$
1	$\frac{1}{9}$	$\frac{5}{9}$

(2) 4/9　16. 0, 1.8　17. 9

习题 4.4

1.3.12　2　　2.$\frac{n\lambda_1}{\lambda_1+\lambda_2}$　　3.$\frac{7}{12}$　　4.$\frac{2y+1}{3}$　　5.$\frac{n}{2}$　　6.λp

习题 5.1

1. $0.4+0.3e^{it}+0.2e^{i2t}+0.1e^{i3t}$;　　2. $\varphi(t)=\frac{pe^{it}}{1-qe^{it}}$;　　3. $\left(\frac{pe^{it}}{1-qe^{it}}\right)^r$;

4.(1) $\frac{a^2}{a^2+t^2}$, $E(X)=0$, $D(X)=\frac{2}{a^2}$; (2) $\exp\{-a|t|\}$,数学期望不存在;

5.0, $3\sigma^4$;　　13. $\exp\{i\mu t-\frac{\sigma^2t^2}{2n}\}$.

习题 5.2

3. (1) 不是;(2) 是;(3) 不是.

习题 5.4

1. 0.9437　　2. 0.2119　　3. 0.8665　　4. 98　　5. 0.9966　　6.0.9836　　7.0.0787

8.113　　9.842　　10.25　　11.254　　12. $N\left(\frac{1}{3},\frac{4}{45n}\right)$.

参考文献

1. 茆诗松,等. 概率论与数理统计教程. 北京:高等教育出版社,2004.
2. 陈家鼎,等. 概率与统计. 第二版. 北京:北京大学出版社,2007.
3. 刘次华. 概率论与数理统计. 第二版. 武汉:华中科技大学出版社,2012.
4. 盛骤,等. 概率论与数理统计. 第四版. 北京:高等教育出版社,1979.
5. 肖柳青,等. 随机模拟方法与应用. 北京:北京大学出版社,2014.
6. [美]Sheldon M. Ross. 概率论基础教程. 第8版.郑忠国,詹从赞,译.北京:人民邮电出版社,2010.